U0295343

中国高等教育应用型本科信息技术专业通用教材

COMPUTER network

计算机网络

主　编　赵　雷

副主编　彭高翔　王甘霖

罗宜元

内容提要

本书介绍计算机网络基本概念、发展脉络、工作原理、运用技术以及今后的发展趋势。全书分8章：第1章计算机网络概述；第2章数据通信基础和物理层；第3章数据链路层；第4章局域网与介质访问控制技术；第5章网络层；第6章运输层；第7章应用层；第8章网络管理和网络安全。

本书可作为高等院校计算机网络课程的教材，也可作为企业网络安全的培训教材。

图书在版编目(CIP)数据

计算机网络/赵雷主编．—上海：上海交通大学出版社，2016
ISBN 978-7-313-14212-2

Ⅰ．①计… Ⅱ．①赵… Ⅲ．①计算机网络—高等学校—教材 Ⅳ．①TP393

中国版本图书馆CIP数据核字(2016)第227411号

计算机网络

主　　编：赵　雷
出版发行：上海交通大学出版社　　地　　址：上海市番禺路951号
邮政编码：200030　　电　　话：021-64071208
出 版 人：郑益慧
印　　制：昆山市亭林印刷责任有限公司　　经　　销：全国新华书店
开　　本：710 mm×1000 mm　1/16　　印　　张：15
字　　数：239千字
版　　次：2017年1月第1版　　印　　次：2017年1月第1次印刷
书　　号：ISBN 978-7-313-14212-2/TP
定　　价：45.00元

前　言

人类社会已昂首阔步跨入了21世纪。在这个新的世纪里，科学技术必将以更迅猛的速度向前发展，人类文明将迎来一个崭新的时代——以知识经济为主体的信息社会时代。

知识经济的重要特征是信息化和全球化，而实现信息化和全球化的基础设施就是全球网络，包括电信网络、有线电视网络和计算机网络等。而在信息化过程中起核心作用的则是计算机网络。

计算机网络是计算机技术和通信技术密切结合的产物，通信技术为计算机之间进行信息传输和交换、共享资源和协同工作提供了必要的手段。另一方面，计算机技术的发展应用于通信领域中，又大大地提高了通信系统的各种性能。随着计算机网络技术的发展，信息的获取、传送、存储和处理之间的孤岛现象正在逐渐消失，曾经独立发展的电信网、电视网和计算机网络也将合而为一。

计算机网络给全球技术、经济和社会生活带来的巨大影响，可以说是通过Internet实现的。Internet现已成为全球范围内的网络基础设施的重要组成部分。Web技术的出现和应用对Internet的普及起了决定性的作用，使计算机网络迅速向各个领域渗透。

目前，学习、掌握计算机网络知识、建设和应用网络成为各类院校学生的迫切要求，本书正是为提高高等职业教育计算机网络及相关专业学生的计算机网络课程理论知识和实践操作水平而编写的。

本书由赵雷老师担任主编，其中赵雷编写第1、7和8章，芦立华编写第2章，罗宜元编写第3章，林志杰和覃海焕编写第4章，任远和李宇佳编写第5

章，王小刚编写第 6 章，赵雷，彭高翔和王甘霖负责全书审校和统筹工作。

本书也得到了计算机网络教学方面许多同行的关心与帮助，在此一并致谢。

由于计算机网络技术发展迅速加上作者水平有限，书中错误与不妥之处恳请读者批评与指正。

编　者

2016 年 9 月

目　　录

第 1 章　计算机网络概述 …… 1
1.1　计算机网络的概念与发展 …… 1
1.2　计算机网络的组成与分类 …… 6
1.3　计算机网络体系结构 …… 10
1.4　计算机网络的发展趋势 …… 19
本章习题 …… 25

第 2 章　数据通信基础和物理层 …… 28
2.1　数据通信系统概述 …… 28
2.2　数据传输技术 …… 35
2.3　数据通信介质 …… 41
2.4　物理层 …… 47
2.5　常见物理层设备 …… 51
本章习题 …… 53

第 3 章　数据链路层 …… 55
3.1　点对点的数据链路层 …… 55
3.2　帧和成帧 …… 58
3.3　差错控制 …… 62
3.4　流量控制 …… 68
3.5　数据链路层协议 HDLC …… 70
本章习题 …… 72

第4章 局域网与介质访问控制技术 …… 74
4.1 局域网概述 …… 74
4.2 IEEE 802 标准 …… 78
4.3 媒体访问控制技术 …… 81
4.4 以太网 …… 85
4.5 局域网组网设备 …… 88
4.6 无线局域网概述 …… 96
本章习题 …… 100

第5章 网络层 …… 103
5.1 网络层概述 …… 103
5.2 IP 协议 …… 107
5.3 子网划分 …… 117
5.4 ARP 协议与 ICMP 协议 …… 125
5.5 路由和路由协议 …… 131
5.6 路由器及其基本使用 …… 138
5.7 IPv6 …… 147
本章习题 …… 148

第6章 运输层 …… 152
6.1 运输层的基本概念 …… 152
6.2 用户数据报协议 UDP …… 158
6.3 传输控制协议 TCP …… 159
6.4 客户/服务器模式 …… 165
6.5 套接字编程基础 …… 169
本章习题 …… 173

第7章 应用层 …… 175
7.1 应用层的基本概念与服务 …… 175
7.2 应用层协议 …… 193
7.3 网络操作系统 …… 202

7.4　网络服务器 …… 207
本章习题 …… 209

第 8 章　网络管理和网络安全 …… 212
8.1　简单网络管理协议 …… 212
8.2　网络病毒及其防范 …… 215
8.3　网络防火墙 …… 221
8.4　网络地址转换技术 …… 226
本章习题 …… 227

参考文献 …… 229

第1章　计算机网络概述

随着科学技术发展的日新月异，计算机网络技术对信息产业产生了深远的影响。目前常见的网络包括电信网络、有线电视网络和计算机网络，而在信息化过程中起核心作用的则是计算机网络，未来的趋势则是三网融合。本章在介绍网络形成与发展的基础上，对网络的定义、分类和拓扑等问题进行讨论，并进一步阐述计算机网络的未来发展趋势。

1.1　计算机网络的概念与发展

在过去的300年中，每个世纪都有一种技术占据主要的地位。18世纪伴随着工业革命而来的是伟大的机械时代；19世纪是蒸汽机时代；20世纪是信息的获取、存储、传送、处理和利用的计算机时代；而在21世纪的今天，人们则进入了一个计算机网络时代，它的出现使得我们周围的信息处在更加高速的处理和传递中。

计算机是20世纪人类最伟大的发明之一，它的产生标志着人类迈入一个崭新的信息社会，新的信息产业正以强劲的势头迅速崛起。为了提高信息社会的生产力，提供一种全社会的、经济的、快速的存取信息的手段是十分必要的。因而，计算机网络应运而生。当前，在我们的学习生活中，计算机网络都起着举足轻重的作用，其发展趋势更是蔚为可观。

1.1.1　计算机网络的概念

什么是计算机网络？计算机网络是通信技术与计算机技术密切结合的产物。它最简单的定义是：以实现远程通信为目的，一些互联的、独立自治的计算机的集合。这里“互联”是指各计算机之间通过有线或无线通信信道彼此交换信息，而“独立自治”则强调它们之间没有明显的主从关系。美国信息学会联合会将计算机网络定义为以相互共享资源(硬件、软件和数据)等方式而连接起来，且各自具有独立功能的计算机系统的集合。此定义有三个含义：一是网络通信的目的是共享资源；二是网络中的计算机分散且相互之间功能独立；三是有一个全网性的网络软件系统。

随着计算机网络体系结构的标准化，通常认为计算机网络具有三个主要的组成部分：① 能向用户提供服务的若干主机组成的资源子网；② 由一些专用的通信处理机，例如通信子网中的交换机、路由器和连接这些节点的通信链路所组成的一个或多个通信子网；③ 为主机与主机、主机与通信子网，或者通信子网中各个节点之间通信而建立的一系列网络协议软件。

1.1.2 计算机网络的发展

计算机网络经历了由单一网络向互联网发展的过程。1997 年，微软公司总裁比尔·盖茨发表的著名演说中提出“网络才是计算机”的论点充分体现了计算机网络的重要基础地位。随着云计算技术和大数据技术的出现和崛起，计算机网络越来越成为当今世界发展的核心和高新技术之一。计算机网络有其出现、发生和发展的过程，一般说来，可以分成以下几个阶段：

1. 计算机终端网络时代

20 世纪 60 年代中期之前的第一代计算机网络是以单个计算机为中心的远程联机系统，也称为计算机终端网络，典型应用是由一台计算机和全美范围内 2 000 多个终端组成的飞机订票系统。终端是一台计算机的外部设备，包括显示器和键盘，且无 CPU 和内存。当时，人们把计算机网络定义为：“以传输信息为目的而连接起来，实现远程信息处理或进一步达到资源共享的系统。”这样的通信系统已具备网络的雏形，使用的线路主要是电话网，使用的技术主要是电路交换技术。电路交换(Circuit Switching)是通信网中最早出现的一种交换方式，也是应用最普遍的一种交换方式，主要应用于电话通信网中，其主要过程是：首先摘机，听到拨号音后拨号，交换机找寻被叫，向被叫振铃同时向主叫传送回铃音，此时表明在电话网的主被叫之间已经建立起双向的话音传送通路；当被叫摘机应答，即可进入通话阶段；在通话过程中，任何一方挂机，交换机拆除已建立的通话通路，并向另一方传送忙音提示挂机，从而结束通话。

从电话通信过程的描述可以看出，电话通信分为三个阶段：呼叫建立、通话、呼叫拆除。计算机终端网络通信过程也类似于电话通信，即使用电路交换技术，其基本过程可分为连接建立、信息传送和连接拆除三个阶段。图1－1是计算机主机与多台终端通过电话网进行数据传输的例子。

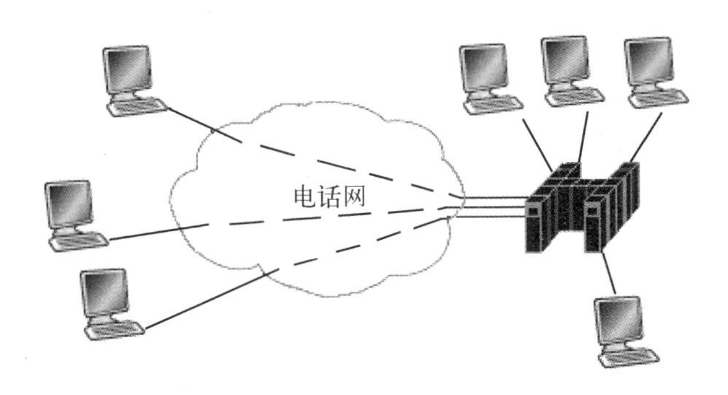

图1－1　计算机主机与终端之间的数据传输

2. 计算机通信网络时代

20世纪60年代中期至70年代的第二代计算机网络是以多个主机通过通信线路互联起来，为用户提供服务。其典型代表是美国国防部高级研究计划局协助开发的ARPANET。在此期间提出的“存储转发”和“分组交换”的概念标志着独立于电话网络的、实用的计算机网络开始了真正的发展。

分组交换(Packet Switching)不同于第一代计算机网络中使用的电路交换技术，是将整块的待发送数据划分为一个个更小的数据段，在每个数据段前面安装上报头，构成一个个的数据分组(Packets)。每个分组的报头中存放有目标计算机的地址和报文包的序号，网络中的交换机根据地址决定数据向哪个方向转发每个分组可能通过不同的路径到达目标主机后再重新去掉报头并组装成为原始数据。在这种概念下由传输线路、交换设备和通信计算机建设起来的网络，被称为分组交换网络。

分组交换的本质是存储转发(store and forward)，它将所接受的分组暂时存储下来，在目的方向路由上排队，当可以发送信息时，再将信息发送到相应的路由接口上，完成转发。其存储转发的过程就是分组交换的过程。

分组交换是计算机通讯脱离电话通讯中电路交换技术的里程碑。因电路交换要进行连接的建立和释放，不适合计算机数据通信的突发性和密集性特点。而分组交换网络则不需要事先建立通信线路，数据可以随时以分组的形式发送到网络中。分组交换网络不需要呼叫建立线路的关键在于其每个分组的报头中都有目标主机的地址，网络交换设备根据这个地址就可以随时为单个数据包提供转发，将它沿着正确的路线送往目标主机。

美国的分组交换网 ARPANET 于 1969 年 12 月投入运行，被公认是最早的分组交换网。法国的分组交换网 CYCLADES 开通于 1973 年。同年，英国的 NPL 也开通了英国第一个分组交换网。在 ARPRNET 网中，负责通信控制处理的设备称为接口报文处理机 IMP（或称为节点机），以存储转发方式传送分组的通信子网称为分组交换网。图 1－2 展示了分组交换网进行数据传输的基本方式。到今天，现代计算机网络中的以太网、帧中继、Internet 都是分组交换网络。

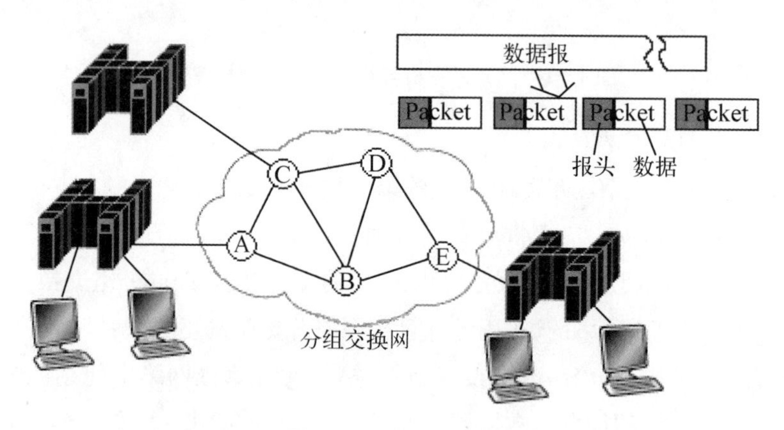

图 1－2　分组交换网

3. 开放式的标准化计算机网络

20 世纪 70 年代末至 90 年代的第三代计算机网络是具有统一的网络体系结构，并遵守国际标准的，开放式和标准化的网络。ARPANET 兴起后，计算机网络发展迅猛，各大计算机公司相继推出自己的网络体系结构及实现这些结构的软硬件产品。由于没有统一的标准，不同厂商的产品之间互联很困难，人们迫切需要一种开放性的标准化实用网络环境，因此应运而生了两种国际通用的最重要的体系结构，即 TCP/IP 体系结构和国际标准化组织的 OSI 体系结构。其中，国际标准化组织 ISO 在 1984 年颁布了开放系统互连参考模型（Open System Interconnect，OSI），该模型分为七个层次，也称为 OSI 七层模型，被公认为新一代计算机网络体系结构的基础，为普及局域网奠定了基础。TCP/IP 模型则是由美国国防部在 ARPANET 网络中创建的网络体系结构，是至今为止发展最成功的通信模型，它用于构筑目前最大的、开放的互联网络系统互联网(Internet)。TCP/IP 模型分为不同的层次，每一层负责不同的通信功能。TCP/IP 简化了 OSI 层次模型，由 OSI 的 7 层结构变成了 4 层结构，并且由下而上分别是网络接口层、网际层、运输层、应用层，如图 1-3所示。

应用层
运输层
网际层
网络接口层

图 1-3　TCP/IP 层次模型

4. 新一代计算机网络

20 世纪 90 年代至今的第四代计算机网络，由于局域网技术发展成熟，出现光纤及高速网络技术、多媒体网络、智能网络，整个网络如同一个对用户透明的计算机系统，发展为以 Internet 为代表的互联网。而其中 Internet 的发展也分三个阶段：

1) 从单一的 APRANET 发展为互联网

1969 年，美国军方创建的第一个分组交换网 ARPANET 只是一个单个的分组交换网。20 世纪 70 年代中期，ARPA 开始研究多种网络互联的技术，这导致互联网的出现。1983 年，ARPANET 分解成两个：一个实验研究用的科研网 ARPANET(人们常把 1983 年作为互联网的诞生之日)，另一个是军用的 MILNET。1990 年，ARPANET 正式宣布关闭，实验完成。

2) 建成三级结构的互联网

1986 年，NSF 建立了国家科学基金网 NSFNET，它是一个三级计算机网络，分为主干网、地区网和校园网。1991 年，美国政府决定将互联网的主干网转交给私人公司来经营，并开始对接入互联网的单位收费。1993 年互联网主干网的速率提高到 45 Mb/s。

3) 建立多层次 ISP 结构的互联网

第三阶段是逐渐形成了多层次 ISP 结构的互联网。从 1993 年开始，由美国政府资助的 NSFNET 逐渐被若干个商用的互联网主干网替代，而政府机构不再负责互联网的运营。这样就出现了一个新名词：互联网服务提供者(Internet Service Provider, ISP)。ISP 拥有从互联网管理机构申请到的多个 IP 地址，同时拥有通信线路以及路由器等联网设备，因此任何机构和个人只要向 ISP 交纳规定的费用，就可以得到所需的 IP 地址，并通过该 ISP 接入到互联网。我们通常所说的“上网”就是指通过某个 ISP 接入到互联网，因为 ISP 向连接到互联网的用户提供了 IP 地址。ISP 是向广大用户综合提供互联网接入业务、信息业务和增值业务的电信运营商，ISP 是经国家主管部门批准的正式运营的企业，享受国家法律保护。中国主要的 ISP 如中国电信、中国网通和中国移动等提供了诸如拨号上网、ADSL、光纤入户等上网服务。随着 ISP 的发展和扩大，主干网、地区网和校园网分级网络的形成，形成了多层次 ISP 结构的互联网。根据提供服务的覆盖面积大小以及所拥有的 IP 地址数目的不同，ISP 也分成为不同的层次，如主干 ISP、地区 ISP 和本地 ISP 等，例如位于北京的中国电信总部为主干 ISP，下属的北京市电信局则是地区 ISP。

1.2 计算机网络的组成与分类

1.2.1 计算机网络的组成

计算机网络首先是一个通信网络，各计算机之间通过通信媒体、通信设备进行数字通信，在此基础上各计算机可以通过网络软件共享其他计算机上的硬件资源、软件资源和数据资源。从计算机网络各组成部件的功能来看，各部件主要完成两种功能，即网络通信和资源共享。把计算机网络中实现网络通信功能的设备及其软件的集合称为网络的通信子网，通常位于整个网络的核心部分，包括路由器、交换机等通信设备以及相关的网络协议。而把网络中实现资源共享功能的设备及其软件的集合称为资源子网，通常位于整个网络的边缘，主要是用户进行上网的主机等终端设备。具体说来，计算机网络是由负责传输数据的网络通信介质和网络设备、使用网络的计算机终端设备和服务器及网络操作系统组成。典型的计算机网络组成如图 1－4 所示。

1. 通信子网

通信子网是实现网络通信功能的设备及其软件的集合，包括通信设备、网络通信协议、通信控制软件等，它承担全网的数据传输、转接、加工、变换等通信处理工作，主要由以下部分组成。

1）网络通信介质

通信子网中有四种主要的网络通信介质：双绞线、光纤、微波、同轴电缆。在局域网中的主要通信介质是双绞线，也称网线，这是一种不同于电话线的 8 芯电缆，具有传输 1 000 Mbps 的能力；光纤则在局域网中多承担干线部分的数据传输。使用微波的无线局域网由于其灵活性而逐渐普及；早期的局域网中使用网络同轴电缆，从 1995 年开始，网络同轴电缆被逐渐淘汰，已经不在局

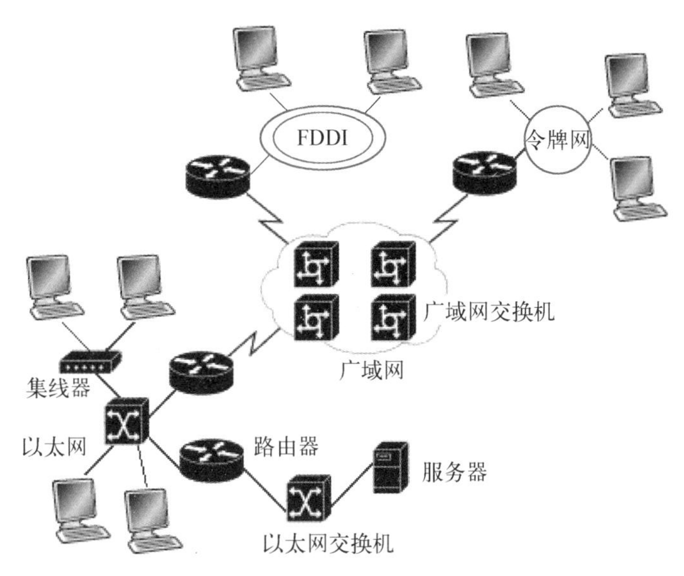

图 1-4　一个典型的计算机网络组成

域网中使用了。

2）网络交换设备

网络交换设备是把计算机连接在一起的基本网络设备，如交换机、集线器等。计算机之间的数据报通过交换机转发。因此，计算机要连接到局域网络中，必须先连接到交换机上。不同种类的网络使用不同的交换机，常见的有：以太网交换机、ATM 交换机、令牌网交换机、FDDI 交换机等。

可以用称为 Hub 的网络集线器替代交换机。Hub 的价格低廉，但会消耗大量的网络带宽资源。由于局域网交换机的价格已经下降到低于 PC 计算机的价格，所以正式的网络已经不再使用 Hub。

3）网络互联设备

网络互联设备主要是指路由器（Router）。它是连接互联网中各局域网、广域网最重要的网络设备之一。它会根据网络信道的情况自动选择和设定路由，以最佳路径和按先后顺序发送信号，是互联网络的枢纽和“交通警察”。路由器不仅提供同类网络之间的互相连接，还提供不同网络之间的通讯，比如局域网与广域网的连接、以太网与帧中继网络的连接等。

在广域网与局域网的连接中，调制解调器也是一个重要的设备。调制解调器用于将数字信号调制成频率带宽更窄的信号，以便适于广域网的频率带宽。最常见的是使用电话网络或有线电视网络接入互联网。

中继器是一个延长网络电缆和光缆的设备,对衰减了的信号起再生作用。

网桥是一个被淘汰了的网络产品,原先用来改善网络带宽拥挤。后期交换机设备同时完成了网桥需要完成的功能,交换机的普及使用是终结网桥使命的直接原因。

4) 网络通信协议

网络通信协议(Communication Protocol)是网络通信中的软件实现部分,是双方实体为完成通信或服务所必须遵循的规则和约定。通过通信信道和设备互联起来的多个不同地理位置的数据通信系统,要使其能协同工作实现信息交换和资源共享,它们之间必须具有共同的语言。交流什么、怎样交流及何时交流,都必须遵循某种互相都能接受的规则。这个规则就是网络通信协议。

2. 资源子网

资源子网包括网络中的所有网络终端、服务器和网络操作系统等。它负责全网面向应用的数据处理业务,向网络用户提供各种网络资源和网络服务,实现网络的资源共享。

1) 网络终端与服务器

网络终端也称网络工作站,是指使用网络的计算机、网络打印机等。在客户/服务器网络中,客户机即为网络终端。

网络服务器是被网络终端访问的计算机系统,通常是一台高性能的计算机,例如大型机、小型机、UNIX 工作站和服务器 PC 机,安装上服务器软件后构成网络服务器,分别被称为大型机服务器、小型机服务器、UNIX 工作站服务器和 PC 机服务器。网络服务器是资源子网的核心设备,网络中可共享的资源,如数据库、大容量磁盘、外部设备和多媒体节目等,通过服务器提供给网络终端。网络服务器软件是建立在网络操作系统之上的一个服务器软件系统。它向网络用户提供不同类型的网络服务,以实现网络数据共享和通信。服务器按照可提供的服务分为文件服务器、数据库服务器、打印服务器、Web 服务器、电子邮件服务器、代理服务器等。

2) 网络操作系统

网络操作系统(Network Operating System, NOS)是安装在网络终端和服务器上的软件。网络操作系统完成数据发送和接收所需要的数据分组、报文封装、建立连接、流量控制、出错重发等工作。现代的网络操作系统都是随计算机操作系统一同开发的,网络操作系统是现代计算机操作系统的一个重要组成部分。

常用的网络操作系统包括 Windows Server、Linux 和 Unix 操作系统等。

1.2.2 计算机网络的分类

计算机网络的分类方法有多种方式，通过从不同的角度学习并理解分类的方法，有助于我们更好地理解计算机网络的概念。

1. 按计算机网络覆盖的地理范围分类

按照计算机网络所覆盖的地理范围的大小进行分类，计算机网络可分为局域网、城域网和广域网。通过了解计算机网络所覆盖的地理范围，人们可以一目了然地获取该网络的规模和主要技术。

局域网(Local Area Network, LAN)的覆盖范围一般在方圆几十米到几千米。例如一个办公室、一个办公楼、一个园区范围内的网络。

当网络的覆盖范围达到一个城市的大小时，被称为城域网。网络覆盖到多个城市甚至全球的时候，就属于广域网(Wide Area Network, WAN)的范畴了。我国著名的公共广域网如中国教育网、中国科技网等。大型企业、院校、政府机关通过租用公共广域网的线路，可以构成自己的广域网。

2. 按计算机网络的使用范围分类

按照计算机网络的使用者进行分类，计算机网络可以分为公用网和专用网。其中公用网一般由电信部门组建、管理和控制，网络内的传输和交换装置可以租给任何部门和单位使用，只要符合网络拥有者的要求就能使用这一网络，是为全社会所有人提供服务的网络。而专用网通常由某个部门或单位组建并拥有，只为拥有者提供服务，不允许其他部门或单位使用，例如用于军事和政府部门的一些网络。

3. 按照网络拓扑结构分类

计算机网络是由多台独立的计算机通过通信线路连接起来的。那么通信线路是如何把这些计算机连接起来，能否把连接方式抽象出一种可描述的结构？科学家们通过采用从图论演变而来的“拓扑”方法，抛开网络中的具体设备，把工作站、服务器、互联设备等网络单元抽象为点，把网络中的通信介质抽象为线，把整个网络系统看成是点和线组成的图形，从而抽象出网络系统的具体结构。所以，各个节点在网络上的连接方式就称为网络的拓扑结构。拓扑结构描述网络中网络终端、网络设备组成的网络节点之间的几何关系，反映出网络设备之间以及网络终端是如何连接的。计算机网络按照拓扑结构划分为总线型结构、环型结构、星型结构、树型结构和网状结构,如图 1-5 所示。

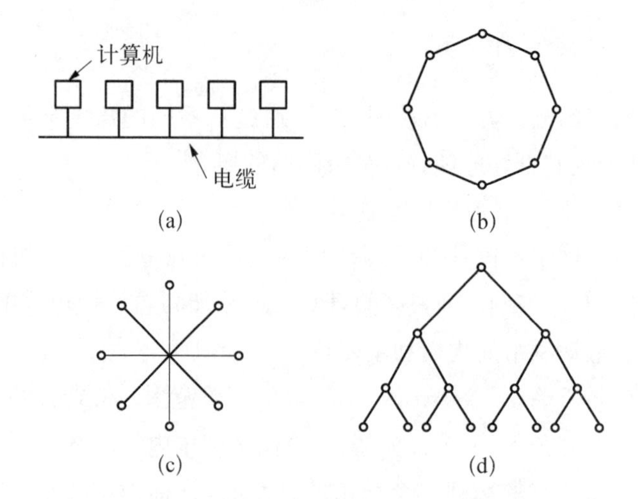

图 1-5 四种典型的计算机网络拓扑结构

(a) 总线型 (b) 环型 (c) 星型 (d) 树型

总线型拓扑结构是早期同轴电缆以太网中网络节点的连接方式,网络中各个节点挂接到一条总线上。这种物理连接的主要存在网络上各个节点对总线的“争用”问题[见图 1-5(a)]。

环型拓扑结构的网络中,通信线路沿各个节点连接成一个闭环。数据传输经过中间节点的转发,最终可以到达目的节点。这种通信方法的最大缺点是通信效率低[见图 1-5(b)]。

星型拓扑结构是现代以太网的物理连接方式。在这种结构下,以中心网络设备为核心,与其他网络设备以星型方式连接,最外端是网络终端设备。星型结构的优势是连接路径短、易连接、易管理、传输效率高和易管理。这种结构的缺点是中心节点需具有很高的可靠性和冗余度[见图 1-5(c)]。

树型拓扑结构的网络层次清晰,易扩展,是目前多数校园网和企业网使用的结构。这种方法的缺点是对根节点的可靠性要求很高[见图 1-5(d)]。

1.3 计算机网络体系结构

1.3.1 计算机网络的分层体系结构

在工程设计中,人们通常采用一种将一个庞大而复杂的问题分解成若干个容易处理的较小的局部问题，然后再对这些较小的局部问题加以研究和处理，并施以分别对待和个别解决的结构化设计方法。分层正是进行系统分解的最好方法之一。对于计算机网络这样一个复杂的系统而言，分层法是设计体系结构的一种有效技术。假设系统 A 和系统 B 之间进行网络通信，利用分层的思想可将计算机网络体系结构表示成如图 1-6 所示的层次模型。

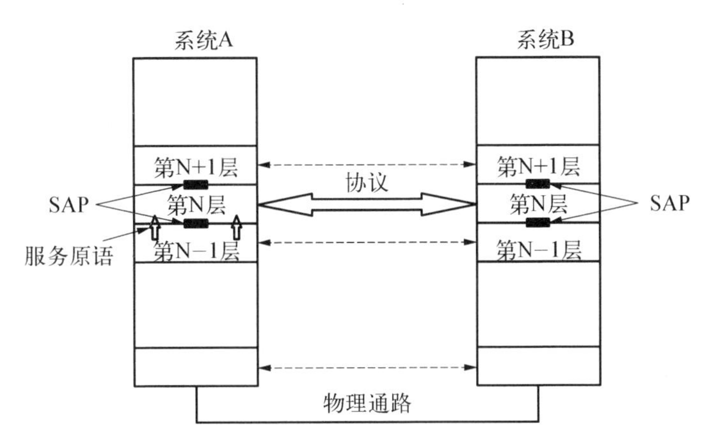

图 1-6　计算机网络的层次模型

在图 1-6 所示网络层次体系结构中，第 N 层是第 N－1 层的用户，又是第 N+1 层的服务提供者。第 N+1 层用户虽然只能直接使用第 N+1 层所提供的服务，但实际上它还通过第 N+1 层间接地使用了第 N 层以及第 N 层以下各层的服务。在每对相邻层之间有一个服务访问点(Service Access Point, SAP)，SAP 定义了较低层向较高层提供的原始操作和服务，通常称为服务原语。因此，一台计算机的第 N 层与另一台计算机的第 N 层进行通信，除最底层外，实际上并不是一台计算机的第 N 层直接将数据传送到另一台计算机的第 N 层，而是每一层将数据和控制信息通过层间接口传送给与它相邻的第 N－1层，直至最低层为止，在最低层再通过物理介质实现与另一计算机最底层的物理通信。计算机网络中采用层次型体系结构具有如下优点：

(1) 各层相对独立，彼此不需要知道各自的实现细节，只要了解该层通过层间接口所提供的服务。

(2) 易于实现和维护。当某一层发生变更时，只要接口关系保持不变，就不会对上、下各层产生影响。减轻问题的复杂程度。一旦网络发生故障，可迅速定位故障所处层次，便于查找和纠错。

(3) 易于标准化。因为各层分别定义标准接口，使具备相同对等层的不同网络设备能实现互操作，各层之间相对独立，一种高层协议可以放在多种低层协议上运行。

(4) 能有效刺激网络技术革新。因为每次更新都可以在小范围的层次上进行，不需要更改整个网络。当然，从学习的角度来讲，网络的分层也可以方便进行有效的教学和研究。

1.3.2 网络协议与标准

计算机网络中最知名的网络协议就是 TCP/IP 协议了。事实上，TCP/IP 协议是一个协议集，由很多协议组成。其中传输控制协议(Transmission Control Protocol, TCP)和网络互联协议(Internet Protocol, IP)是两个最重要的协议，TCP/IP 协议正是用这两个协议来命名的。

TCP/IP 协议集中每一个协议涉及的功能，都需要用程序来实现。TCP 协议和 IP 协议有对应的 TCP 程序和 IP 程序。TCP 协议规定了 TCP 程序需要完成哪些功能，如何完成这些功能，及 TCP 程序所涉及的数据格式。根据 TCP 协议我们了解到，网络协议是一个约定，该约定规定了：

- 实现这个协议的程序要完成什么功能。
- 如何完成这个功能。
- 实现这个功能需要通讯的报文包的格式。

因此网络协议可以定义为：计算机网络中进行数据交换而建立的规则、标准或约定的集合。网络协议由三个要素组成：

(1) 语义。语义是解释控制信息每个部分的意义。它规定了需要发出何种控制信息，完成的动作与做出什么样的响应。

(2) 语法。语法是用户数据与控制信息的结构与格式，及数据的出现顺序。

(3) 时序。时序是对事件发生顺序的详细说明(也可称为“同步”)。

实际上，在现实生活中，我们也在不断地使用所谓协议的概念。例如：两个不同国家的人在进行谈话之前必须约定统一使用什么样的语言，这就是他们之间达成的通信协议。

如果一个网络协议涉及了硬件的功能，通常就被叫作标准，而不再称为协议。所以，叫标准还是叫协议基本是一回事，都是一种功能、方法和数据格式的约定，只是网络标准还需要约定硬件的物理尺寸和电气特性。最典型的标准就是IEEE802.3，它是以太网的技术标准。

协议、标准化的目的是让各个厂商的网络产品互相通用，尤其是完成具体功能的方法和通信格式。如果没有统一的标准，各个厂商的产品就无法通用。无法想象使用Windows操作系统的主机发出的数据包，只有微软公司自己来设计交换机才能识别并转发的场景。

为了完成计算机网络通讯，实现网络通信的软硬件就需要完成一系列功能。例如为数据封装地址、对出错数据进行重发、当接收主机无法承受时对发送主机的发送速度进行控制等等。为每一个功能的实现都需要设计出相应的协议，这样，各个生产厂家就可以根据协议开发出能够互相通用的网络软硬件产品。例如国际标准化组织ISO发布的著名OSI参考模型就详细规定了网络需要实现的功能、实现这些功能的方法及通信报文包的格式。

但是，没有一个厂家遵循OSI模型来开发网络产品。不论是网络操作系统还是网络设备，不是遵循厂家自己制订的协议（如Novell公司的Novell协议、苹果公司的AppleTalk协议、微软公司的NetBEUI协议、IBM公司的SNA），就是遵循某个政府部门制订的协议（如美国国防部高级研究工程局DARPA的TCP/IP协议），网卡和交换机这一级的产品则多是遵循电子电气工程师协会IEEE发布的IEEE 802规范。

尽管如此，各种其他协议的制订者，在开发自己的协议时都参考了ISO的OSI模型，并在OSI模型中能够找到对应的位置。因此，学习了OSI模型，再去解释其他协议就变得非常容易。事实上，就像人体架构模型对医学院的学生一样，OSI模型几乎成了网络课教学的必备工具。但是，由于过于复杂，OSI并不是一种实用性很强的协议。

20世纪90年代初曾经流行的SPX/IPX协议的地位现在已经被TCP/IP协议所取代。其他的网络协议，如AppleTalk、DecNet等也在退出舞台。因此，现在的网络工程师只要了解TCP/IP一个协议，就可以应付99%的网络技术问题。

最重要的，我们要记住：每一个协议都要有对应的程序，少量底层协议还要涉及硬件电路的物理特性和电气特性。例如你在了解TCP协议的时候，一定要知道它是为各个厂家如微软、HP、中软等企业编写TCP程序制订的。了解一个协议，也就是了解它所对应的程序是如何工作的。

1.3.3 OSI参考模型

20世纪70年代出现的公司级的通信和网络标准推动了计算机网络的发展,但不同公司生产的计算机之间却很难相互通信,因为它们的网络体系结构是不一样的。为了更充分发挥计算机网络的效益,有必要制定一个国际标准,以解决不同厂家生产的计算机互相通信的问题。

在这种需求下,国际标准化组织ISO制定了OSI参考模型。教科书都会介绍OSI模型。同样,所有教科书对OSI模型的介绍都是在讨论它对网络功能的描述上。

图1-7 OSI七层参考模型

OSI模型把网络功能分成7大类,并从顶到底按层次排列起来(见图1-7)。这种倒金字塔形的结构正好描述了数据发送前,在发送主机中被加工的过程。待发送的数据首先被应用层的程序加工,然后下放到下面一层继续加工。最后,数据被装配成数据帧,发送到网线上。

OSI的7层协议是自下向上编号的,比如第4层是运输层,因此"出错重发是运输层的功能",也可以说成"出错重发是第四层的功能"。

当需要把一个数据文件发往另外一个主机之前,这个数据要经历这7层协议每一层的加工。例如把一封邮件发往服务器,当用Outlook软件编辑完成,按发送键后,Outlook软件就会把邮件交给第7层中根据POP3或SMTP协议编写的程序。POP3或SMTP程序按自己的协议整理数据格式,然后发给下面层的某个程序。每个层的程序(除了物理层,它是硬件电路和网线,不再加工数据)都会对数据格式做一些加工,还会用报头的形式增加一些信息。例如我们知道运输层的TCP程序会把目标端口地址加到TCP报头中;网络层的IP程序会把目标IP地址加到IP报头中;链路层的802.3程序会把目标MAC地址装配到帧报头中。经过加工后的数据以帧的形式交给物理层,物理层的电路再以位流的形式发数据发送到网络中。

接收方主机的过程是相反的。物理层接收到数据后,以相反的顺序遍历OSI的所有层,使接收方收到这个电子邮件。

数据在发送主机沿第7层向下传输的时候,每一层都会给它加上自己的报头。在接收方主机,每一层都会阅读对应的报头,拆除自己层的报头把数据传送给上一层,表1-1概述了OSI 7层中规定的网络功能及其对应的网络设备。

表1-1 OSI 7层模型中各层的功能

层 次	功 能 规 定	对应网络设备
第7层 应用层	提供与用户应用程序的接口 为每一种应用的通讯在报文上添加必要的信息	计算机
第6层 表示层	定义数据的表示方法,使数据以可以理解的格式发送和读取	计算机
第5层 会话层	提供网络会话的顺序控制 解释用户和机器名称	计算机
第4层 运输层	提供端口地址寻址(TCP) 建立、维护、拆除连接 流量控制、差错控制、数据分段	计算机
第3层 网络层	IP地址寻址 支持网间互联	路由器、三层交换机
第2层 数据链路层	提供链路层地址(如MAC地址)寻址 介质访问控制(如以太网的总线争用技术) 差错检测 控制数据的发送与接收	网卡、网桥、二层交换机
第1层 物理层	提供建立计算机和网络之间通讯所必需的硬件电路和通信介质	集线器、中继器、调制解调器、网线、光纤

ISO在OSI模型中描述各个层的网络功能采用了相当准确的术语,但是过于抽象。实际上要了解网络通信原理,主要是了解第7、4、3、2、1层的功能和实现方法。OSI的第7、第4、第3层在TCP/IP协议中都有对应的层。

1.3.4 TCP/IP参考模型

1. TCP/IP协议的起源与特点

研究OSI参考模型的初衷是为网络体系结构与协议发展提供一种国际标准,但是,回到现实的网络发展状况中,必须要看到Internet在世界范围内的飞速发展,以及TCP/IP协议的广泛应用对网络技术的影响。

TCP/IP 协议是由美国国防部高级研究工程局 DAPRA 开发的。美国军方委托的、不同企业开发的网络需要互联,可是各个网络的协议都不相同。为此,需要开发一套标准化的协议,使得这些网络可以互联。同时,要求以后的承包商竞标的时候遵循这一协议。在 TCP/IP 出现以前美国军方的网络系统的差异混乱,是由于其竞标体系所造成的。所以 TCP/IP 出现以后,人们戏称之为“低价竞标协议”。随着 Internet 的发展和 Internet 在全世界的广泛应,使得 Internet 所使用的 TCP/IP 体系在计算机网络领域占有特殊重要的地位,因而 TCP/IP 能够迅速发展并成为事实上的标准。

在 Internet 所使用的各种协议中,最重要的和最著名的就是两个协议,即传输控制协议 TCP 和网际协议 IP(也称为网络互联协议)。现在人们经常提到的 TCP/IP 并不一定是指 TCP 和 IP 这两个具体的协议,往往是表示 Internet 所使用的体系结构或是指整个的 TCP/IP 协议族。TCP/IP 协议主要有以下 4 个特点:

(1) 开放的协议标准,可以免费使用,独立于特定计算机硬件与操作系统。

(2) 独立于特定的网络硬件,可以运行于局域网、广域网,更适用于互联网中。

(3) 统一的网络地址分配,每个 TCP/IP 设备在网中具有唯一的 IP 地址。

(4) 标准化的高层协议,可以提供多种可靠的用户服务。

2. TCP/IP 参考模型各层的功能

在如何分层 TCP/IP 模型的问题上争论很多,但共同的观点是 TCP/IP 参考模型的层次比 OSI 参考模型的 7 层要少。图 1-8 给出 TCP/IP 参考模型与 OSI 参考模型的层次对应关系。

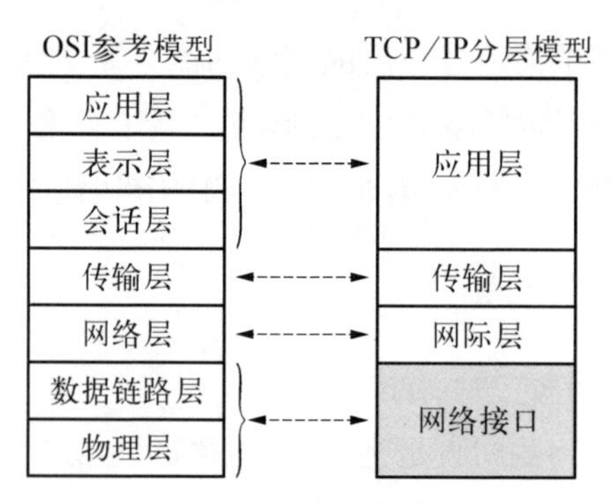

图 1-8 TCP/IP 参考模型与 OSI 参考模型的层次对应关系

图1-9列出了OSI和TCP/IP模型各层的英文名称。

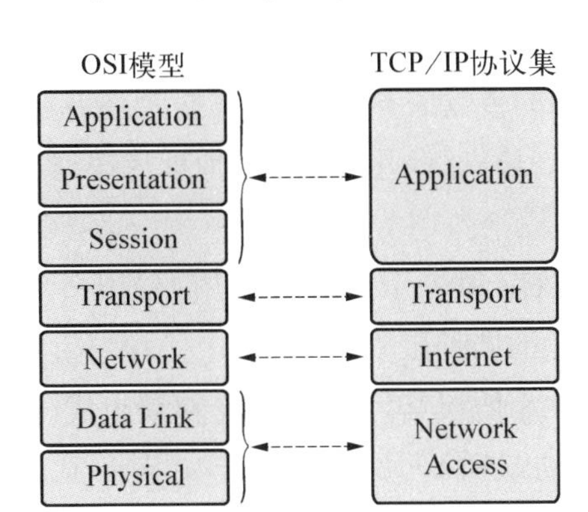

图1-9　OSI模型和TCP/IP模型各层的英文名称

TCP/IP参考模型可以分为以下4个层次即应用层(application layer)、运输层(transport layer)、网际层(internet layer)和网络接口层(network interface layer)。

其中,TCP/IP参考模型的应用层与OSI参考模型的应用层对应;TCP/IP参考模型的运输层与OSI参考模型的运输层对应;TCP/IP参考模型的网际层与OSI参考模型的网络层对应;TCP/IP参考模型的网络接口层与OSI参考模型的数据链路层和物理层相对应。在TCP/IP参考模型中,OSI的表示层、会话层没有对应的协议。TCP/IP模型各层的功能如下。

1) 网络接口层

网络接口层是TCP/IP的最底层,相当于OSI的物理层和数据链路层。该层负责接收IP数据报并发送至选定的网络。网络接口层包括一个设备驱动器,也可能是一个复杂的具有数据链路协议的子系统。

2) 网际层

网际层处理机器之间的通信,接收来自运输层的请求并将带有目的地址的分组发送出去。将分组封装到数据报中,填入数据报头,使用路由算法以决定是直接将数据报传送至目的主机还是传给路由器,然后将数据报送至相应的网络接口进行传送。网际层还要处理接收到的数据报,检验其正确性,并决定是由本地接收还是由路由发送至相应的目的站。

3) 运输层

运输层的基本任务是提供应用层之间的通信,即端到端的通信。运输层管理信息流,提供可靠的传输服务,以确保数据无差错地按序到达。运输层软件将要传送的数据流划分成组,并连同目的地址传送到下一层。

4) 应用层

TCP/IP 没有会话层和表示层。在应用层,用户调用应用程序来访问 TCP/IP 互联网络提供的多种服务。

TCP/IP 协议是一个协议集,它由十几个协议组成。从名称上已经看到其中的两个协议：TCP 协议和 IP 协议。图 1-10 表示了 TCP/IP 协议集中各个协议之间的关系。

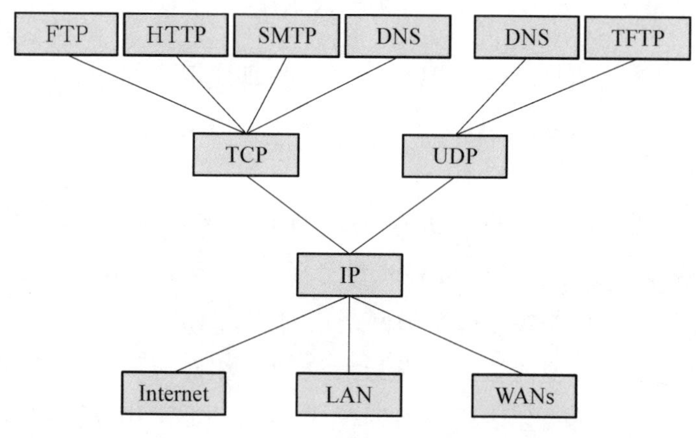

图 1-10　TCP/IP 协议集中的各个协议

TCP/IP 协议集给出了实现网络通信第三层以上的几乎所有协议,非常完整。今天,微软、HP、IBM、华为等几乎所有网络操作系统开发商都在自己的网络操作系统部分实现 TCP/IP。主要的 TCP/IP 协议有：

- 应用层：FTP、TFTP、HTTP、SMTP、POP3、SNMP、DNS、Telnet。
- 运输层：TCP、UDP。
- 网络层：IP、ARP、RARP、DHCP、ICMPRIP、IGRP、OSPF。

POP3、DHCP、IGRP、OSPF 虽然不是 TCP/IP 协议集的成员,但是都是非常知名的网络协议。我们仍然把它们放到 TCP/IP 协议的层次中来,可以更清晰地了解网络协议的全貌。表 1-2 给出了 TCP/IP 协议集中部分主要协议的名称和主要功能。

表 1-2　TCP/IP 协议集中部分主要协议名称和主要功能

协议名称	英文简称	功 能 说 明
超文本传输协议	HTTP	实现网页浏览
文件传输协议	FTP	实现文件上传与下载
网络终端协议	Telnet	实现对主机的远程登录和控制
简单邮件传输协议	SMTP	实现电子邮件服务
域名服务	DNS	实现域名查找和转换
简单网络管理协议	SNMP	实现对网络的管理

3. OSI 和 TCP/IP 参考模型的比较

两种参考模型的相同点：OSI 参考模型与 TCP/IP 参考模型都是用来解决不同计算机之间数据传输的问题。这两种模型都是基于独立的协议栈的概念，都采用分层的方法，每层都建立在它的下一层之上，并为它的上一层提供服务。例如：在两种参考模型中，运输层及其以下的各层都为需要通信的进程提供端到端、与网络无关的传输服务，这些层成了传输服务的提供者；同样，在运输层以上的各层都是传输服务的用户。

两种参考模型不同点：OSI 参考模型是制定的适用于全世界计算机网络的统一标准，是一种理想状态，它结构复杂，实现周期长，运行效率低；而 TCP/IP 参考模型是独立于特定的计算机硬件和操作系统，可移植性好，独立于特定的网络硬件，可以提供多种拥有大量用户的网络服务，并促进 Internet 的发展，因而成为广泛应用的网络模型。

总的说来，从以上两种参考模型的产生和发展的实际情况来看，由于 OSI 参考模型及其协议从一开始就太过复杂，使最初的实现又大又长，并且速度较慢，不利于应用和推广；与之相反，TCP/IP 参考模型的简洁化和速度快的特性使其广泛地应用于目前的互联网中。

1.4　计算机网络的发展趋势

计算机网络及其应用的产生和发展，与计算机技术（包括微电子、微处理机）和通信技术的科学进步密切相关。由于计算机网络技术，特别是 Internet

技术的不断进步,使得各种计算机应用系统跨越了主机/终端式、客户/服务器式、浏览器/服务器式的几个时期。今天的计算机应用系统实际上是一个网络环境下的计算系统。可以说,未来计算机网络的发展有以下几种基本的技术趋势:

- 贴近应用的智能化网络。
- 具低成本微机所带来的分布式计算和智能化方向发展。
- 向适应多媒体通信、移动通信结构发展。
- 网络结构适应网络互联,扩大规模以至于建立覆盖全球巨型互联网。
- 应具有前所未有的带宽以保证承担任何新的服务。
- 应是有很高的可靠性和服务质量。
- 应具有延展性来保证时迅速的发展做出反应。
- 应具有很低的费用。

未来比较明显的趋势是宽带业务和各种移动终端的普及,如智能终端、云计算和大数据的应用,实际上这对网络带宽和频谱产生了巨大的需求。整个宽带的建设和应用将进一步推动网络的整体发展。IPv6、下一代互联网技术和云计算技术的研发和建设将在今后取得比较明显的进展。以下列出了现在和未来可能会蓬勃发展的几大主流技术。

1.4.1 云计算技术

云计算(Cloud Computing)一词是 Google 于 2006 年首次提出的,是一种新近提出的计算模式,是分布式计算(Distributed Computing)、并行计算(Parallel Computing)和网格计算(Grid Computing)的发展。美国国家标准与技术研究院 NIST 将云描述为一个无处不在的、便捷的网络,它可以按需访问可配置计算资源(如网络、服务器、存储器、应用程序和服务)的共享池。云计算采用虚拟资源池的方法管理所有资源,对物理资源的要求较低,可以使用廉价的 PC 组成云,而计算性能却超过大型主机。

云计算技术主要分为三种服务模式:① 基础设施即服务(Infrastructure-as-a-Service, IaaS);② 平台即服务(Platform-as-a-Service, PaaS);③ 软件即服务(Software-as-a-Service, SaaS)。IaaS、PaaS 和 SaaS 分别对应集中于计算机运行时堆栈层里的每一个特定的层,即硬件、系统软件(或平台)和应用程序。图 1-11 展示了三种云服务模式以及它们之间的关系。

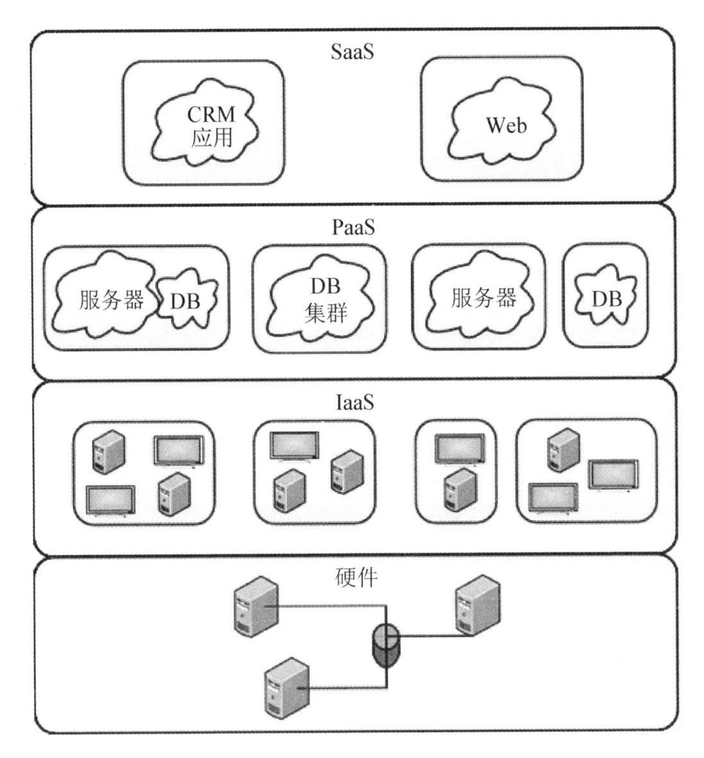

图 1－11　云服务模式

IaaS：基础设施即服务。作为一种服务提供计算和硬件资源，它能够为用户提供处理存储器、网络和其他基本的计算资源，用户能够部署和运行任意软件，包括操作系统和应用程序。IaaS 提供商控制实际的硬件，云用户可以请求分配虚拟资源，然后 IaaS 提供商在硬件上分配这些资源（通常不需要任何手动干预）。云用户按照所期望的那样管理虚拟资源，包括安装所需的任何操作系统，软件和应用程序。

PaaS：平台即服务。指将软件研发的平台作为一种服务，以 PaaS 的模式提交给用户。用户并不管理或控制云基础设施，包括网络、服务器、操作系统、存储器，但它可以控制已部署的应用程序以及应用程序托管的环境配置。

SaaS：软件即服务。是一种通过 Internet 提供软件的模式，用户不需要购买软件，而是从提供商那里租用基于 Web 的软件，来管理企业经营活动。相对于传统的软件，SaaS 解决方案有明显的优势，包括较低的前期成本，便于维护，快速展开使用等。

尽管这三种服务模型各自特性不同，服务类型可能也不同，但所有的云架构都面临着同样的技术挑战，包括计算缩放、存储扩展、多租户、可用性和安全性等。目前，最简单的云计算技术在网络服务中随处可见，如搜索引擎、网络信箱、云盘等，使用者只要输入简单指令即能得到大量信息。未来如手机、GPS等行动装置都可以透过云计算技术，发展出更多的应用服务。进一步的云计算不仅只做资料搜寻、分析的功能，未来如分析DNA结构、基因图定序、解析癌症细胞等，都可以透过这项技术轻易达成。

1.4.2 大数据技术

随着云时代的来临，大数据（Big Data）也吸引了越来越多的关注。大数据通常用来形容一个公司创造的大量非结构化和半结构化数据，这些数据在通过软件进行分析时会花费过多时间和金钱。大数据分析常和云计算联系到一起，因为实时的大型数据分析需要数十、数百或甚至数千的电脑协同工作。如何应用大数据对我们的生产、经济发挥重大作用就成为一个非常重要的课题。

大数据已经出现，因为我们生活的地球有50亿全球移动电话用户和36亿人访问互联网。现在，人们比以往任何时候都与数据或信息交互。思科公司预计，到2020年，在互联网上流动的交通量将达到每年1 500艾字节。简而言之，从各种各样类型的数据中，快速获得有价值信息的能力，就是大数据技术。

大数据的4个“V”特点，即Volume，Variety，Value，Velocity。

(1) 大量化（Volume）。企业面临着数据量的大规模增长。例如，IDC最近的报告预测称，到2020年，全球数据量将扩大50倍。目前，大数据的规模尚是一个不断变化的指标，单一数据集的规模范围从几十TB到数PB不等。简而言之，存储1PB数据将需要两万台配备50 GB硬盘的个人计算机。此外，各种意想不到的来源都能产生数据。

(2) 多样化（Variety）。一个普遍观点认为，人们使用互联网搜索是形成数据多样性的主要原因，这一看法部分正确。然而，数据多样性的增加主要是由于新型多结构数据，以及包括网络日志、社交媒体、互联网搜索、手机通话记录及传感器网络等数据类型造成。其中，部分传感器安装在火车、汽车和飞机上，每个传感器都增加了数据的多样性。

(3) 快速化(Velocity)。高速描述的是数据被创建和移动的速度。在高速网络时代，通过基于实现软件性能优化的高速电脑处理器和服务器，创建实时数据流已成为流行趋势。企业不仅需要了解如何快速创建数据，还必须知道如何快速处理、分析并返回给用户，以满足他们的实时需求。根据 IMS Research 关于数据创建速度的调查，据预测，到 2020 年全球将拥有 220 亿部互联网连接设备。

(4) 价值(Value)。通过对大量的不相关数据进行浪里淘沙发现弥足珍贵的信息，如何应对这些挑战，产生了一系列新的技术，如未来趋势与模式的可预测分析，深度复杂分析等。

大数据，除了经济方面的，同时也能在政治、文化等方面产生深远的影响，大数据可以帮助人们开启循“数”管理的模式，也是我们当下“大社会”的集中体现。“三分技术，七分数据”，得数据者得天下。图 1 - 12 展示了大数据技术在各个行业的应用。

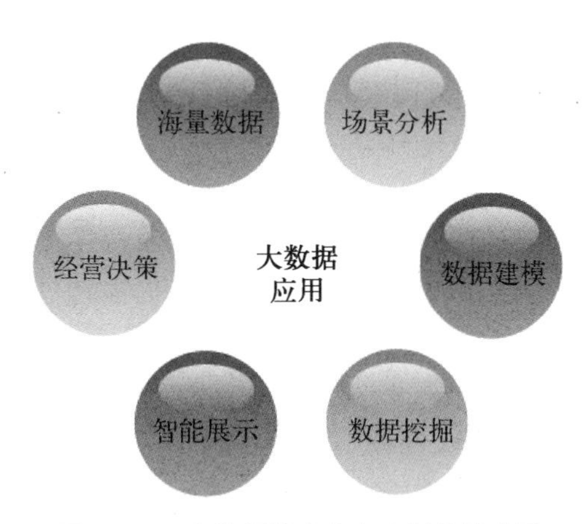

图 1 - 12　大数据技术在各个行业的应用

1.4.3　物联网技术

自从 20 世纪 90 年代物联网概念出现以来，越来越多的人对其产生兴趣。物联网是在计算机互联网的基础上，利用射频识别、无线数据通信、计算机等技术，构造出一个覆盖世界上万事万物的实物互联网。

物联网的英文名称为“Internet Of Things”，简称 IOT。由该名称可知，物联网就是“物物相连的互联网”。这有两层意思：首先，物联网的核心和基础仍然是互联网，是在互联网基础之上的延伸和扩展的一种网络；其次，其用户端延伸和扩展到了任何物品与物品之间，进行信息交换和通信。在这个网络中，物品（商品）能够彼此进行“交流”，不需要人的干预。其实质是利用射频自动识别（Radio Frequency Identification，RFID）技术，通过计算机互联网实现物品（商品）的自动识别和信息的互联与共享。

RFID是射频识别技术的英文缩写，又称电子标签。射频识别技术是20世纪90年代开始兴起的一种自动识别技术，是一项利用射频信号通过空间耦合实现无接触信息传递并通过所传递的信息达到识别目的的技术。

物联网的整个结构可分为射频识别系统和信息网络系统两部分。射频识别系统主要由标签和读写器组成，两者通过RFID空中接口通信。读写器获取产品标识后，通过Internet或其他通讯方式将产品标识上传至信息网络系统的中间件，然后通过中间件解析获取产品的对象名称，继而通过各种接口获得产品信息的各种相关服务。整个信息系统的运行都要借助Internet的网络系统，利用在Internet基础上发展出的通信协议和描述语言。因此我们可以说物联网是架构在Internet基础上的关于各种物理产品信息服务的总和。

物联网被很多国家称为信息技术革命的第三次浪潮，有专家预言：未来10年间，物联网一定会像现在互联网一样高度普及。目前，物联网的产业链大致可以分为三个层次：首先是传感网络，以二维码、RFID、传感器为主，实现“物”的识别；其次是传输网络，通过现有的互联网、广电网络、通信网络实现数据的传输与计算；最后是应用网络，即输入输出控制终端，可基于现有的手机、PC等终端进行，物联网的概念模型（如图1-13所示）。

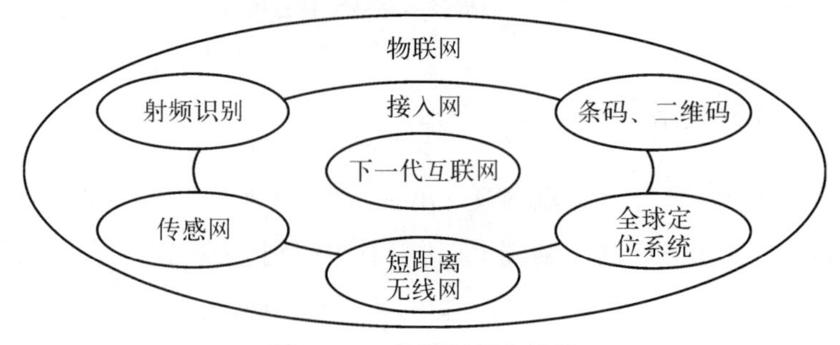

图1-13 物联网概念模型

物联网把新一代IT技术充分运用于各行各业中，通过把感应器嵌入和装备到电网、铁路、桥梁、隧道、公路、建筑、供水系统、大坝、油气管道等各种物体中，然后将“物联网”与现有的互联网整合起来，实现人类社会与物理系统的整合，在此基础上，人类可以更加精细化管理生产和生活，达到“智慧”状态，提高资源利用率和生产力水平，改善人与自然间的关系。

本章习题

一、选择题

1. 大量计算机是通过局域网接入广域网，而局域网域广域网的互联是通过________实现的。

   A. 通信子网　B. 路由器　C. 城域网　D. 电话交换网

2. 网络是分布在不同地理位置的多个独立的________的集合。

   A. 局域网系统　B. 多协议路由器　C. 操作系统　D. 自治计算机

3. 计算机网络是计算机技术和________技术的产物。

   A. 通信技术　B. 电子技术　C. 工业技术　D. 机械设计

4. 计算机网络拓扑是通过网中节点与通信线路之间的几何关系表示网络结构，它反映出网络中各实体间的________。

   A. 结构关系　B. 主从关系　C. 接口关系　D. 层次关系

5. 建设宽带网络的两个关键技术是骨干网技术和________。

   A. Internet技术　B. 接入网技术　C. 分组交换技术　D. 局域网技术

6. 在OSI参考模型中，在网络层之上的是________。

   A. 物理层　B. 应用层　C. 数据链路层　D. 运输层

7. 在OSI参考模型，数据链路层的数据服务单元是________。

   A. 帧　B. 报文　C. 分组　D. 比特序列

8. 在OSI参考模型，数据链路层的数据服务单元是________。

   A. 帧　B. 报文　C. 分组　D. 比特序列

9. 在TCP/IP参考模型中，与OSI参考模型的网络层对应的是________。

   A. 主机-网络层　B. 互联网络层　C. 运输层　D. 应用层

10. 在OSI模型中，N层提供的服务是________与对等层实体交换信息来实现的。

A. 利用 N−1 层提供的服务以及按 N 层协议
B. 利用 N 层提供的服务以及按 N+1 层协议
C. 利用 N 层提供的服务以及按 N−1 层协议
D. 利用 N+1 层提供的服务以及按 N 层协议

二、填空题

1. 计算机网络由资源子网和________构成。
2. 分组交换转发的基本内容是________。由传输线路、交换设备和通讯计算机建设起来的网络，被称为________，分组交换的本质是________。
3. ISP 也分成为不同的层次，如________、________和________。
4. 网络互联设备主要是指________，它用来连接互联网中各局域网、广域网。
5. ________是网络通信中的软件实现部分。指双方实体为完成通信或服务所必须遵循的规则和约定。
6. 通信子网是实现网络通信功能的设备及其软件的集合，包括________、________和________。
7. TCP/IP 参考模型可以分为应用层、________、________和________四层。
8. 运输层的两个重要协议分别是________和________。
9. 云计算技术主要分为三种服务模式：分别是________、________和________。
10. 大数据的 4 个“V”特点，即________、________、________和________。

三、问答题

1. 什么是计算机网络？计算机网络和分布式系统有什么不同？
2. 简述计算机网络的发展阶段。
3. 计算机网络由哪几部分组成？各部分的功能是什么？
4. 按拓扑结构，计算机网络可分为哪几类，各有何特点？
5. 计算机网络中为什么要引入分层的思想？
6. 什么是计算机网络的体系结构？
7. 什么是网络协议？它由哪三个要素组成？
8. 简述 ISO/OSI 七层模型结构，并说明各层的主要功能有哪些？
9. 在 ISO/OSI 中，“开放”是什么含义？
10. 简述 TCP/IP 的体系结构，各层的主要协议有哪些？

11. 分组交换网的工作原理。

12. 电路交换、分组交换、报文分组交换的原理及区别。

13. 简述云计算、大数据和物联网的概念及其构成。

第 2 章　数据通信基础和物理层

物理层是 0SI 参考模型的第一层，它虽然处于最底层，却是整个开放系统的基础，是唯一直接提供原始比特流传输的层。物理层必修解决比特流的物理传输的有关一系列问题，包括传输媒体、信道类型、数据和信号之间的转换等。本章首先介绍数据通信的基本概念、主要通信介质、数据编码技术、多路复用技术等进行系统，然后探讨物理层标准，及常见的物理层设备。

2.1　数据通信系统概述

2.1.1　信息和数据

计算机网络是计算机技术和通信技术密切结合的产物，它涉及计算机和通信两个领域。计算机技术和通信技术两者之间既相互渗透又紧密结合，主要体现在两个方面：一方面，通信技术为计算机之间进行信息传输和交换、共享资源和协同工作提供了必要的手段；另一方面，计算机技术的发展应用于通信领域中，又大大地提高了通信系统的各种性能。

人类很早就开始进行数据通信，最早的数据通信可追溯至古代社会人们利用飞鸽传书和烽火台技术来传递数据和信号。数据通信发展进程中最重要的历史阶段是 19 世纪中期美国人 Samuel F. B. Morse 完成了电报系统的设计，他设计了一系列点、画的组合表示字符的方法，即莫尔斯(Morse)电报码，并在 1844 年通过电线从华盛顿向巴尔的摩发送了第一条报文。莫尔斯电码的重要性在于它提出了一个完整的数据通信方法，即包括数据通信设备与数据编码的完整方法，莫尔斯电报系统的某些术语至今仍在使用，图 2-1 为用于电报系统的莫尔斯代码表。

计算机网络通信不同于其他数据通信系统，其目的是为了在计算机之间

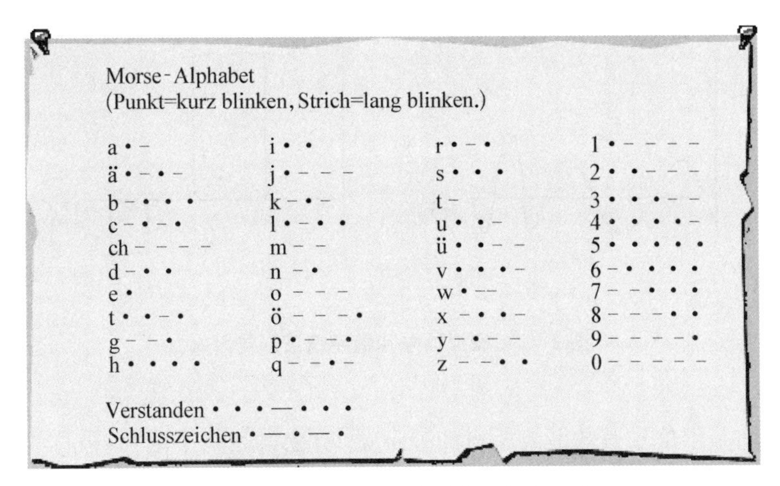

图 2-1　用于电报系统的莫尔斯代码表

交换信息（Information），而信息通常蕴含在数据中，由数据经过加工或者解析后得到。数据（Data）是信息的载体和表示方式，数据可以是数字、字母、符号、声音、图像和图形等方式，在计算机系统中，用 0、1 二进制表示数据。举例来说，姚明身高 226 cm 是数据，“姚明是上海最高的人”则是从这个数据中得到的信息。

2.1.2　模拟信号和数字信号

当以二进制位表示的数据通过物理媒体和电子器件进行传输时，必须将其转化为可以在这些媒介中进行传播的物理信号，信号（Signal）是数据在传输过程中的电磁波表示方式。

模拟信号（Analog Signal）是指用连续变化的物理量表示的信息，其信号的幅度、频率或相位随时间作连续变化。电话上传送的按照声音的强弱幅度连续变化的电信号就是模拟信号。数字信号（Digital Signal）指幅度的取值是离散的，幅值表示被限制在有限个数值之内。我们常见的二进制码就是一种数字信号。二进制码由于受噪声的影响小，易于用数字电路进行处理，因而得到了广泛的应用。图 2-2 给出了模拟信号与数字信号的波形示例。

不管是模拟信号还是数字信号，都是由大量频率不同的正弦波信号合成的。信号理论解释为：任何一个信号都是由无数个谐波（正弦波）组成的。数学解释为：任何一个函数都可以用傅里叶级数展开为一个常数和无穷个正弦

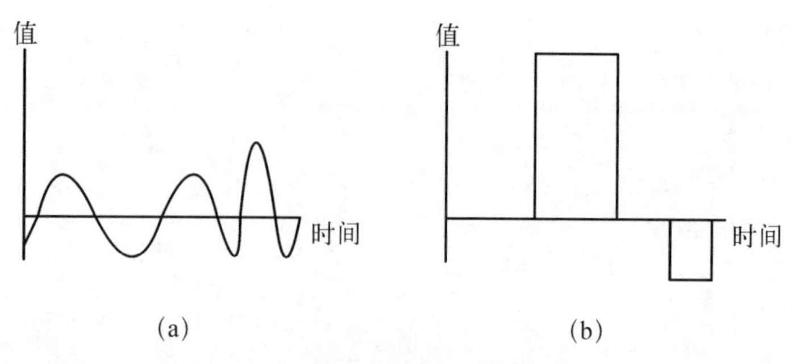

图 2-2　模拟信号和数字信波形号示例

(a) 模拟信号　(b) 数字信号

函数。而一个信号有效谐波所占的频带宽度，也就是频率范围，被称为这个信号的频带宽度，或简称带宽。

模拟量的电信号的频率比较低，如声音信号的带宽为 20 Hz 到 20 KHz。数字信号的频率要高很多，其变化较模拟信号锐利得多。因此，数字信号的高频成分非常丰富，有效谐波的最高频率一般都在几十兆赫兹。

为了将信号不失真地传送到目的地，传输电缆就需要把信号中所有的谐波不失真地传送过去。遗憾的是传输电缆只能传输一定频率的信号，太高频率的谐波将会被急剧衰减而丢失。电缆对于过高频率的谐波衰减得厉害的原因是电缆自身形成的电感和电容作用，而谐波的频率越高，电缆自身形成的电感和电容对其产生的阻抗就越大。如普通电话线电缆的带宽是 2 MHz，能够轻松地传输语音电信号。但是对于数字信号(几十兆赫兹)，电话电缆就无法传输了。因此如果用电话电缆传输数字信号，就必须把它调制成模拟信号才能传输。而普通双绞线电缆的带宽高达 100 MHz，可以直接传输数字信号。

使用数字信号传输的优势在于抗干扰能力强，传输设备简单。缺点是需要传输电缆具有较高的带宽。使用模拟信号传输对通信介质的要求较低，但是抗干扰能力弱。容易混淆的是，不管英语还是汉语，“带宽(Bandwidth)”这个术语既被拿来描述网络电缆的频率特性，又被用于描述网络的通信速度。更容易混淆的是都用 K、M 来表示其单位。描述网络电缆的频率特性时，我们用 KHz、MHz，简称 K、M；描述网络的通信速度时，我们用 Kbps、Mbps。仍然简称 K、M。那么，当我们说某类双绞线电缆的“带宽是 100 M”，这个“100 M”是指双绞线电缆的频率响应特性呢？还是传输数字信号的速度能力呢？

2.1.3　数据通信系统模型

数据通信是计算机与通信技术结合而产生的一种通信方式和通信业务，基本作用是完成两个实体间数据的交换。如图 2-3 是通信系统的一个实例，工作站通过公共电话网与另一端的服务器通信。

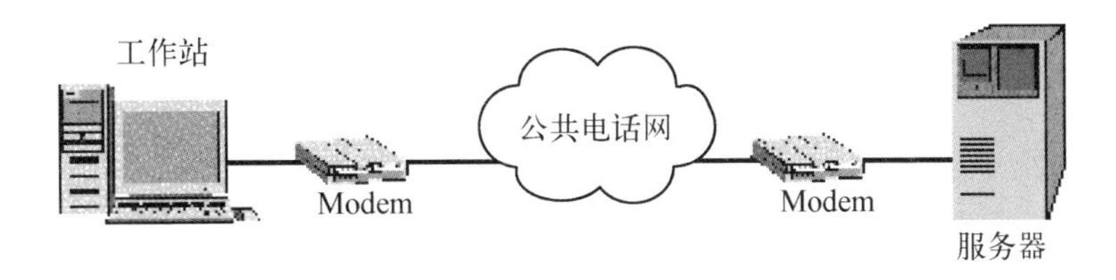

图 2-3　通信系统实例

由图 2-3 得到的通信系统模型如图 2-4 所示。

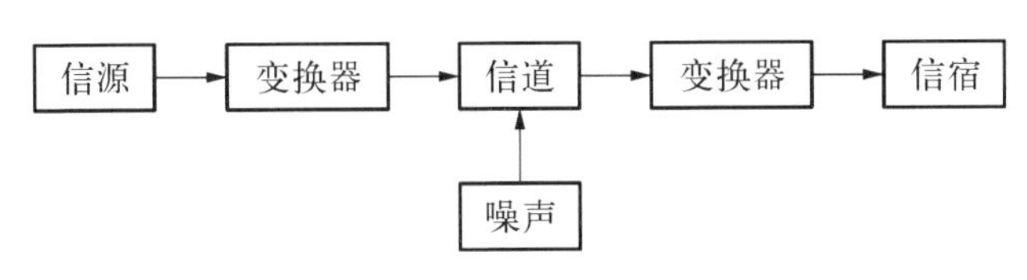

图 2-4　通信系统模型

这个模型的主要组成部分是：

1) 信源/信宿

信源指信息的来源或发送者，信宿指信息的归宿或接收者。在计算机网络中，信源和信宿可以是计算机或终端等设备。

2) 信道

信道是传输信号的通路，由传输线路及相应的附属设备组成。同一条传输线路上可以有多个信道。例如：一条光缆可以同时供几千人通话，有几千条电话信道。信道所使用的介质可以分为有线和无线两种，常见的双绞线、光纤都属于有线介质，而微波和卫星则属于无线介质。

3) 噪声

噪声是指信号在传输过程中受到的干扰，按产生的原因可分为内部噪声和外部噪声。内部噪声来自通信系统内部，例如：随机热噪声是由导体中电子的热扰动引起的，它存在于所有电子器件和传输线路中，引起的差错是随机差错。外部噪声来自通信系统外部,例如:冲击噪声是由外界特定的短暂原因所造成的,如因为雷电产生的电火花等,引起的差错是突发差错。

4) 变换器

变换器的主要功能是在信源或信宿与信道之间进行信号的变换。如果在模拟信道上传输数字信号,变换器采用调制解调器(Modem),将数字信号转换为模拟信号;如果在数字信道上传输模拟信号,变换器采用编码器(Coder),将模拟信号转换为数字信号。

2.1.4 数据通信方式

设计一个通信系统时,需考虑数据的通信方式,主要包括以下方面:

1. 串行通信与并行通信

1) 串行通信

串行通信是指计算机与 I/O 设备之间数据传输的各位是按顺序依次一位接一位进行传送,通常数据在一根数据线上传输。

2) 并行通信

并行通信是指计算机与 I/O 设备之间通过多条传输线交换数据,数据的各位同时进行传送。

串行通信通常传输速度慢,但使用的传输设备成本低,可利用现有的通信手段和通信设备,适合于计算机的远程通信;并行通信的速度快,但使用的传输设备成本高,适合于近距离的数据传送。图 2-5 分别给出了串行通信和并行通信的图例。

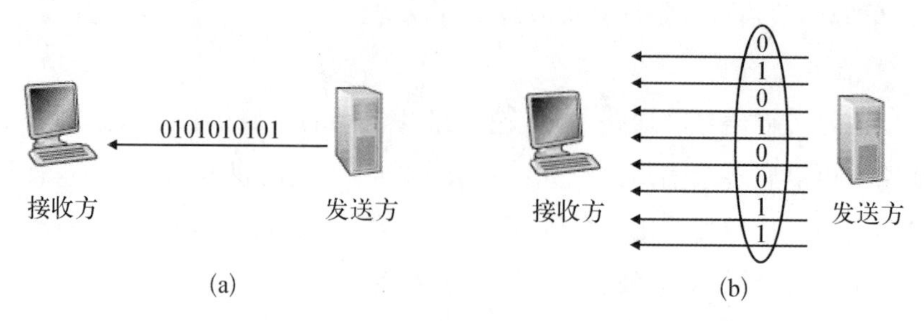

图 2-5 串行通信与并行通信的图例

(a) 串行通信 (b) 并行通信

2. 单工、半双工与全双工通信

按照信号传送方向与时间的关系,数据通信可以分为三种类型:单工通信、半双工通信与全双工通信。单工通信的特点是信号只能向一个方向传输，任何时候都不能改变信号的传送方向。目前的广播、电视系统所采用的就是这种通信方式；半双工通信中信号可以双向传送，但是必须是交替进行，一个时间只能向一个方向传送，一些简单的对讲机就是这种通信方式；全双工通信的特点是信号可以同时双向传送，计算机通信和电话通信系统都是全双工通信的典型例子。图 2－6 给出了单工通信、半双工通信与全双工通信的图例。

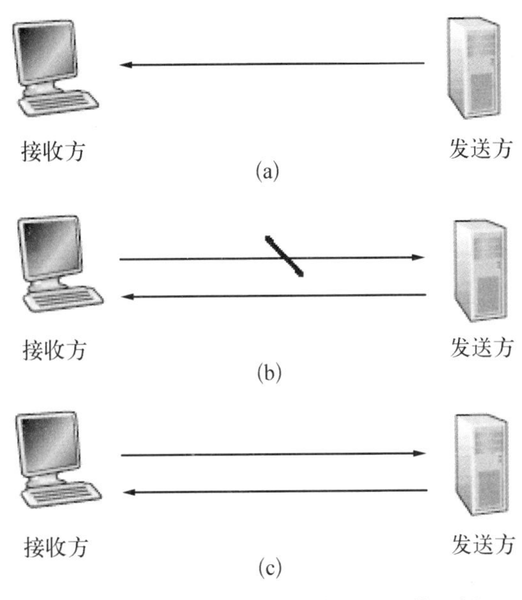

图 2－6　单工、半双工与全双工通信图例

(a) 单工通信　(b) 半双工通信　(c) 全双工通信

2.1.5　数据通信主要性能指标

1. 数据传输率

数据传输率是描述数据传输系统的重要技术指标之一。在数值上等于每秒钟传输构成数据代码的二进制比特数，单位为比特/秒(bit/second)，记作 bps。例如，如果在通信信道上发送一比特 0、1 信号所需要的时间是 0.001 ms，那么信道的数据传输率为 1 000 000 bps。在实际应用中，常用的单位有：Kbps、Mbps 和 Gbps。其中：1 Kbps=10^3 bps，1 Mbps=10^6 bps，1 Gbps=10^9 bps。

2. 带宽

在现代网络技术中，人们总是以“带宽”来表示信道的传输速率，“带宽”与

“速率”几乎成了同义词。信道最大传输速率与带宽的关系可以用奈奎斯特(Nyquist)准则与香农(Shanon)定律描述。

奈奎斯特准则指出：如果间隔为 $\pi/\omega(\omega = 2\pi f)$，通过理想通信信道传输窄脉冲信号，则前后码元之间不产生相互窜扰。因此，对于二进制数据信号的最大传输速率 $R\text{max}$ 与通信信道带宽 $B(B = f$，单位 Hz)的关系可以写为

$$R\text{max} = 2f(\text{bps})$$

例如对于二进制数据，若信道带宽 $B = f = 3\,000$ Hz，则最大为 6 000 bps。

奈奎斯特定理描述了理想情况下有限带宽、无噪声信道的最大传输速率与信道带宽的关系。香农定理则描述了有限带宽、有随机热噪声信道的最大传输速率与信道带宽、信噪比之间的关系。香农定理指出：在有随机热噪声的信道上传输数据信号时，最大信道传输速率 $R\text{max}$ 与信道带宽 B、信噪比 S/N 的关系为

$$R\text{max} = B\text{log}2(1 + S/N)$$

式中，$R\text{max}$ 单位为 bps，带宽 B 单位为 Hz，信噪比 S/N 通常以 dB(分贝)数表示。若 $S/N = 30(\text{dB})$，那么信噪比根据公式：

$$S/N(\text{dB}) = 10\text{lg}(S/N)$$

可得，$S/N = 1\,000$。若带宽 $B = 3\,000$ Hz，则 $R\text{max} \approx 30$ Kbps。香农定律给出了一个有限带宽、有热噪声信道的最大的极限值。它表示对于带宽只有 3 000 Hz 的通信信道，信噪比在 30 dB 时，无论数据采用二进制或更多的离散电平值表示，都不能用越过 30 Kbps 的速率传输数据。

因此通信信道最大传输速率与信道带宽之间存在着明确的关系，所以人们可以用“带宽”去取代“速率”。例如，人们常把网络的“高”用网络的“高带宽”去表述。因此“带宽”与“速率”在网络技术的讨论中几乎成了同义词。

3. 时延

时延(Delay)是指一个报文或分组从一个网络或一条链路的一端传输到另一端所需的时间，主要包括发送时延、传播时延和处理时延。其中发送时延是节点在发送数据时使数据块从节点进入传输介质所需的时间，也就是从数据块的第一个比特开始发送算起，到最后一个比特发送完毕所需的时间，又称为传输时延；传播时延是电磁波在信道上需要传播一定

的距离而花费的时间；处理时延是指数据在交换节点为存储转发而进行一些必要的处理所花费的时间。计算机网络的总时延是由以上几部分时延相加构成。

2.2 数据传输技术

2.2.1 数据编码技术

除了模拟数据的模拟信号发送外，其他的三种形式：数字数据的数字信号发送、数字数据的模拟信号发送和模拟数据的数字信号发送，都需要将数据表示成适当的形式即数据编码，以便数据的传输和处理。数据编码是实现数据通信的最基本的工作。

1. 数字数据的数字信号编码

数字数据的数字信号编码就是将二进制数字数据用两个电平来表示，形成矩形脉冲电信号，也称为数字调制。常用的数字调制方法包括不归零编码(Non-Return to Zero, NRZ)，不归零逆转编码(Non-Return to Zero Inverted, NRZI)和曼彻斯特(Manchester)编码等。

1) 不归零编码

数字调制的最直接形式是用正电压表示 1，用负电压表示 0。例如对光纤而言，可用光的存在表示 1，没有光表示 0。这种方法称为不归零 NRZ 表示法。

2) 不归零逆转编码

NRZI 编码是在出现 0 时，使所传送的信号电平发生一次极性改变，而传送 1 时，则不改变电平的极性。在接收方则根据信号电平是否发生了翻转来决定是 0 还是 1，同时利用极性的改变获取同步信息。不归零逆转编码是效率最高的编码，缺点是存在发送方和接收方同步的问题。

3) 曼彻斯特编码

在 NRZI 编码方式中，由于数字 1 不会引起信号的翻转，因而当信号为一长串 1 时，信号将一直保持某一电平不变，从而使接收器无法提取同步信号。曼彻斯特编码方式是在每一信号电平的中间(1/2 周期时)都发生一次电平跳变，并规定由低电平跳变至高电平时代表 0，由高电平跳变至低电平时代表 1。曼彻斯特编码常用于局域网传输，例如 10BASE - T 以太网中就采用了曼彻斯特编码。曼彻斯特编码将时钟和数据包含在数据流中，在传输代码信息的同时，也将时钟同步信号一起传输到对方，每位编码中有一跳变，不存在直流分量，因此具有自同步能力和良好的抗干扰性能。图 2－7 中给出了这三种编码方法的图示。

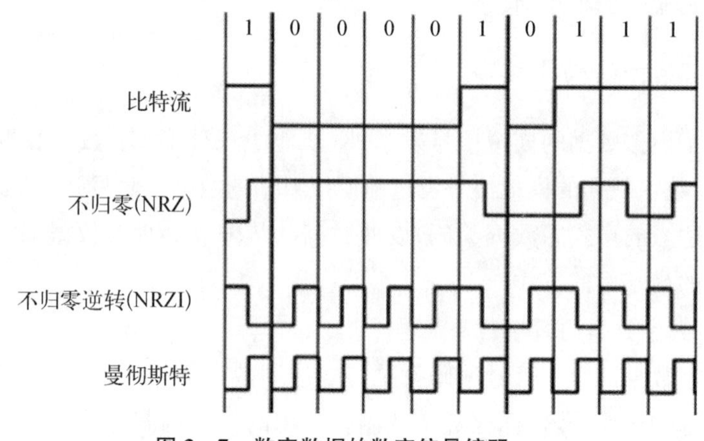

图 2－7　数字数据的数字信号编码

2. 数字数据的模拟信号编码

计算机网络的远程通信通常采用频带传输，频带传输的基础是载波，它是频率恒定的连续模拟信号。因此，必须利用调制技术，把由计算机或计算机外部设备发出的基带脉冲数字信号调制成适合远距离线路传输的模拟信号。调制数字数据用载波的三种特性（振幅、频率和相位）之一来表示，并由此产生三种基本调制方式，分别是幅移键控法（Amplitude Shift Keying，ASK）、频移键控法（Frequency Shift Keying，FSK）和相移键控法（Phase Shift Keying，PSK），其调制波形如图 2－8 所示。

1）幅移键控法

在幅移键控法 ASK（也称幅度调制）方式下，用载波频率的两个不同的振幅来表示二进制值。在一般情况下，其中一个振幅为零，即用振幅恒定载波的存在来表示一个二进制数字，用载波的不存在来表示另一个二进制数字。ASK 方式容易受信号增益变化的影响，是一种效率相当低的调制技术，在音频线路上通常只能达到 1 200 bps。

2）频移键控法

在频移键控法 FSK（也称频率调制）方式下，用载波频率附近的两个不同

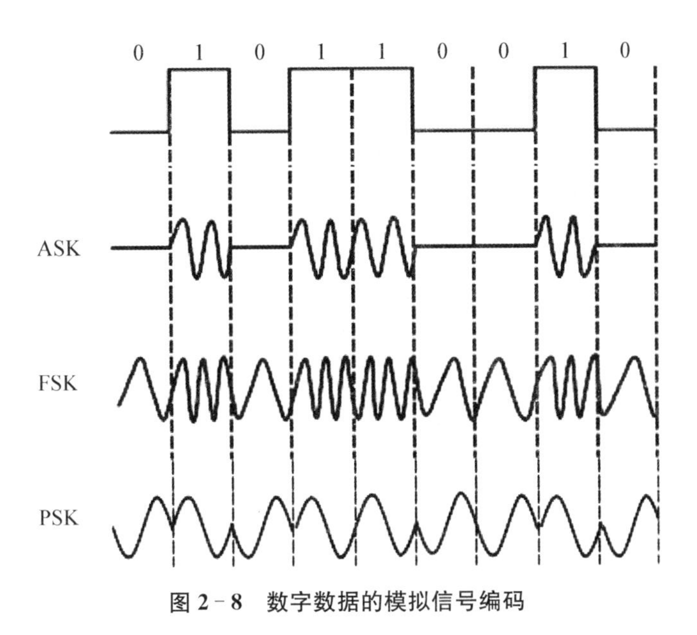

图 2-8　数字数据的模拟信号编码

频率来表示二进制值。这种调制方式不容易受干扰影响，比 ASK 方式的编码效率高。

3）相移键控法

在相移键控法 PSK（也称相位调制）方式下，用载波信号的相位移动来表示二进制数据。PSK 方式具有较强的抗干扰能力，而且比 FSK 方式编码效率更高。在音频线路上，传输速率可达 9 600 bps 以上。

这些基本调制技术也可以组合起来使用。常见的组合是 PSK 和 FSK 方式的组合及 PSK 和 ASK 方式的组合。

3. 模拟数据的数字信号编码

在数字化的传输系统中，需要将模拟数据编码成数字信号后再进行传输。模拟数据的数字信号编码最常用的技术是脉冲编码调制（Pulse Code Modulation，PCM）。

1）采样定理

一个连续变化的模拟信号，假设有最高频率或带宽 $F\max$，若对它周期采样，采样周期为 T，则采样频率为 $F = 1/T$，若能满足 $F \geqslant 2F\max$，即采样频率大于或等于模拟信号的最高频率的 2 倍，那么采样后的离散序列就能无失真地恢复出原始连续信号。

2) PCM 编码过程

(1) 采样。每隔一定的时间对连续模拟信号采样，模拟信号就成了“离散”的模拟信号，构成一组序列。根据采样定理，采样间隔越大，采样频率 F 越小，则越难于满足 $F \geqslant 2F\max$。若采样间隔越小，明显地容易满足采用定理，但频率 F 过高，将增加信息计算量，而且效果也不明显。

(2) 量化。这是一个分级过程，把采样得到的脉冲信号按量级比较，并且“取整”，使脉冲序列成为数字信号。

(3) 编码。对于每一个采样值还需要用一个二进制代码来表示，二进制代码的位数代表了采样值的量化精度。如果有 N 个量化级，那么就有 $\log_2 N$ 位二进制数码。

例如，语音数据的最高频率通常为 3 400 Hz，如果以 8 000 Hz 的采样频率对话音信号进行采样的话，则在采样值包含了语音信号的完整特性，由此还原出的话音是完全可理解和可识别的。话音信号通常采用 8 位二进制代码来表示一个采样值，对话音信号进行 PCM 编码后所要求的数据传输速率为：

$$8\ \text{bit} \times 8\ 000\ 次/秒 = 64\ 000\ \text{bps} = 64\ \text{kbps}$$

PCM 编码不仅可用于数字化语音数据，还可用于数字化图像等模拟数据。例如，彩色电视信号的带宽为 4.6 MHz，采用频率应为 9.2 MHz。如果采用 10 位二进制编码来表示每个采样值，则可以满足图像质量的要求。那么，对电视图像信号进行 PCM 编码后所达到的数据速率为 92 Mbps。

2.2.2 多路复用技术

在数据通信系统中，通常信道所提供的带宽往往要比所传送的某种信号的带宽宽得多，此时如果一条信道只传送一种信号就显得过于浪费。因而就提出多路复用(Multipexing)的问题，其目的是为了充分利用信道的容量，提高信道传输效率。

信道多路复用的理论依据是信号分割原理。实现信号分割是基于信号之间的差别，这种差别可以在信号的频率参量、时间参量及码型结构上反映出来。因而多路复用可以分为频分多路复用(Frequency Division Multipexing, FDM)、时分多路复用(Time Division Multipexing, TDM)和码分复用(Code Division Multipexing, CDM)三种类型。

1. 频分多路复用

频分多路复用是按照频率的差别来分割信号。也就是说,分割的信号是频率,只要使各路信号的频谱互不重叠,接收器就可以用滤波器把它们分割开来。频分多路复用的原理是把信道的可用频带分割为若干条较窄的子频带,每一条子频带都可以作为一个独立的传输信道用来传输一路信号。为了防止各路信号之间的相互干扰,相邻两个子频带之间需要留有一定的间距(保护频带)。由于这些信号在频率轴上不重叠,我们就认为它们形成了正交信号组。最典型的应用例子是载波电话。载波电话中将每路音频带 300～3 400(Hz)进行调制形成 12 路载波电路,多个用户可以共享一个物理通信信道,达到信道复用提高信道传输效率的作用。图 2-9 给出了 3 路语音原始信号频分多路复用成带宽为 12 kHz(从 60～72 kHz)的物理信道的示意图。

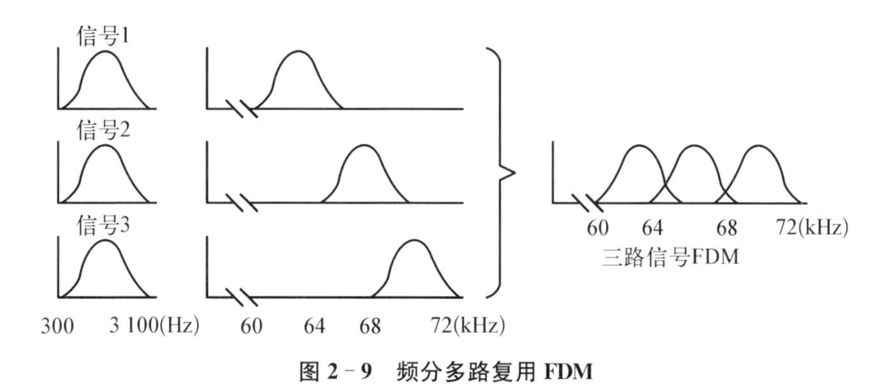

图 2-9　频分多路复用 FDM

FDM 的主要优点在于实现相对简单,技术成熟,能较充分地利用信道频带,因而系统效率较高。但是,FDM 存在保护频带,大大降低了 FDM 技术的效率;此外频分复用信道大于通常需要的特定信道,会造成信道数量浪费。另外,模拟信号对噪声极为敏感,白噪声也不能被过滤出来。在实际应用中,FDM 正在被 TDM 所替代。

2. 时分多路复用

时分多路复用是按照时间的差别来分割信号,是一种按照时间区分信号的方法。只要发送端和接收端的时分多路复用器能够按时间分配同步地切换所连接的设备,能保证各路设备共用一条信道进行相互通信,而且彼此互不干扰。时分多路复用的原理是多路通信设备连接到一条公用信道上,发送端时分多路复用按照一定的次序轮流地给各个设备分配一段使用公用信道的时间。当轮到某个设备使用信道传输信号时,该设备就与公用信道逻辑上连接起来,而其他任何设备与公用信道的逻辑联系被暂时切断,待指定的通信设备占用信道的时间一到,则时分多路复用器就将信道切换给下一个被指定的设备。依次类推,一直轮流到最后一个设备,然后又重新继续开始。图2-10给出了三路信号通过时分复用轮流使用信道的示意图。

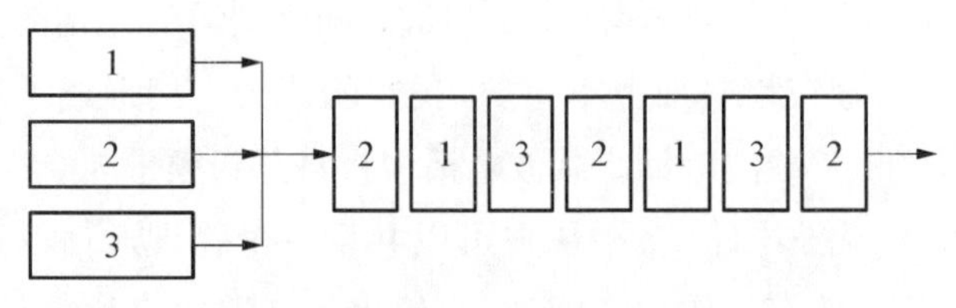

图2-10 时分多路复用TDM

在接收端,时分多路复用器也是按照一定的次序轮流地接通各路输出,并且与输入端时分多路复用器保持同步,以保证对于每一个输入有一个完全相对应的输出。TDM的工作特点:

(1) 通信双方是按预先规定的时隙进行通信的,且这种关系是固定不变的。

(2) 就某一瞬时来看,公用信道上仅传输某一对设备的信号,而不是多路复用信号。但就一段时间而言,公用信道上传送着按时间分隔的多路复用信号。

因此,只要时分多路复用器的扫描操作适当,并采取必要的缓冲措施,合理地分配时隙,就能保证多路通信的正常进行。

与FDM相比,TDM更适合于传输数字信号。在使用TDM方式传输数字信号时,通信时间被划分成一定长度的帧,每一帧又被分成若干个更小的时隙,这些时隙被分配给各路数字信号。

在传统的TDM系统中,以固定分配的方式对来自多个设备的数据流进行组合,然后在单一的公用信道上传输。虽然这种时分多路复用技术既便宜又可靠,通信费用低,但用于高速通信时则效率低。其原因是系统为所连接的设备都分配了时隙,而不管这些设备是否处于工作状态。为了提高时隙的利用率,可以采用按需分配时隙的技术,即动态地分配通信介质的时隙,在输入有数据要发送时才分配时隙,以避免出现空闲时隙的现象,这种技术称为统计时分多路复用(Statistical Time Division Multipexing, STDM)。

3. 码分复用

码分复用技术是一种用于移动通信系统的复用技术,它的复用原理是基于码型分割信道。系统给每个用户分配一个相互不重叠的地址码，通过不同的编码来区分各路原始信号。在 CDM 的发送方，对要传输的数据地址码进行编码，然后实现信道复用；在 CDM 接收方，要用与发送方相同的地址码进行解码。

2.3 数据通信介质

数据通信介质是指用于网络连接的物理通信线路。通信介质的种类很多，但基本可以分为两类：有线通信介质和无线通信介质。在有线通信介质中，电磁波沿着固定介质（铜或光纤）传播；而无线通信介质是指自由空间，在无线通信介质中电磁波的传输通常被称为无线通信。在局域网中有线通信介质主要有双绞线电缆、同轴电缆和光纤，无线通信介质主要有无线电、微波、红外线。

2.3.1 电磁波谱

电子运动时会产生电磁波，电磁波可以在空中（真空）中传播。电磁波每秒钟震动的次数称为频率，通常用 f 表示，单位为赫兹（Hz）。两个相邻波峰之间的距离称为波长（Wavelength）。

在真空中，电磁波传播速度和光速相同，即 3×10^8 m/s，且与频率无关。在铜线或者光纤中，电磁波的速度会慢一些，大约是光速的 2/3，但跟频率有关。

图 2-11 是电信领域使用的电磁波的频谱。其中低频（LF）波段为 30～300 kHz，（Middle Frequency，MF）和（High Frequency，HF）分别指中频和高频，更高的频段分别命名为甚高频（Very HF，VHF），超高频（Ultra HF，UHF），特频（Super HF，SHF）和极高频（Extremely HF，EHF）等。

2.3.2 有线通信介质

1. 双绞线

双绞线是网络系统中最常用的一种通信介质，可以传输模拟和数字信号。双绞线是由两根具有绝缘保护铜导线按一定的密度相互缠绕组成。相互缠绕一起的目的是为了降低信号的干扰程度。双绞线可分为非屏蔽双绞线

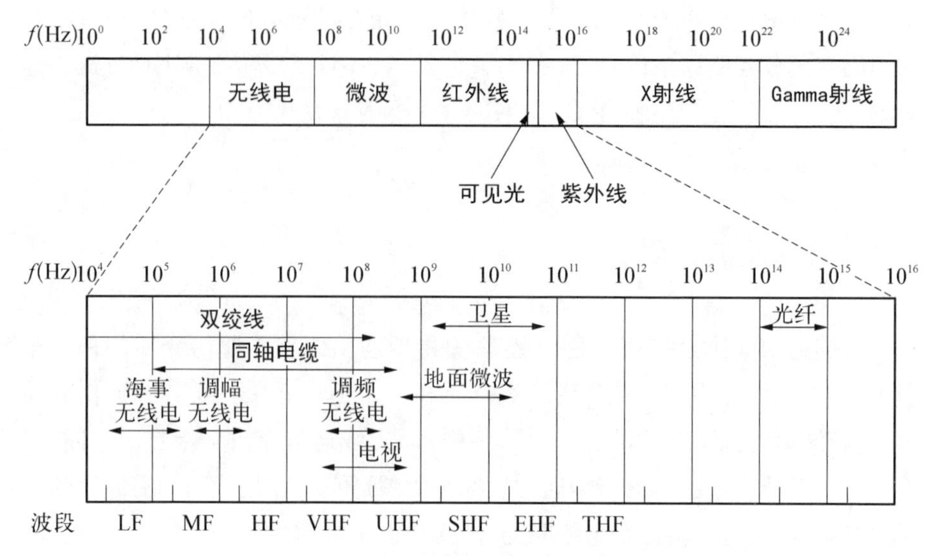

图 2-11 电信领域使用的电磁波的频谱

(Unshielded Twisted-Pair cable，UTP)和屏蔽双绞线(Shielded Twisted-Pair cable，STP)两大类。

图 2-12 非屏蔽双绞线

非屏蔽双绞线是最常用的网络连接通信介质。非屏蔽双绞线有 4 对绝缘塑料包皮的铜线，8 根铜线每两根互相绞扭在一起，形成线对。UTP 电缆的 4 对线中，有两对作为数据通信线，另外两对作为语音通讯线。因此，在电话和计算机网络的综合布线中，一根 UTP 电缆可以同时提供一条计算机网络线路和两条电话通信线路。图 2-12 展示了一段非屏蔽双绞线的外观。

屏蔽双绞线结合了屏蔽、电磁抵消和线对扭绞的技术。屏蔽双绞线电缆的外面由一层金属材料包裹，以减小辐射，防止信息被窃听，同时具有较高的数据传输率，但屏蔽双绞线电缆的价格相对较高，安装时要比非屏蔽双绞线电缆困难，必须使用特殊的连接器，技术要求也比非屏蔽双绞线电缆高，因此使用较少。在安装布线时，施工部门的收费一般是使用材料的成本的百分之十几。当使用屏蔽双绞线电缆时，会很合理地提出增加施工费用。

2. 同轴电缆

用一条导体线传输信号，导体周围裹一层绝缘体和一层同心的屏蔽网，屏蔽层和内部导体共轴，如图 2－13 所示。曾经有一段时期，在网络领域应用最广泛的电缆就是同轴电缆。不过，后来很少使用同轴电缆。同轴电缆安装维护不易，也比双绞线贵。同轴电缆的优点是，它所支持的带宽范围很大，对外来干扰不那么敏感。与双绞线相比，同轴电缆的抗干扰能力强，屏蔽性能好，所以常用于设备与设备之间的连接，或用于总线型网络拓扑结构中。根据直径的不同，同轴电缆又分为细同轴电缆和粗同轴电缆两种。早期的局域网中使用网络同轴电缆，从 1995 年开始，由于成本高、价格昂贵，同轴电缆逐渐被淘汰。

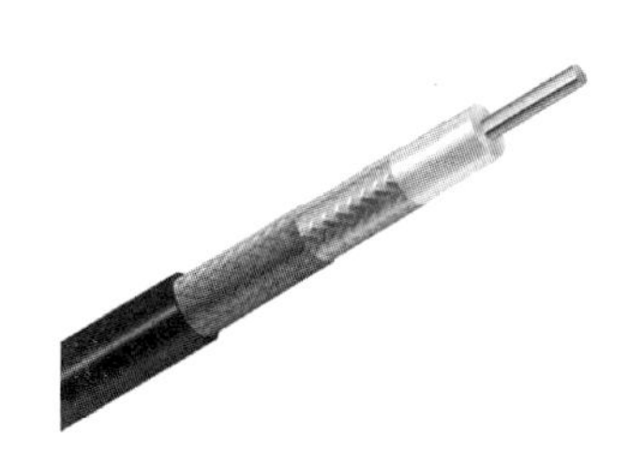

图 2－13　同轴电缆

3. 光纤

光缆是高速、远距离数据传输的最重要的通信介质。多用于局域网的骨干线段、局域网的远程互联。在 UTP 电缆传输千兆位的高速数据还不成熟的时候，实际网络设计中工程师在千兆位的高速网段上完全依赖光缆。即使现在已经有可靠的用 UTP 电缆传输千兆位高速数据的技术，但是，由于 UTP 电缆的距离限制，最长只能达到 100 m，所以骨干网仍然要使用光缆(局域网上多用的多模光纤的标准传输距离是 2 km)。

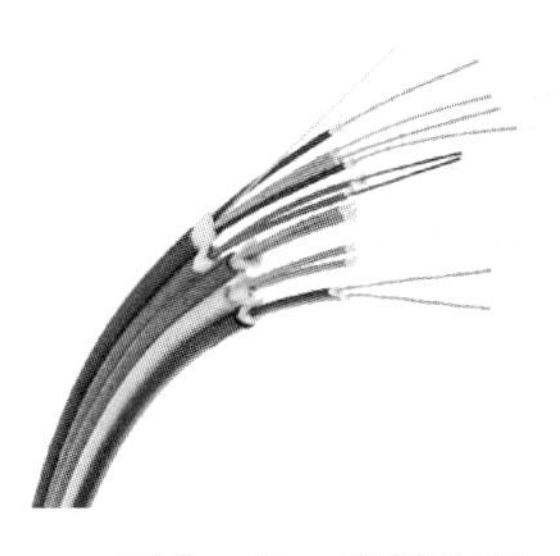

图 2－14　光纤外观

光纤(Optic Fiber)的完整名称为光导纤维，是用纯石英即玻璃以特别的工艺拉成比头发还细，中间有介质的玻璃管，可以在很短的时间内传递巨大数量的信息。光纤的特点是传输速度快、距离远、内容多，并且不受电磁干扰、不怕雷电击，很难在外部窃听，不导电，在设备之间没有接地的麻烦等。图 2－14 展示了一段光纤。

在使用光缆数据传输时，在发送端用光电转换器将电信号转换为光信号，并发射到光缆的光导纤维中传输。在接收端，光接收器再将光信号还原成电信号。光纤传输是根据光学的全反射定律。当光线从折射率高的纤芯射向折射率低的覆层的时候，如果入射角足够大，就会出现全反射，即光线碰到覆层时就会折射回纤芯。这个过程不断重复下去，光也就沿着光纤传输下去了。

根据传输点模数的不同，光纤可分为单模光纤和多模光纤。所谓“模”是指以一定角速度进入光纤的一束光。单模光纤采用固体激光器做光源，多模光纤则采用发光二极管做光源。多模光纤允许多束光在光纤中同时传播，从而形成模分散，(即每一个“模”光进入光纤的角度不同它们到达另一端点的时间也不同。)模分散技术限制了多模光纤的带宽和距离。因此，多模光纤的芯线粗，传输速度低、距离短，整体的传输性能差，但其成本比较低，一般用于建筑物内或地理位置相邻的环境下。单模光纤只能允许一束光沿直线传播，所以单模光纤没有模分散特性，因而单模光纤的纤芯相应较细，传输频带宽、容量大，传输距离长，但因其需要激光源，成本较高。图 2-15 展示了多模光纤和单模光纤的光传播模式。表 2-1 则对多模光纤和单模光纤各项性能指标进行了比较。

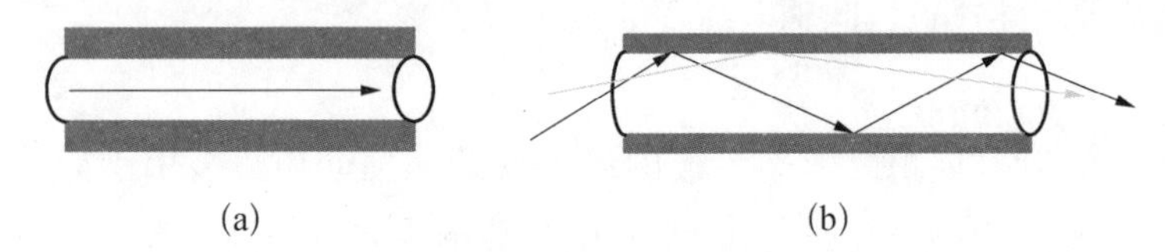

(a) (b)

图 2-15 多模光纤和单模光纤的光传播模式

(a) 单模光纤 (b) 多模光纤

表 2-1 多模光纤和单模光纤各项性能指标的比较

性能指标	多模光纤	单模光纤
光纤成本	昂贵	不太昂贵
传输设备	基本的、成本低	更昂贵(激光二极管)
衰减	高	低
传输波长	850 nm 到 1 300 nm	1 260 nm 到 1 640 nm
使用	芯径更大，易于处理	连接更复杂
距离	本地网络(<2 km)	接入网/中等距离/长距离网络(>200 km)
带宽	有限的带宽(短距离内为 10 Gb/s)	几乎无限的带宽(对于 DWDM 为 >1 Tb/s)
其他	光纤更昂贵，但是网络开通相对不昂贵	提供更高的性能，但是建立网络较昂贵

光纤的特点可以总结如下：低衰减，中继距离长，通信容量大，对远距离传输特别经济；电磁隔离、抗干扰性能好，无串音干扰，保密性好，数据也不易被窃听和截取；体积小，重量轻，耐腐蚀；但是将两根光纤精确地进行连接需要专用设备，目前光电接口还比较贵。

2.3.3 无线通信介质

由于无线传输不需要布放线缆，其灵活性使得其在计算机网络通讯中的应用越来越多。而且，可以预见，在未来的局域网通信介质中，无线传输将逐渐成为主角。

无线数据传输使用无线电波和微波，可选择的频段很广。目前在计算机网络通信中占主导地位的是2.4 G的微波。

利用无线通信介质来实现局域网网络通信，称为无线局域网（Wireless Local Area Network，WLAN）。无线局域网是有线局域网的扩展和改进，在一些布线不便或无法布线的地方通过无线集线器、无线访问节点、无线网桥、无线网卡等设备使网络通信得以实现。

1. 无线电波

频率范围约在30 kHz～300 GHz之间的电磁波被称为无线电波，它所对应的波长为10 km至1 mm，根据无线电波的波长，无线电波又被分为长波、中波、短波和微波。长波通信主要用于远距离通信，如航海导航、气象预报等；中波通信主要用作广播波段，同时也用于空中导航；短波主要用于电话电报通信、广播等。表2-2中列出了各频段无线电波频率和应用。

表2-2 各频段无线电波频率和应用

频　率	划　分	主要用途
300 Hz	超低频ELF	
3 kHz	次低频ILF	
30 kHz	甚低频VLF	长距离通信、导航
300 kHz	低频LF	广播
3 MHz	中频MF	广播、中距离通信
30 MHz	高频	广播、长距离通信
300 MHz	微波（甚高频VHF）	移动通信
2.4 GHz	微波	计算机无线网络
3 GHz	微波（超高频UHF）	电视广播
5.6 GHz	微波	计算机无线网络
30 GHz	微波（特高频SHF）	微波通信
300 GHz	微波（极高频EHF）	雷达

目前在 IEEE802.11 系列无线局域网中所使用的传输媒体即为无线电波，其主要使用 2.4 GHz 的无线电波频段。无线通信的另一种常用技术称为蓝牙(Blue Tooth)技术，其目前也使用无线电波中的 2.4 GHz 频段，传输距离在 10 m 以内，数据传输率为 1～2 Mbps，随着技术的发展其传输特性将会得到进一步提高。

微波是指波长在 1 mm 至 1 m 之间(频率为 300 MHz～300 GHz)的电磁波，使用微波进行的通信即为微波通信。微波通信有两种形式：地面系统和卫星系统。利用微波进行通信具有抗噪声和干扰能力强、保密性强、带宽高、容量大和通信双方事先不需要铺设电缆等优点，因此是国家通信网的一种重要通信手段，广泛用于长途电话，电视转播，计算机网络中。使用微波传输需要经过有关部门的批准，而且使用的设备也需要有关部门允许才可使用。

由于微波在空间是直线传播，不能很好地穿过建筑物，两微波站之间不能有任何障碍物，而地球表面是个曲面，其传输距离受到限制，一般只有 50 km 左右。因此利用这种通信方式进行长距离通信，必须建立一系列将接收到的信号加以变频和放大的中继站，接力式地传输到终端站。中继站的作用是将信号进行再生、放大处理后，再转发给下一个中继站以确保传输信号的质量，因此，中继站又叫再生站。由于中继站的存在才使得微波通信能够将信号传送到几百 km 甚至几千 km 之外。

早期的电视广播信号就采用了微波传输，一般传播距离为 40～60 km 就需要加高天线或增加中继站。天线高度的增加是有限的，中继站的增加会使信号衰减，成本加大。要想减少中继站的数量，只能增加天线的高度，当我们把中继站搬到天上后，就变成了卫星通信。

卫星通信系统也是微波通信的一种，只不过其中继站设在卫星上。卫星通信利用在 36 000 km 高空轨道运行的地球同步卫星作中继来转发微波信号，如图 2-16 所示。卫星通信可以克服地面微波通信距离的限制，一个同步卫星可以覆盖地球的三分之一以上表面，三个这样的卫星就可以覆盖地球上全部通信区域，这样地球上的各个地面站之间都可以互相通信了。由于卫星信道频带宽，也可采用频分多路复用技术分为若干子信道，有些用于由地面站向卫星发送(称为上行信道)，有些用于由卫星向地面转发(称为下行信道)。

卫星通信容量大、距离远。一个最大优点就是具有广播能力、多站可以同时接收一组信息。缺点是传播延迟时间长。从发送站通过卫星转发到接收站

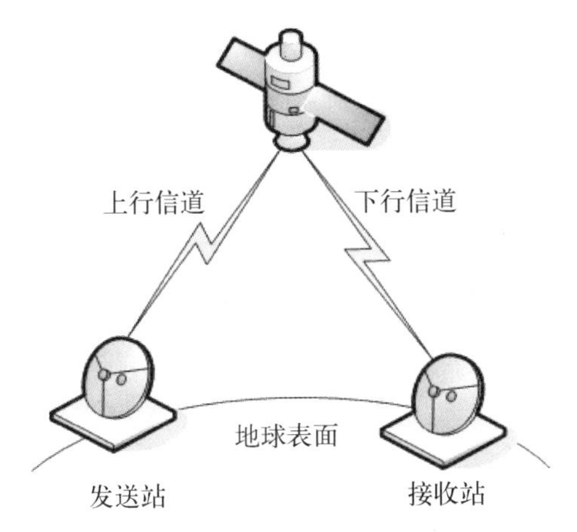

图 2－16　同步卫星通信

的传播延迟时间为 270 ms。这相对于地面电缆传播延迟时间来说，特别对于近距离的站点要相差几个数量级。

2. 红外线

红外线通信是以红外线作为传输载体的一种通信方式。它以红外二极管或红外激光管作为发射源，以光电极管作为接收设备。红外传输的特点是直线传播，不能绕过不透明物体，但可以通过红外线射到墙壁再反射的方法加以解决。红外传输有安装简单、可靠性高、轻便的特点，是三种无线介质中安全性最高的一种。缺点的是受太阳光、雾影响，室外使用效果较差。

3. 激光通信

激光通信技术与无线电通信原理相似，即先将声音信号调制到激光束上，然后把带有声音信号的激光发送出去。最后用接收装置把声音信号检出来。激光通信按其应用范围可以划分为光纤通信和无线激光通信两类。激光通信技术由于其单色性好、方向性强、光功率集中、难以窃听、成本低、安装快等特点，引起各国的高度重视。

2.4　物理层

2.4.1　物理层标准概述

根据 ISO/OSI 参考模型，物理层的作用归根结底就是实现在计算机网络中的各种硬件设备和通信介质上传输数据比特流，将一个个比特从一个节点移动到下一个节点。由于计算机网络中的硬件设备和通信介质的种类多,通信手段也有不同的方式。物理层的作用是尽可能地屏蔽掉这些差异,使上层的数据链路层感觉不到这些差异。这样使得数据链路层只需考虑本层的协议和服务如何完成,而不必考虑网络的硬件设备和通信介质是什么。

物理层主要任务可以看成是确定与通信介质的接口有关的一些特性。物理层的协议即物理层接口标准,也称为物理层规程。在物理层中的协议是与物理连接方式、实际硬件设备和通信介质相关的。具体的物理层协议较多,这是因为物理连接的方式很多(如可以采用点对点连接、多点连接或广播连接),通信介质种类也很多。物理层协议实际上是规定与通信介质接口的机械特性、电气特性、功能特性和规程特性。

机械特性一般指接口所用接线器的形状和尺寸、引脚数目和排列方式、接口机械固定方式等。机械特性决定了网络设备与通信线路在形状上的可连接性。

电气特性主要考虑接口引脚中的电压范围,即用多大电压表示"1"或"0"。电气特性决定了数据传输速率和信号传输距离。

功能特性定义了接口电路的功能。接口信号大体上可以分为数据信号、控制信号和时钟信号。功能特性指明某条线上出现某一电平表示何种意义,即接口信号引脚的功能分配和确切定义。

过程特性指明利用信号线进行比特流传输的操作过程,包括各信号线的工作规则和时序。如如何建立和拆除物理线路的连接,信号的传输采用单工、半双工还是全双工方式等。

2.4.2 物理层标准举例

1. DTE 设备与 DCE 设备

数据终端设备(Data Terminal Equipment, DTE)是具有一定数据处理能力和数据发送接收能力的设备,包括各种 I/O 设备和计算机。由于大多数的数据处理设备的传输能力有限,直接将相距很远的两个数据处理设备连接起来是不能进行通信的,所以要在数据处理设备和传输线路之间加上一个中间设备,即数据线路端接设备(Data Circuit-terminating Equipment, DCE),DCE 在 DTE 和传输线路之间提供信号变换和编码的功能。

只有遵循相同物理层标准的设备之间才能有效地进行物理连接的建立、

维持和拆除，以完成原始比特流的传送。下面以串行通信中常用的 EIA RS-232-C 标准为例进一步说明物理层标准。

2. EIA RS-232-C 串行物理接口标准

EIA RS-232-C 标准是美国电子工业协会(EIA)在 1969 年颁布的一种串行物理接口标准，RS 是"Recommended Standard"的缩写，意为推荐标准。其中"232"是标识号码，而后缀"C"是版本号，表示该推荐标准已被修改过的次数。RS-232-C 是 RS-232-A 和 RS-232-B 之后的又一次修订。

RS-232-C 标准提供了一个利用公共电话交换网作为传输媒体，并通过调制解调器连接起来的技术规定。远程电话网连接时，通过调制解调器将数字信号转换成相应的模拟信号，以使其能与电话网相容；在通信的另一端，另一个调制解调器将模拟信号逆转为相应的数字信号，从而实现比特流的传输。图 2-17 给出了两台远程计算机通过电话网相连的结构图。RS-232-C 标准接口只控制数据终端设备与数据电路端接设备之间的通信，与连接在两个数据电路端接设备之间的电话网没有直接的关系。

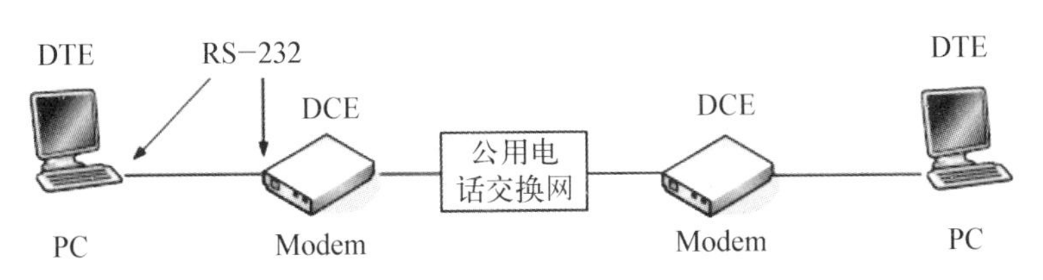

图 2-17　RS-232-C 标准的远程连接

RS-232-C 的机械特性采用 25 根引脚分别为上排 13 根引脚、下排 12 根引脚。有时将 25 芯接口制成专用的 9 芯接口，供计算机与调制解调器的连接使用，例如计算机的 COM 接口，如图 2-18 所示的 RS-232-C9 芯 COM 接口。

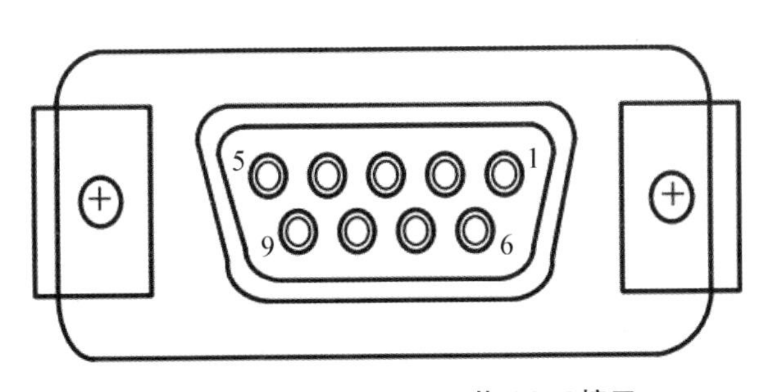

图 2-18　RS-232-C 9 芯 COM 接口

RS-232-C的电气特性采用负逻辑电平。用-15 V～-5 V表示逻辑"1"电平，用+5 V～+15 V表示逻辑"0"电平。当连接电缆长度不超过15 m时，允许数据传输速率不超过20 Kb/s。

RS-232-C的功能特性规定了什么电路应当连接到25根引脚中的哪一根以及该引脚的作用。图2-19列出了最常用的10根引脚的作用，括弧中的数目为引脚的编号。其余的一些引脚可以空着不用。图中引脚7是信号地，即公共回线。引脚1是保护地(即屏蔽地)，有时可不用。引脚2和引脚3都是传送数据的数据线。"发送"和"接收"都是对DTE而言。有时只用图中的9个引脚制成专用的9芯插头，供计算机与调制解调器的连接使用。

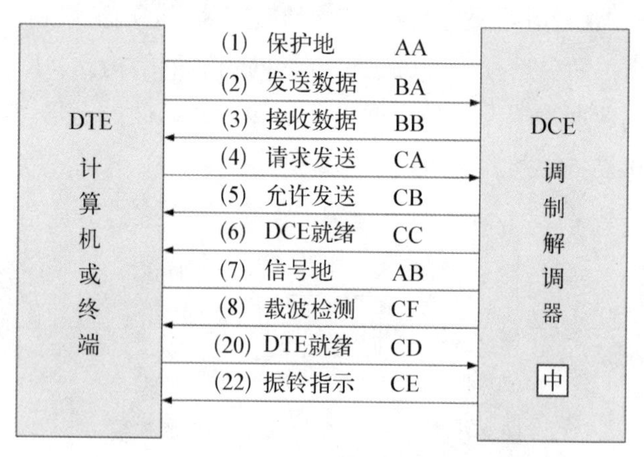

图2-19 RS-232-C常用的10根引脚功能

RS-232-C的过程特性规定了在DTE和DCE之间所发生事件的合法序列。在DTE-DCE信号线连接的情况下，只有CD(数据终端就绪)和CC(数据设备就绪)均为"ON"状态时，才具备操作的基本条件；此后，若数据终端设备要发送数据，则必须先将CA(请求发送)置为"ON"状态，等待CB(允许发送)应答信号为"ON"状态后，才能在BA(发送数据)上发送数据。

目前，许多终端和计算机都采用RS-232-C接口标准。但RS-232-C只适用于短距离使用，一般规定终端设备的连接线不超过15 m，即两端总长为30 m左右，若距离过长，其可靠性会下降。另外，局域网的物理层协议不使用这种DTE-DCE模型。

2.5　常见物理层设备

不可避免的信号衰减限制了信号的远距离传输，从而使每种传输介质都存在传输距离的限制。但是在实际组建网络的过程中，经常会碰到网络覆盖范围超越介质最大传输距离限制的情形。为了解决信号远距离传输所产生的衰减和变形问题，需要一种能在信号传输过程中对信号进行放大和整形的设备以拓展信号的传输距离、增加网络的覆盖范围。将这种具备物理上拓展网络覆盖范围功能的设备称为网络互联设备。在物理层主要有两种类型的网络互联设备，即中继器(repeater)和集线器(hub)。

2.5.1　中继器

中继器主要负责在两个节点之间双向转发工作，对接收信号进行再生和放大，从而扩展网络连接距离。中继器是最简单的网络连接设备，主要完成物理层的功能，负责在两个节点的物理层上按位传递信息，完成信号地复制、调整和放大功能，以此来延长网络的传输长度。中继器具有典型的单进单出结构，所以当网络规模增加时，可能会需要许多中继器作为信号放大之用。在这种需求背景下，集线器应运而生。

2.5.2　集线器

集线器就是通常所说的 HUB，它的产生早于交换机，更早于路由器等网络设备，属于一种传统的基础网络设备。如图 2－20 所示，就是一种多端口中继器。其区别仅在于中继器只是连接两个网段，而集线器能够提供更多的端口服务。

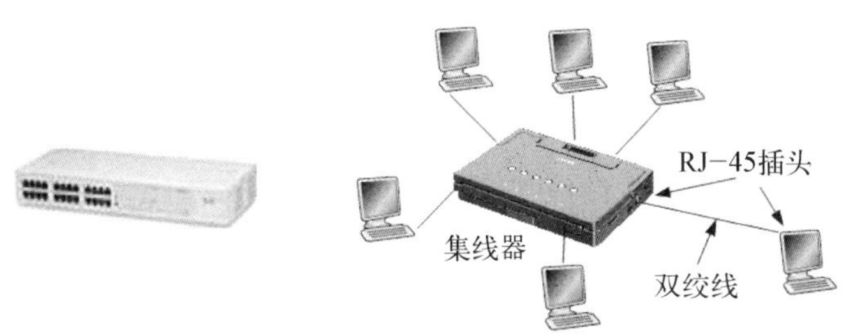

图 2－20　集线器的连接

一个集线器有很多端口,每个端口通过 RJ - 45 接头用两对双绞线与其他设备相连。RJ - 45 端口既可以直接连接计算机、网络打印机等终端设备,也可以与其他交换机、集线器或路由器等设备进行连接。当连接至不同的设备时,所使用的双绞线电缆的跳线方法有所不同。集线器工作在物理层,它的每个端口只是简单地转发比特。

一般地,集线器有一个"UP Link 端口",用于与其他设备(如上层集线器、交换机、路由器或服务器等)的级联。集线器只与它的上联设备进行通信,同层的各端口之间不直接进行通信,而是先通过上联设备再通过集线器将信息广播到所有端口上。

集线器技术发展至今,经历了许多不同主流应用的历史发展时期,因而集线器产品有许多不同类型。

1) 按端口数量划分

这是最基本的分类标准之一。目前主流集线器主要有 8 口、16 口和 24 口等大类,但也有少数品牌提供非标准端口数,如 4 口和 12 口,甚至有 5 口、9 口、18 口的集线器产品,这主要是想满足部分对端口数要求过严、资金投入比较谨慎的用户需求。此类集线器一般用作家庭或小型办公室等。

2) 按带宽划分

集线器也有带宽之分,如果按照集线器所支持的带宽不同,我们通常可分为 10 Mbps、100 Mbps 和 10/100 Mbps 三种。

3) 按配置的形式划分

如果按整个集线器的配置来分,一般可分为独立型集线器、模块化集线器和堆叠式集线器三种。

独立型集线器在低端应用是最多的,也是最常见的。独立型集线器是带有许多端口的单个盒子式的产品,主要应用于总线型网络中,也可以用双绞线通过普通端口实现级连。独立型 HUB 具有低价格、容易查找故障、网络管理方便等优点,在小型的局域网中广泛使用。但这类 HUB 的工作性能比较差,尤其是在速度上缺乏优势。

模块化集线器一般都配有机架,带有多个卡槽,每个卡槽可放一块通信卡,每个卡的作用相当于一个独立型集线器,多块卡通过安装在机架上的通信底板进行互联并进行相互间的通信。这类 HUB 采用交换机的部分技术,已不是单纯意义上的 HUB 了,在较大的网络中便于实施对用户的集中管理,因而在较大型网络中得到了广泛应用。

堆叠式集线器可以将多个集线器“堆叠”使用，当它们连接在一起时，其作用就像一个模块化集线器一样，堆叠在一起集线器可以当作一个单元设备来进行管理。一般情况下，当有多个 HUB 堆叠时，其中存在一个可管理 HUB，利用可管理 HUB 可对此可堆叠式 HUB 中的其他“独立型 HUB”进行管理。可堆叠式 HUB 可非常方便地实现对网络的扩充，是新建网络时最为理想的选择。

本 章 习 题

一、选择题

1. 两台计算机通过传统电话传输数据信号，需要提供________设备。
   A. 调制解调器　B. 中继器　C. RJ－45 接头　D. 集线器
2. 通过分割线路的传输时间来实现多路复用的技术称为________。
   A. 频分复用　B. 码分复用　C. 波分复用　D. 时分复用
3. 常用的传输媒体中，带宽最大、损耗最小、抗干扰能力最强的是________。
   A. 无屏蔽双绞线　B. 屏蔽双绞线
   C. 同轴电缆　D. 光纤
4. 目前在计算机网络系统中主要采用的复用方式是________。
   A. 频分复用　B. 码分复用　C. 波分复用　D. 时分复用
5. 目前，计算机网络的远程通信通常采用________。
   A. 频带传输　B. 基带传输　C. 宽带传输　D. 数字传输
6. 以下属于物理层的设备是________。
   A. 中继器　B. 以太网交换机　C. 网桥　D. 网关
7. 在同一个信道上的同一时刻，能够进行双向数据传送的通信方式是________。
   A. 单工　B. 半双工
   C. 全双工　D. 上述三种均不是
8. 在以下传输介质中，带宽最宽，抗干扰能力最强的是________。
   A. 双绞线　B. 无线信道　C. 同轴电缆　D. 光纤
9. 双绞线分________两种。
   A. 基带和窄带　B. 粗和细　C. 屏蔽和非屏蔽　D. 基带和宽带

二、填空题

1. 物理层是整个开放系统的基础,是唯一直接提供________传输的层。
2. 变换器采用________,将数字信号转换为模拟信号;如果在数字信道上传输模拟信号,变换器采用________,将模拟信号转换为数字信号。
3. 按照信号传送方向与时间的关系,数据通信可以分为________、________和________。
4. ________是指一个报文或分组从一个网络的一端传输到另一端所需的时间。
5. 常用的数字调制方法包括________、________和________。
6. 利用无线通信介质来实现局域网网络通信,称为________。
7. 物理层协议规定了与通信介质接口的________、________、________和________特性。
8. 在物理层主要有两种类型的网络互联设备,即________和________。
9. 按整个集线器的配置来分,一般可分为________、________和________三种。
10. 三种基本调制方式,分别是、________、________和________。

三、问答题

1. 试给出数据通信系统的模型并说明其主要组成构件的作用。
2. 物理层的主要功能有哪些?
3. 信息、数据和信号三者之间的区别和联系是什么?
4. 模拟信号和数字信号的区别。
5. 解释单工、半双工和全双工通信。
6. 数据通信的主要性能指标有哪些?
7. 调制解调器的功能是什么?
8. 什么是多路复用技术?有哪几种多路复用?
9. 有线通信介质有哪些?简要描述其作用。
10. 多模光纤和单模光纤的区别是什么?
11. 无线通信介质有哪些?简要描述其作用。

第3章　数据链路层

数据链路层的信道主要有以下两种类型：点对点信道和广播信道。前者使用一对一的点对点通信方式；后者则使用一对多的广播信道方式，过程比较复杂。本章将介绍数据链路层的相关知识，包括数据链路层的功能及实现这些功能的相应机制。

3.1　点对点的数据链路层

本节讨论点对点信道的数据链路层的一些基本问题。其中一些概念对广播信道也是适用的。

3.1.1　链路数据链路

"链路"和"数据链路"是两个不同的概念。所谓链路(link)就是从一个节点到相邻节点的一段物理线路(有线或无线)，而中间没有任何其他的交换节点。在进行数据通信时，两个计算机之间的通信路径往往要经过许多段这样的链路，可见链路只是一条路径的组成部分。

数据链路(data link)则是另一个概念。这是因为当需要在一条线路上传送数据时，除了必须有一条物理线路外，还必须有一些必要的通信协议来控制这些数据的传输。若把实现这些协议的硬件和软件加到链路上，就构成了数据链路。现在最常用的方法是使用网络适配器(既有硬件，也包括软件)来实现这些协议。一般的适配器都包括了数据链路层和物理层这两层的功能。

也有人采用另外的术语。这就是把链路分为物理链路和逻辑链路。物理链路就是上面所说的链路，而逻辑链路就是上面所说的数据链路，即物理链路加上必要的通信协议。

3.1.2 数据链路层的功能

数据链路层最基本的服务是将源计算机网络层传来的数据可靠地传输到相邻节点的目标计算机的网络层。为达到这一目的，数据链路层必须具备一系列相应的功能，主要有：如何将数据组合成数据块，在数据链路层中将这种数据块称为帧(Frame)，帧是数据链路层的传送基本单位；如何控制帧在物理信道上的传输，包括如何处理传输差错，如何调节发送速率以使之与接收方相匹配；如何在两个网络实体之间提供数据链路通路的建立、维持和释放管理。这些功能具体表现在以下几个方面。

1. 成帧

为了向网络层提供服务，数据链路层必须使用物理层提供的服务。而物理层是以比特流进行传输的，这种比特流并不保证在数据传输过程中没有错误，接收到的位数量可能少于、等于或者多于发送的位数量。而且它们还可能有不同的值，这时数据链路层为了能实现数据有效的差错控制，就采用了一种“帧”的数据块进行传输。而要采用帧格式传输，就必须有相应的帧同步技术，这就是数据链路层的“成帧”(也称为“帧同步”)功能。

采用帧传输方式的好处是：在发现有数据传送错误时，只需将有差错的帧再次传送，而不需要将全部数据的比特流进行重传，这就在传送效率上将大大提高。但同时也带来了两方面的问题：① 如何识别帧的开始与结束；② 在夹杂着重传的数据帧中，接收方在接收到重传的数据帧时是识别成新的数据帧，还是识别成重传帧？这就要靠数据链路层的各种“帧同步”技术来识别。“帧同步”技术既可使接收方从并不是完全有序的比特流中准确地区分出每一帧的开始和结束，同时还可识别重传帧。

2. 差错控制

在数据通信过程中可能会因物理链路性能和网络通信环境等因素，出现一些传送错误，但为了确保数据通信的准确，必须使得这些错误发生的概率尽可能低。这一功能也是在数据链路层实现的，即它的“差错控制”功能。在数字或数据通信系统中，通常利用抗干扰编码进行差错控制。一般分为前向纠错、反馈检测、混合纠错等。

前向纠错方式是在信息码序列中，以特定结构加入足够的冗余位。接收端解码器可以按照双方约定的这种特定的监督规则，自动识别出少量差错，并能予以纠正，这种方法最适合于实时的高速数据传输的情况。

在非实时数据传输中，常用反馈检测差错控制方式。解码器对接收码组逐一按编码规则检测其错误。如果无误，向发送端反馈确认“Ack”信息；如果有错，则反馈回“Nak”信息，以表示请求发送端重复发送刚才发送过的这一信息。反馈检测方式的优点在于编码冗余位较少，有较强的检错能力，同时编解码简单。由于检错与信道特征关系不大，在非实时通信中具有普遍应用价值。

混合纠错方式是上述两种方式的有机结合，即在纠错能力内，实行自动纠错；而当超出纠错能力的错误位数时，可以通过检测而发现错码，不论错码多少都可以利用反馈检测方式进行纠错。

3. 流量控制

在双方的数据通信中，如何控制数据通信的流量同样非常重要。它既可以确保数据通信的有序进行，还可避免通信过程中出现因为接收方来不及接收而造成的数据丢失。这就是数据链路层的“流量控制”功能。数据的发送与接收必须遵循一定的传送速率规则，才可以使得接收方能及时地接收发送方发送的数据。并且当接收方来不及接收时，就必须及时控制发送方数据的发送速率，使两方面的速率基本匹配。其实，日常生活中也经常存在类似流量控制的例子，如：教师讲课语速过快，学生感觉不容易听懂，这个时候就会要求老师放慢讲话的速度，这可以看作是学生对老师进行的“流量控制”。

4. 链路管理

数据链路层的“链路管理”功能包括数据链路的建立、维持和释放三个主要方面。当网络中的两个节点要进行通信时，数据的发送方必须确知接收方确定是否已处在准备接收的状态。为此通信双方必须先要交换一些必要的信息，以建立一条基本的数据链路。在传输数据时要维持数据链路，而在通信完毕时要释放数据链路。

5. MAC寻址

这是数据链路层中的MAC子层主要功能。这里所说的“寻址”与下一章要介绍的“IP地址寻址”是完全不一样的，因为此处所寻找的地址是计算机网卡的MAC地址，也称“物理地址”或“硬件地址”，而不是IP地址。在以太网中，采用媒体访问控制(Media Access Control，MAC)地址进行寻址，MAC地址被烧入每个以太网网卡中。这在多点连接的情况下非常必需，因为在这种多点连接的网络通信中,必须保证每一帧都能准确地送到正确的地址,接收方也能知道发送方是哪一个站。

6. 区分数据与控制信息

由于数据和控制信息都是在同一信道中传输,在许多情况下,数据和控制信息处于同一帧中,因此一定要有相应的措施使接收方能够将它们区分开来,以便向上传送真正需要的数据信息。

7. 透明传输

这里所说的"透明传输"是指可以让无论是哪种比特组合的数据,都可以在数据链路上进行有效传输。这就需要在所传数据中的比特组合恰巧与某一个控制信息完全一样时,能采取相应的技术措施,使接收方不会将这样的数据误认为是某种控制信息。只有这样,才能保证数据链路层的传输是透明的。

在以上七大链路层功能中,主要的还是前面的五项,后面两项功能是在前五项功能中附带实现的,不需要另外的技术。所以下面具体介绍前面五项功能。

3.2 帧和成帧

为了实现上述诸如差错控制、流量控制和物理寻址等一系列功能,数据链路层必须使自己看到的数据是有意义的,其中除了要传送的用户数据外,还要提供关于寻址、差错控制和流量控制所必需的信息,而不再是物理层所谓的原始比特流。为此,数据链路层采用了被称为帧的协议数据单元作为数据链路层的数据传送逻辑单元。数据链路层协议设计的核心任务之一就是根据它所要实现的数据链路层功能来设计帧的格式。

3.2.1 帧的基本结构

尽管不同的数据链路层的帧格式存在一定的差异,但是它们的基本结构还是大同小异的。图 3-1 给出了帧的基本结构。

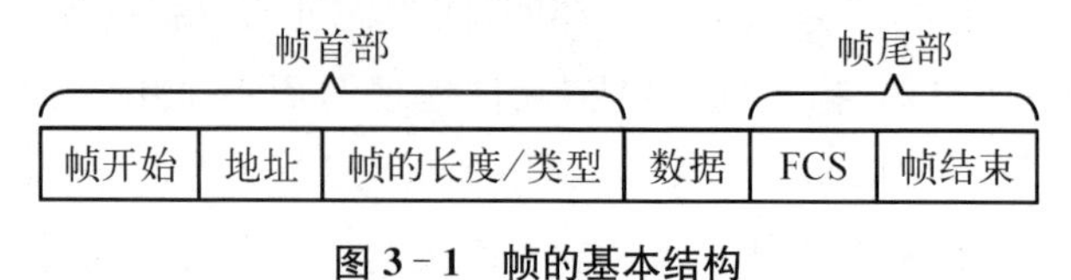

图 3-1 帧的基本结构

字段说明如下：

- 帧开始：用以指示一个帧的开始。
- 地址：用于机器和设备的寻址，以便在多个相邻节点之间确定接收目标。
- 帧的长度/类型：给出帧的长度或类型信息。帧的长度主要单位是字节，帧的类型主要包括提供数据传输功能的数据帧和提供链路控制与传输管理功能的控制帧。
- 数据：来自网络层的数据(分组)。
- FCS：帧校验序列(Frame Check Sequence，FCS)，该字段提供与差错检测相关的信息。
- 帧结束：用于指示一个帧的结束。

通常，数据字段之前的字段被称为帧首部(header)，而数据字段之后的字段被称为帧尾部(tailer)。

从图3-1帧的基本结构中可以看出，帧浓缩了与数据链路层功能实现相关的各种机制，如寻址、差错控制、帧定界等。数据链路层协议将要实现的数据链路层的功能集中体现在其所规定的帧格式中。引入帧后，不仅可以借助帧所能提供的数据链路控制机制实现相邻节点之间的可靠传输，还有提高数据传输的效率。例如，如果发现接收到的某一个(或几个)比特出错，则可以只对这些出错比特对应的帧进行处理(例如请求重发等)，而不需对其他未出错的帧进行这种处理；即使发现某一帧丢失，也只需请求发送方重发所丢失的帧，从而大大提高了数据处理和传输的效率。

3.2.2 成帧与拆帧

引入帧的概念以后，数据链路层必须提供将网络层接收的分组(packet)封装成帧的功能，即为来自上层网络层的分组加上相应的帧首部和帧尾部，通常称此过程为成帧(framing)。在成帧时，如果上层分组的大小超出了下层帧大小的限制时，上层的分组还要经过分片才能被装配成帧再被发送出去。在接收方，数据链路层必须提供将所接收到的帧重新拆装成网络层分组的功能，即去掉发送方数据链路层所加的帧首部和尾部，从中分离出网络层所需的分组，这样的过程被称为拆帧。要说明的是，封装后帧的格式在整个传输过程中并非一成不变的，在经过路由器等通信设备时，会按照新的符合路由器链路的帧格式进行封装,图 3-2 是互联网中的成帧和拆帧的过程。

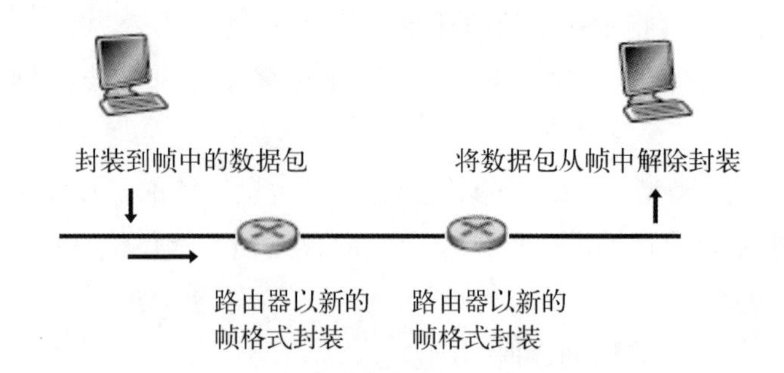

图 3-2 互联网中的成帧和拆帧过程

3.2.3 帧的定界

引入帧后,接收方要检查校验和就必须能从物理层收到的比特流中明确区分出一帧的开始和结束在什么地方,数据链路层必须提供关于帧的边界的识别功能,即所谓的帧定界(Frame Boundary)。帧定界就是标识帧的开始和结束,也称为帧同步。有四种常见的帧定界方法,即字节计数法、使用字符填充的首尾定界符法、使用比特填充的首尾标志法和物理层编码违例法。下面对这四种帧的定界方法分别予以简单介绍。

1. 字节计数法

这种方法是在帧的首部中使用一个字段来标明本帧内的字节数。当目标机的数据链路层读到字节计数值时,就可知后面跟随的字节数,从而可确定帧结束的位置。例如发送序列"5ABCD6EFGHI8D1WXSSF"表示一共有三个帧,且三个帧的长度分别是 5 个字节、6 个字节和 8 个字节。

这种方法的缺点是容易出现定界错误,如上例中若计数值出错,接收方收到序列"5ABCD8EFGHI8D1WXSSF",接收方会将第二个帧解释为"8EFGHI8D",导致后继帧定界的连续错误。

2. 使用字符填充的首尾定界符方法

这种方法用一些特定的字符来定界一帧的开始和结束,例如在每一个帧的开头用 ASCII 字符 DLE STX,在每一个帧的末尾用 ASCII 字符 DLE ETX。但是,如果帧的数据部分中也出现了 DLE STX 或 DLE ETX 字符,则接收方就会误判为帧边界。为了防止这些数据部分中出现的特殊字符被误码判为帧的首尾定界符,可以在通过在特殊字符前面填充一个 DLE 来区分,这样数据部分的 DLE 就会成对出现。在接收方,若遇到两个连续的 DLE,则认为是数据部分,并删除一个 DLE。例如,若待发送的数据是图“DLE STX A DLE B DLE ETX”,则在网络中传送时可表示为:

DLE STX *DLE* DLE STX A *DLE* DLE B *DLE* DLE ETX DLE ETX

其中 DLE STX 是帧首标志,斜体 DLE 是填充的 DLE 字符,DLE ETX 是帧尾标志。通过这种 DLE 字符的填充法,接收方就能保证帧边界字符的唯一性。

因为 DLE 也是一个字符,如果待传送的数据中有很多 DLE 字符,则传输的帧中就会包含大量的 DLE,这是此方法的一个不足之处。

3. 使用比特填充的首尾标志法

这种方法用一组特定的比特模式(如 01111110)来标志一帧的开头和结束。为了不使信息位中出现的该特定模式被误判为帧的首尾标志,可以采用比特填充的方法来解决,例如在传送的数据信息中每遇到 5 个连续的 1 则在其后加 0。例如,若原始数据为

0110111111011111001

在网络中传送时表示为:

0111111001101111**0**1011111**0**00101111110

其中两个黑体的“0”为填充的位。

当接收方遇到 5 个连续的 1 之后的 0 时,就删除该 0,从而使接收方能正确的接收帧中的数据。

使用比特填充的首尾标记法是比较常用的成帧方法,本章后面介绍的数据链路层协议 HDLC 就是用了这种方法。

4. 物理层编码违例法

在物理层采用特定的比特编码方法时采用。比如说,采用曼彻斯特编码方法时,将数据比特 1 编码成高—低电平对,而将数据比特 0 编码成低—高电平对。高—高或低—低电平对在数据比特的编码中都是违例的,可以借用这些违例编码的序列来定界帧的开始和结束。

目前,使用较普遍的是后两种方法。在字节计数法中,“字节计数”字段是十分重要的,必须采取措施来保证它不会出错。因为它一旦出错,就会失去帧尾的位置,特别是其错误值变大时不但会影响本帧,而且会影响随后的帧,造

成灾难性的后果。比特填充的方法优于字符填充的方法。违例编码法不需要任何填充技术，但它只适于采用了冗余编码的特殊编码方法。

3.3 差错控制

3.3.1 差错原因与类型

差错是指接收方收到的数据与发送方实际发出的数据出现不一致现象。之所以产生差错，主要是因为在通信线路上受到了噪声干扰。根据噪声类型的不同，可以把差错分为随机差错和突发差错。热噪声所产生的差错是随机差错，热噪声是指线路上的电子随机热运动产生的；冲击噪声产生的错误称为突发差错，电磁干扰、无线电干扰都属于冲击噪声。

差错的严重程度由误码率来衡量，即错误比特数占整个比特数的比例。目前，在有线传输媒介中，光纤的误码率是最低的。显然，误码率越低，信道的传输质量就越高。但是由于信道中的噪声是客观存在的，无论传输质量有多高，误码率怎样都不可能为0。因此，无论通过哪种类型的传输媒体或信道进行数据传输，为了实现可靠的数据通信，差错控制都是不可少的。

3.3.2 差错控制技术

差错控制的主要作用是通过发现数据传输中的错误来采取相应的措施，减少数据传输错误。差错控制方法主要有两类：反馈检测和自动请求重发(Automatic Repeat Request，ARQ)。

1. 反馈检测法

反馈检测法也称回送校验法，双方进行数据传输时，接收方将接收到的数据重新发回发送方，由发送方检查是否与原始数据完全相符。若不相符，则发送方发送一个控制字符通知接收方删去出错的数据，并重新发送该数据。若相符，则发送下一个数据。反馈检测法原理简单、实现容易、可靠性强，但其开销大，信道利用率低。

2. 自动请求重发

自动请求重发也称为反馈重发，自动请求重发有两种常见的实现方法，即停止—等待方式和连续自动请求重发方式。

1）停止一等待方式

在停止一等待（Stop-and-Wait）方式中，发送方在发出一帧之后必须停下来等待接收方对发送帧的确认。若确认对方已经正确收到，则发送方继续发送下一个帧；否则，发送方就重发该帧。对帧的确认有肯定和否定之分，表示正确接收的帧被称为确认帧（Acknowledgement，Ack），表示错误接收的帧称为否认帧（Negative Aknowledgement，Nak）。理想情况下，帧在线路上不会损坏，也不会丢失。图3-3表明了发送方和接收方在正常情况下的一次帧传送。发送方发送一个数据帧，接收方在正确地接收后反馈一个确认帧。

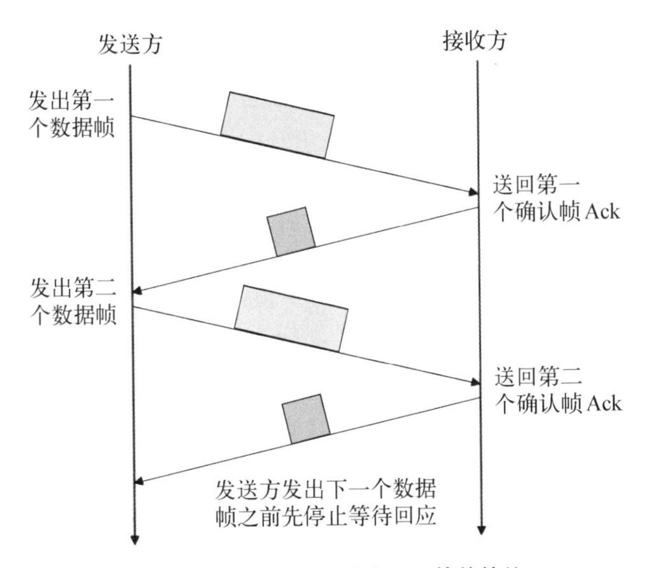

图3-3 正常情况下的停止一等待协议

然而，任何情况下都存在着噪声。在有噪声的情况下，帧可能被损坏，也可能完全丢失。存在着三种典型的帧丢失或损坏情况：一是接收方收到了被损坏的数据帧；二是发送方所发送的数据帧在传输过程中丢失，如图3-4所示；三是接收方发送给发送方的确认帧丢失，如图3-5所示。在第一种情况下，接收方会发送一个否认帧，发送方在接到这个否认帧后将会重新发送数据帧。后两种情况可能造成发送方无限制地等待下去。解决这种情况的有效方法是引入超时重发机制，在发送方设置一个计时器，当发送一个帧之后就开始计时，如果在规定的时间内帧还未到达，就默认帧在传输过程中丢失，于是重新启动帧的发送。

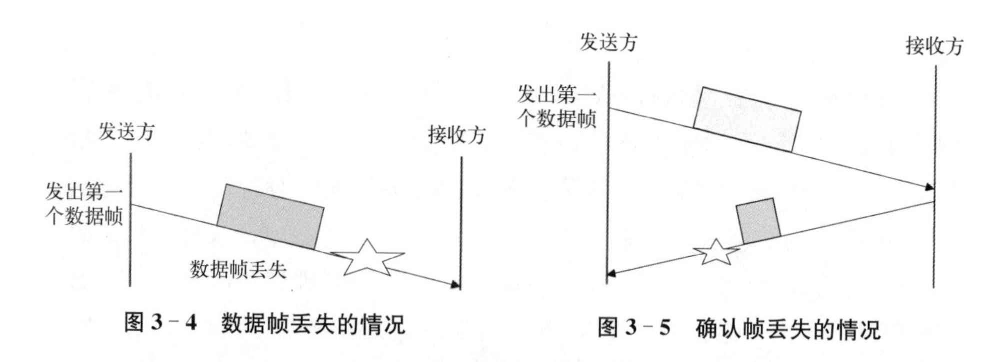

图 3-4　数据帧丢失的情况　　　图 3-5　确认帧丢失的情况

但是,简单的超时重发会引发帧重复接收的问题。例如在图 3-5 中,数据帧已经被接收方正确接收,但接收方反馈的确认帧却在传输过程中丢失了,从而造成发送方启动了超时重发机制和接收方收到重复的帧。解决帧重复接收问题的一个简单方法就是对发送的帧进行编号,接收方一旦在某个时间段内收到两个编号相同的帧,就可以判断出它们是重复帧,然后丢弃重复的帧。

停止一等待方式实现简单,但是这种发送方法发送一帧就停止下来等待确认的方式使得通信效率很低,为此,人们提出了连续自动请求重发方式。

2) 连续自动请求重发方式

连续自动请求重发方式的特点是发送方在发送一个帧后,不是停下来等待确认帧的到来,而是可以连续再发送多个帧,发送帧的个数取决于发送方发送能力和接受方的接收能力。对于连续自动请求重发方式,必须要为不同的帧编上序号以作为帧的标识。

在连续发送的多个帧中,可能会有一个或多个帧出现传输差错。针对这种情况,连续自动请求重发方式采用了两种不同的处理方式,分别称为后退 N 步(Back to N)方式和选择性重发(Selective Repeat)方式。图 3-6(a)和(b)分别是这两种方式的示意图。

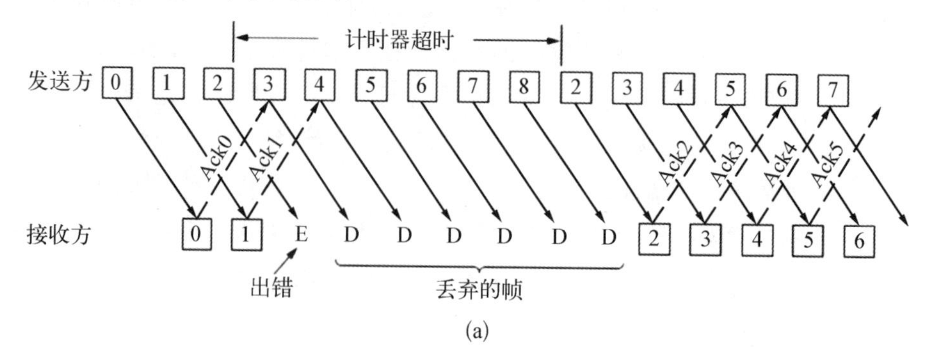

(a)

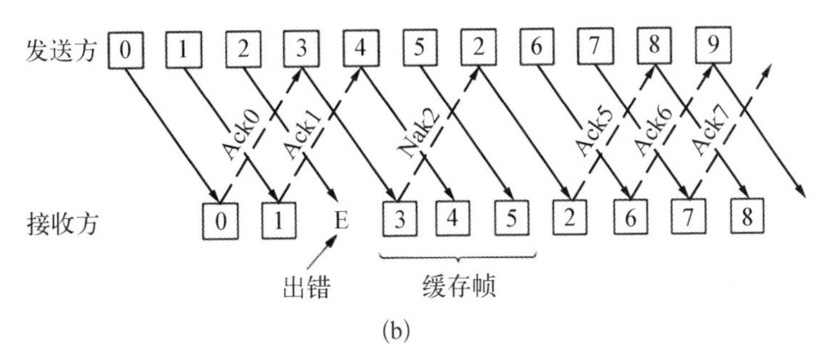

图 3－6　两种连续自动请求重发方法

(a) 后退 N 步 ARQ　(b) 选择重发 ARQ

在后退 N 步 ARQ 中，码字被连续地发送，发送端在送出一个码字后不必等待其回执。在经过一个往返延迟(即发出一个码字到收到关于这个码字的回执所需的时间)后，另外 N－1 个码字已被送出。当收到 NAK 后，发送端退回到 NAK 所对应的码字，重发此码字以及其后的 N－1 个在往返延迟期间已送出的码字，因此发送端要有一个缓存器来存放这些码字。在接收端，跟在错误接收码字之后的 N－1 个接收码字不管其正确与否均被舍弃，所以在接收端只要存储一个码字即可。因为采用连续地发送和重发；后退 N 步 ARQ 方式较停止—等待方式有效。但在往返延迟较大时，后退 N 步 ARQ 方式不太有效。

选择重发 ARQ 中码字也是连续传送的，但发送方仅重发那些与 NAK 相对应的码字。由于通常情况下码字必须依正确的次序送给用户，在接收方需要一个缓存器来存放检测后无错的接收码字。当最早的 NAK 码字被成功接受后，接收方按相继的次序送出无错的接收码字，直到遇到下一个有错的接收码字时止。接收端应有足够大的缓存器，否则就会发生溢出而丢失数据。在 ARQ 方式中，选择重发 ARQ 最有效但实现也最复杂。

3.3.3　差错检测方法

差错检测方法很多，有奇偶校验检测、水平垂直奇偶校验检测和 CRC 循环冗余检测等方法。所有这些方法分别采用了不同差错控制编码技术。

1. 奇偶校验

奇偶校验的规则是：奇校验时信息位和校验位中为 1 的个数共有奇数个，偶校验时信息位和校验位中为 1 的个数共有偶数个。奇偶校验又分垂直奇偶校验和水平奇偶校验。

1）垂直奇偶校验

垂直奇偶校验是以单个字符为单位的一种校验方法。以ASCII码为编码的字符为例，一个字符由8位组成，其中低7位是信息位，最高位是校验位。

例如，一个字符的7位代码为1001101，若采用奇校验编码，由于这个字符的7位代码中有偶数个1，所以校验位的值应为1。

如果在传输中采用奇校验，当接收端接收到的字符经检测其8位代码中有奇数个1时，则被认为传输正确，否则就认为传输中出现差错。这种奇偶校验方法能检测出每列中的所有奇数位的错，但检测不出偶数位的错。

2）水平奇偶校验

水平奇偶校验是以字符组为单位，对一组字符中的相同位进行奇偶校验。数据传输还是以字符为单位传输，传输按字符顺序一个个地进行，最后传输校验码。

3）水平垂直奇偶校验

水平垂直奇偶校验是同时进行水平和垂直奇偶校验，具体的实现过程如下：

- 组成一个字符组。
- 对每一个字符增加一个校验位。
- 对每组字符的相同位增加一个校验位。

例如：以5个字符为一组，每个字符为7位信息位，采用偶校验，如表3-1示。

表3-1 水平垂直偶校验

位＼字符	1	2	3	4	5	校验位
1	0	0	1	0	1	0
2	1	0	1	1	0	1
3	0	0	0	1	0	1
4	1	1	1	0	1	0
5	0	1	0	1	1	1
6	0	0	0	1	0	1
7	0	1	1	0	1	1

水平垂直奇偶校验不仅可检错，还可以用来纠正部分差错。例如：仅在某一行和某一列中有奇数位错时，就可以确定错码的位置在该行和该列的交叉处。

奇偶校验检测的特点是实现方法简单，但漏检率太高。

2. 循环冗余码

循环冗余码(Cyclic Redundancy Code, CRC)又称多项式码，是在计算机网络和数据通信中用得最为广泛、漏检率较低，也便于实现的检错码。CRC 是在发送端产生一个循环冗余检验码附加在信息位的后面一起发送到接收端，接收端也按同样的方法产生冗余检验码，然后将这两个检验码进行比较，若一致说明正确，否则说明传输有错。循环冗余码的编码原理如下：

假设信息为 K 位，则其 $(K-1)$ 次多项式记为 $K(X)$。例如，信息位为 1011001，则多项式 $K(X)=X^6+X^4+X^3+1$。

冗余为 R 位，其 $(R-1)$ 次多项式记为 $R(X)$。例如，冗余位为 1010，则 $R(X)=X^3+X^1$。

那么，发送信息码字为 $N=K+R$ 位，其对应多项式记为 $T(X)=X^r\cdot K(X)+R(X)$。

由信息位产生冗余位的编码过程，就是已知 $K(X)$ 求 $R(X)$ 的过程。在 CRC 码中可以通过找到一个特定的 R 次多项式 $G(X)$，用 $G(X)$ 去除 $X^r\cdot K(X)$ 所得到的余式就是 $R(X)$。

仍以 $K(X)=X^6+X^4+X^3+1$（信息位 1011001）为例，假设 $G(X)=X^4+X^3+1$（对应代码为 11001），则 $X^r\cdot K(X)=X^{10}+X^8+X^7+X^4$（对应代码为 10110010000），用 $G(X)$ 去除 $X^r\cdot K(X)$：

最后得到的余数 1010 就是冗余位，对应的 $R(X)=X^3+X^1$。过程如下：

```
               1101010
        ______________
11000 ) 10110010000
        11001
        --------------
         11110
         11001
        --------------
            11110
            11001
        --------------
               11100
               11001
        --------------
                1010
```

设除法运算所得的商为 $Q(X)$，则有 $X^r\cdot K(X)=G(X)\cdot Q(X)+R(X)$。

因此，当接收端接收到的码字多项式能被 $G(X)$ 整除时，认为传输无差错，否则认为传输有差错。

3.4 流量控制

3.4.1 流量控制的概念

由于系统的不同，如硬件能力（包括 CPU、存储器等）和软件功能的差异，会导致发送方和接收方处理数据的速度不同。若一个发送能力较强的发送方给一个接收能力较弱的接收方发送数据，则接收方会因为没有足够的能力处理所有收到的帧而不得不丢弃一些帧。如果发送方持续发送数据，则接收方最终会被"淹没"。也就是说，在数据链路层只有差错控制机制还是不够的，不能解决因发送方和接收方速率不匹配所造成的帧丢失。为此，在数据链路层引入了流量控制机制。

流量控制的作用就是使发送方所发出的数据流量不超过接收方的接收能力。流量控制的关键是要有一种信息反馈机制，使发送方能了解接收方是否具备了足够的接收及处理能力。存在各种不同的流量控制机制，下面介绍的滑动窗口协议可以将流量控制和帧确认机制巧妙地结合在一起。

3.4.2 滑动窗口协议

滑动窗口（slide window）协议是指一种采用滑动窗口机制进行流量控制的方法。通过限制已经发送但是还未得到确认的数据帧数量，滑动窗口协议可以调整发送方的发送速度。许多数据链路层协议都使用滑动窗口协议进行流量控制。

在所有的滑动窗口协议中，每一个要发出的帧都包含一个序列号，范围是从 0 到某个最大值。最大值通常是 2^n，因而序列号能恰好放入 n 位的字段中。最简单也称为停—等滑动窗口协议，它使用 $m=1$，即序列号为 0 和 1，复杂的协议版本则使用任意值 n。

所有滑动窗口协议的关键在于：任何时刻发送过程都保持着一组序列号，对应于允许发送的帧。这些帧称为发送窗口（sending window）之内。相类似地，接收过程也维持一个接收窗口（receiving window），对应于一组允许接收的帧。发送过程的窗口和接收过程的窗口不需要有相同的窗口上限和下限，甚至不必具有相同的窗口大小。在某些协议中，窗口的大小是固定的，但在另外一些协议中，窗口可根据帧的发送、接收而变大或缩小。

在发送方窗口中的序列号代表已发送但尚未确认的帧。来自网络层的一个新分组无论何时到达，都会给此分组下一个最高的序列号，而且此窗口的上限加 1，当确认到来，窗口的下限加 1。用这种方法，窗口可持续地维持一系列未确认的帧。因为在发送方窗口内的当前帧最终有可能在传输过程中丢失或损坏，所以发送过程必须把所有的这些帧保存在内存中，以备重传。因此，如果最大的窗口大小为 n 时，发送过程需要 n 个缓冲区，来保存未确认的帧。如果窗口一旦达到最大值，发送方的数据链路层必须强制关闭网络层，直到有一个缓冲区空闲出来为止。接收方的数据链路层窗口对应着允许接收的帧。任何落在窗口外面的帧都不加说明地丢弃。当序列号等于窗口下限的帧收到后，把它交给网络层，产生一个确认，且窗口整个向前移动一个位置。不像发送方的窗口，接收方窗口总是保持初始时的大小。需要注意的是：窗口大小为 1，意味着数据链路层只能顺序地接收帧，但对于较大的窗口而言，并非如此。与此相比较，网络层总是按适当的次序接收数据，而不考虑数据链路层窗口的大小。

图 3－7 表示了最大窗口大小为 1 的例子。初始时，没有帧要发送，所以发送过程窗口的上限和下限是相等的，但随着时间的推移，状态的变化如图 3－7所示，其中(a)为初始情况；(b)是第一个帧发出后滑动窗口的状态；(c)是第一个帧收到后滑动窗口的状态；(d)为第一个确认帧收到的状态。

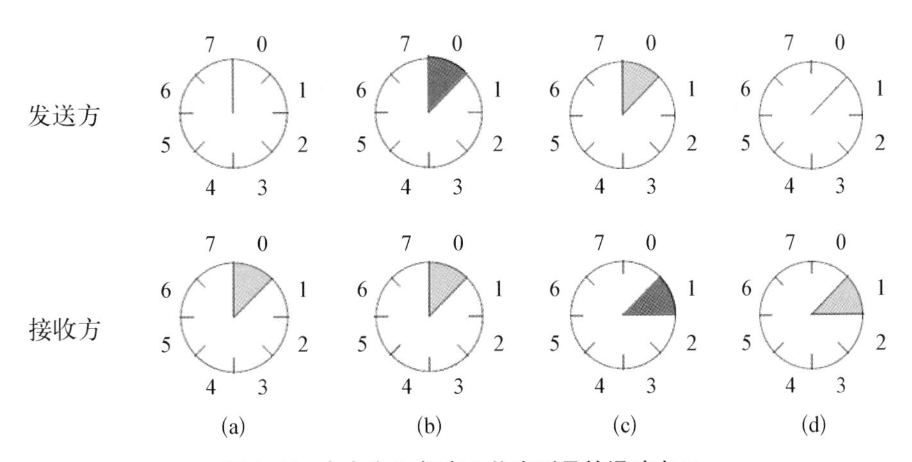

图 3－7　大小为 1，拥有 3 位序列号的滑动窗口

3.5 数据链路层协议 HDLC

数据链路层的主要功能是在物理层的数字比特流或字节流上传输信息帧，而高级数据链路控制(High-level Data Link Control, HDLC)规程是通信领域现阶段应用十分广泛的一个数据链路层协议。HDLC 是面向比特的数据链路控制协议的典型代表，它支持全双工通信，采用位填充的成帧技术，以滑动窗口技术进行流量控制，HDLC 及其改进形式被广泛地应用于广域网技术中。

3.5.1 HDLC 的发展

最早的数据链路层协议是面向字符的，有很多缺点：控制报文和数据报文格式不一样；采用停止等待方式，效率低；只对数据部分进行差错控制，可靠性较差；系统每增加一种功能就需要设定一个新的控制字符。为克服这些缺点，20 世纪 70 年代初，IBM 公司推出了著名的体系结构 SNA。在 SNA 的数据链路层规程采用了面向比特的规程(Synchronous Data Link Control, SDLC)。所谓"面向比特"就是帧首部中的控制信息不是由几种不同的控制字符组成，而是由首部中各比特的值来决定。由于比特的组合是多种多样的，因此 SDLC 协议能够满足各种用户的不同需求。此外，SDLC 还使用同步传输，效率比异步传输有了很大的提高。后来 ISO 把 SDLC 修改后成为(High-level Data Link Control, HDLC)，作为国际标准 ISO 3309。我国相应的标准是 GB 7496。CCITT 则将 HDLC 再修改后称为链路接入规程(Link Access Procedure, LAP)，并作为 X.25 建议书的一部分。不久，HDLC 的新版本又把 LAP 修改为 LAPB，"B"表示平衡型(Balanced)，所以 LAPB 叫作链路接入规程(平衡型)。

3.5.2 HDLC 协议的内容

1. HDLC 的定义

HDLC 即高级数据链路控制规程，是一组用于在网络节点间传送数据的协议，是在数据链路层中广泛使用的一种协议。在 HDLC 协议中，数据被组成一个个的单元(称为帧)，通过网络传输，由接收方确认收到，同时 HDLC 协议也管理数据流和数据发送的间隔时间。HDLC协议中每帧所传输的数据可以含有任意数量的比特位，而且帧的开始和结束是靠约定的比特模式（标志）来定界的，是一种“面向比特”的协议。

2. HDLC的特点

HDLC是面向比特的数据链路层控制协议典型代表。该协议的主要特点是：

(1) 不依赖于任何一种字符编码集，数据报文可透明传输，用于实现透明传输的“0比特插入法”易于硬件实现；

(2) 全双工通信，有较高的数据链路传输效率；

(3) 所有帧采用CRC检验，对信息帧进行顺序编号，可防止漏收或重复，传输可靠性高；

(4) 传输控制功能与处理功能分离，具有较大灵活性。

3. HDLC的帧结构

HDLC的帧格式如图3-8所示，由六个字段组成，分为五种类型，即标志序列(F)、地址字段(A)、控制字段(C)、信息字段(I)、帧校验字段(FCS)。

标志 8 bit	地址 8 bit	控制 8/16 bit	信息 8 nbit	校验码 16/32 bit	标志 8 bit
F	A	C	I	FCS	F

图3-8 HDLC的帧格式

(1) F：标志字段。HDLC指定采用01111110为标志序列，用于标志帧的开始和结束。

(2) A：地址字段。地址字段表示链路上站的地址，而且只能用于表示与主机(主站)通信的站(次站)地址。

(3) C：控制字段。该字段中的第1位或第1、2位表示传送帧的类型，用于区分帧的类型、帧编号及命令、响应。HDLC帧分为：信息I帧、监控S帧、无序号U帧。其中，信息帧和监视帧提供差错控和流量控制，用于完成数据链路控制的主要功能。

(4) I：信息字段。携带高层用户数据，可以是任意的二进制位串。

(5) FCS：校验码。是16或32比特的CRC，它采用的生成多项式，由控制字段、地址字段和信息字段计算得到。

如上所述，HDLC 协议规定以 01111110 为标志字节，但在信息字段中也完全有可能有相同的字符。为了把它与标志区分开来，采取了“0”位插入和删除技术。具体做法是发送端在发送所有信息（除标志字节外）时，只要遇到连续 5 个“1”，就自动插入一个“0”；当接收端在接收数据时（除标志字节外）如果连续接收到 5 个“1”，就自动将其后的一个“0”删除，以恢复信息的原有形式。这种“0”位的插入和删除过程由硬件自动完成。

HDLC 是面向比特的数据链路层协议，传输的数据中不存在任何特殊的控制代码，但帧中包含了控制和响应命令，支持全双工传输，具有较高的吞吐率，适合于点对点和点对多点连接，广泛应用于数据通信领域。

HDLC 是由 ISO 制定的确保数据信息可靠互通的重要数据链路层技术，是通信领域现阶段应用十分广泛的一个数据链路层协议。但是随着技术的进步，目前通信信道的可靠性比过去已经有了非常大的改进。我们已经没有必要在数据链路层使用很复杂的协议（包括编号、检错重传等技术）来实现数据的可靠传输。因此，不可靠传输的点对点协议（Point to Point Protocol，PPP）会成为数据链路层的主流协议，而可靠传输的任务落到了运输层的 TCP 协议身上。

本 章 习 题

一、选择题

1. 网络接口卡（NIC）位于 OSI 参考模型的________。

   A. 数据链路层　B. 物理层　C. 运输层　D. 网络层

2. 数据链路层通过________来标识不同的主机

   A. 物理地址　B. 交换机端口号

   C. 逻辑地址　D. 集线器端口号

3. 下面不属于链路层设备的是________。

   A. 中继器　B. 交换机　C. 网桥　D. 网卡

4. 滑动窗口是一种非常重要的链路层机制，但它不提供________功能。

   A. 流量控制　B. 确认　C. 帧定界　D. 反馈

5. 目前，计算机网络的远程通信通常采用________。

   A. 频带传输　B. 基带传输　C. 宽带传输　D. 数字传输

二、填空题

1. 数据链路层必须具备一系列相应的功能，主要有________、________、________、________、________、________和________。
2. 数据链路层必须提供关于帧的边界的识别功能，即所谓的________。
3. 差错控制方法主要有两类：________和________。
4. ________的作用就是使发送方所发出的数据流量不超过接收方的接收能力。
5. 如果数据链路层采用不可靠的点对点协议 PPP，为保证可靠性，则可以在传输层采用可靠的________协议。

三、问答题

1. 数据链路层的主要功能是什么？成帧是什么？主要的成帧方法有哪些？
2. 为什么要进行差错控制？链路层差错控制的方法有哪几种？
3. 为什么要进行流量控制？链路层流量控制的方法有哪几种？
4. 试对比网桥和交换机的区别。
5. 设某网络采用了循环冗余校验(CRC)，生成多项式 $G(X)=X^4+X^3+1$，则当传输的数据序列为 1011001 时，所对应的循环冗余校验码是什么？该生成多项式所提供的检错能力如何？
6. HDLC 帧可分为几大类？简述各类帧的作用。
7. 数据链路层的三个基本问题是什么？

第 4 章　局域网与介质访问控制技术

局域网技术是当今计算机网络研究的一个热点领域，也是计算机网络技术发展最快、应用最活跃的领域之一。众多的企业、学校和社区通过局域网实现了本单位计算机之间的通信、资源共享和信息传递。本章主要介绍局域网的概念、介质访问控制技术、以太网、局域网设备和无线局域网基本知识。

4.1　局域网概述

4.1.1　局域网的特点和功能

局域网是在一个局部的地理范围内(如一个学校、工厂和机关内)，一般是方圆几千米以内，将各种计算机，外部设备和数据库等互相连接起来组成的计算机通信网。总结起来，局域网具有如下特点

(1) 网络覆盖的地理范围较小，一般为 10 m～10 km(如一幢办公楼，一个企业内等)，通常为一个单位所拥有。

(2) 具有较高的数据传输率(通常 1～20 Mbps，高速局域网可达 100 Mbps)。

(3) 具有较低的误码率，一般在 10^{-8} 到 10^{-11} 之间。

(4) 通常多个站共享一个传输媒体(同轴电缆，双绞线，光纤)。

(5) 经营权和管理权属于某个单位所有，便于安装、维护，成本低。

需要指出，尽管局域网地理覆盖范围小，但这并不意味着它们必定是小型或简单的网络，随着互联网技术的发展和网络互联设备性能的提高，局域网可以扩展到相当大或者非常复杂，具有成千上万用户的局域网是很常见的事情。

局域网的主要功能是为了实现资源共享，其次是为了更好地进行数据通信、数据交换和分布式处理。围绕这些功能，局域网在涉及教育、卫生、金融、

工业、商业等领域都得到了广泛的应用。

4.1.2　常见局域网拓扑结构

网络中的计算机等设备要实现互联，就需要以一定的结构方式进行连接，通俗地讲即这些网络设备如何连接在一起的。这种连接方式就叫作“拓扑结构”，目前常见的局域网拓扑结构主要有星型结构、环型结构、总线型结构以及混合型结构，下面我们分别对这几种网络拓扑结构进行介绍。

1. 星型结构

星型结构是目前在局域网中应用得最为普遍的一种，在企业网络中大多数都是采用这一方式。星型网络几乎是以太网(Ethernet)专用，它是由网络中的各工作站节点设备通过一个网络集中设备(如集线器或者交换机)连接在一起，各节点呈星状分布而得名，如图 4-1 所示。这类网络目前用得最多的通信介质是双绞线，如常见的五类线、超五类双绞线等。

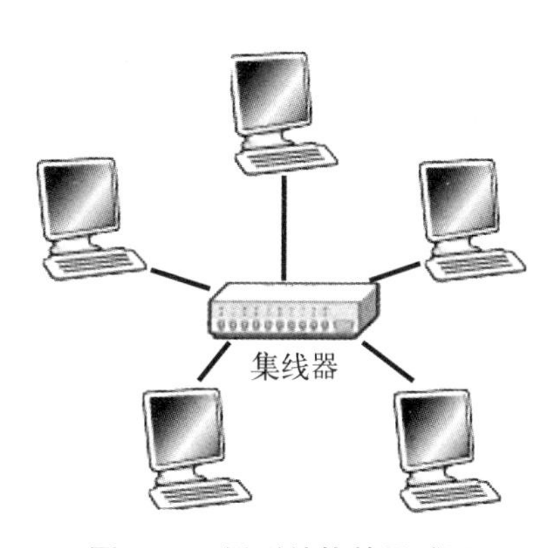

图 4-1　星形结构的局域网

这种拓扑结构网络的基本特点主要有如下几点：

1) 容易实现

星型网络拓扑所采用的通信介质一般是通用的双绞线，这种通信介质相对来说比较便宜，这种拓扑结构主要应用于 IEEE 802.2、IEEE 802.3 标准的以太局域网中。关于 IEEE 标准，在后面的章节会有所介绍。

2) 节点扩展、移动方便

节点扩展时只需要从集线器或交换机等集中设备中拉一条线即可，而要移动一个节点只需要把相应节点设备移到新节点即可，而不会像环型网络那样“牵其一而动全局”。

3) 维护容易

一个节点出现故障不会影响其他节点的连接，可任意拆走故障节点。

4) 采用广播信息传送方式

任何一个节点发送信息在整个网中的节点都可以收到，这在网络方面存在一定的隐患，这在局域网中使用影响不大。

5) 网络传输数据快

星型网络拓扑目前可以提供 1 000 Mbps 到 10 G 以太网接入速度。

2. 环型结构

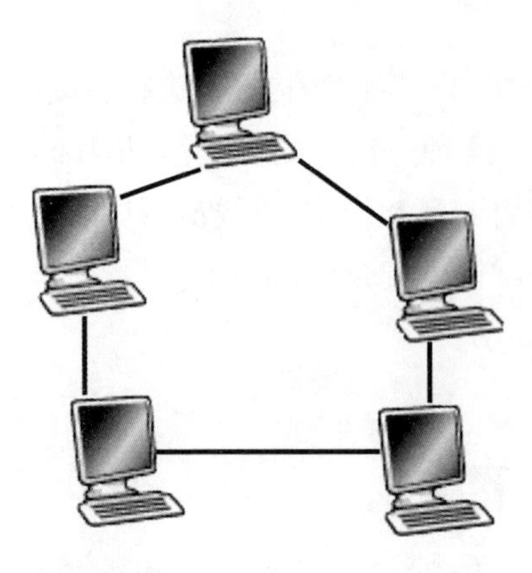

图 4-2　环形结构的局域网

环型结构的网络形式主要应用于令牌网中，在这种网络结构中各设备直接通过电缆串接，最后形成一个闭环，整个网络发送的信息就是在这个环中传递，通常把这类网络称之为“令牌环网”。图 4-2 展示了一个环形结构的局域网结构。

大多数情况下这种拓扑结构的网络不会是所有计算机真的要连接成物理上的环型，一般情况下，环的两端是通过一个阻抗匹配器来实现环的封闭，因为在实际组网过程中因地理位置的限制不方便真的做到环的两端物理连接。这种拓扑结构的网络主要有如下几个特点：

(1) 一般仅适用于 IEEE 802.5 的令牌网(Token Ring Network)。“令牌”是在环型连接中依次传递，所用的通信介质一般是同轴电缆。

(2) 实现也非常简单，投资最小。可以从其网络结构示意图中看出，组成这个网络除了各工作站就是通信介质——同轴电缆，以及一些连接器材，没有价格昂贵的节点集中设备，如集线器和交换机。但也正因为这样，所以环型结构网络所能实现的功能最为简单，仅能当作一般的文件服务模式。

(3) 维护困难。从其网络结构可以看到，整个网络各节点间是直接串联，这样任何一个节点出了故障都会造成整个网络的中断、瘫痪，维护起来非常不便。

(4) 扩展性能差。因为它的环型结构，决定了它的扩展性能远不如星型结构的好，如果要新添加或移动节点，就必须中断整个网络，在环的两端做好连接器才能连接。

3. 总线型结构

总线型拓扑结构如图 4-3 所示。所有节点都直接链接到一条公共传输媒体的总线上，它所采用的介质一般也是同轴电缆和双绞线，不过现在也有采用光缆作为总线型通信介质。所有节点都可以通过总线发送或接收数据，但一段时间内只允许一个节点利用总线发送数据。当一个节点利用总线以“广播”方式发送信号时，其他节点都可以“收听”到所发送的信号。

图 4-3　总线型拓扑结构

由于总线为多个节点所共享，所以在总线型拓扑结构中有可能出现同一时刻有两个或者两个以上节点利用总线发送数据的情况，这种现象被称为“冲突”(collision)。冲突会使接收节点无法从所接收的数据中还原出有效的数据，从而造成数据传输的失效，因此需要提供一种机制用于解决冲突问题。

总线型结构具有以下几个方面的特点：

(1) 组网费用低。从图 4-3 可以这样的结构不需要另外的互联设备，是直接通过一条总线进行连接，所以组网费用较低。

(2) 因为各节点是共用总线带宽，所以在传输速度上会随着接入网络的用户的增多而下降。

(3) 网络用户扩展较灵活。需要扩展用户时只需要添加一个接线器即可，但所能连接的用户数量有限。

(4) 维护较容易。单个节点失效不影响整个网络的正常通信，但是如果总线一断，则整个网络或者相应主干网段就断了。

(5) 总线型结构的缺点是：传输媒体故障难以排除，并且由于所有节点都直接连在总线上，因此主干线任何一处故障都会导致整个网络瘫痪。

4. 混合型拓扑结构

这种网络拓扑结构是由前面所讲的星型结构和总线型结构的网络结合在一起的网络结构，这样的拓扑结构更能满足较大网络的拓展，解决星型网络在传输距离上的局限，而同时又解决了总线型网络在连接用户数量上的限制。这种网络拓扑结构同时兼顾了星型网与总线型网络的优点，在缺点方面得到了一定的弥补。

混合型网络拓扑结构主要用于较大型的局域网中，如果一个单位有几栋楼在地理位置上分布较远(当然是同一小区中)，若单纯用星型网来组建整个公司的局域网，因受到星型网通信介质——双绞线的单段传输距离（100 m）的限制很难成功；若单纯采用总线型结构来布线，则很难承受公司的计算机网络规模的需求。结合这两种拓扑结构，在同一栋楼层我们采用双绞线的星型结构，而不同楼层我们采用同轴电缆的总线型结构，而在楼与楼之间我们也必须采用总线型，通信介质要视楼与楼之间的距离而定，如果距离较近（500 m 以内）我们可以采用粗同轴电缆来作通信介质，如果在 180 m 之内可以采用细同轴电缆来作通信介质。但是如果超过 500 m 我们只有采用光缆或者粗缆加中继器来满足了。这种布线方式就是我们常见的综合布线方式。这种拓扑结构主要有以下几个方面的特点：

（1）应用广泛：这主要是因为它解决了星型和总线型拓扑结构的不足，满足了大公司组网的实际需求。

（2）扩展灵活：这主要是继承了星型拓扑结构的优点。但由于仍采用广播式的消息传送方式，所以在总线长度和节点数量上也会受到限制，不过这在局域网中不存在太大的问题。

（3）具有总线型网络结构的网络速率会随着用户的增多而下降的缺点。

（4）较难维护。这主要受到总线型网络拓扑结构的制约，如果总线断，则整个网络也就瘫痪了；但是如果是分支网段出了故障，不影响整个网络的正常运作。再一个整个网络构架非常复杂，维护起来不容易。

（5）速度较快。因为其骨干网采用高速的同轴电缆或光缆，所以整个网络在速度上不受太多的限制。

4.2 IEEE 802 标准

局域网类型繁多，为了促进产品的标准化及实现不同厂商产品之间的互操作性，1980 年 2 月，美国电气和电子工程师协会（Institute of Electrical and Electronics Engineers, IEEE）研究制订了关于局域网的 IEEE 802 标准。IEEE 802 规范定义了网卡如何访问通信介质（如光缆、双绞线、无线等），及如何在通信介质上传输数据的方法，还定义了传输信息的网络设备之间连接建立、维护和拆除的途径。遵循 IEEE 802 标准的产品包括网卡、桥接器、路由器及其他一些用来建立局域网络的组件。

4.2.1　IEEE 802 标准概述

IEEE 802 标准的大部分是在 20 世纪 80 年代由委员会制订的，当时个人计算机联网刚刚兴趣。随着网络技术的不断进步，扩充和制订了不少新的标准，因此，IEEE 802 家族也越来越庞大，成员也越来越多。目前，IEEE 802 体系结构中主要包含如图 4－4 所示：

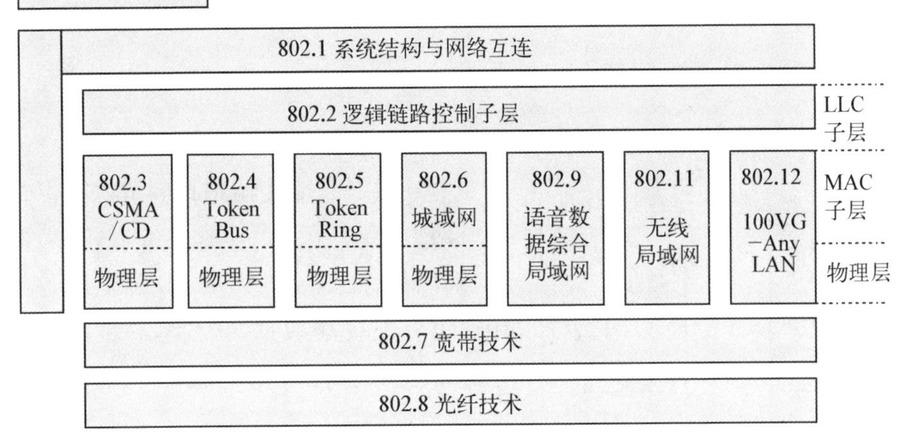

图 4－4　IEEE 802 标准

IEEE 802 标准包括：

- IEEE 802.1 标准：定义了局域网体系结构、网络互联、网络管理和性能测试。
- IEEE 802.2 标准：定义了逻辑链路控制 LLC 子层功能与服务。
- IEEE 802.3 标准：定义了 CSMA/CD 总线介质访问控制子层与物理层规范。
- IEEE 802.4 标准：定义了令牌总线介质访问控制子层与物理层规范。
- IEEE 802.5 标准：定义了令牌环介质访问控制子层与物理层规范。
- IEEE 802.6 标准：定义了城域网 MAN 介质访问控制子层与物理层规范。
- IEEE 802.7 标准：定义了宽带网络技术。
- IEEE 802.8 标准：定义了光纤传输技术。
- IEEE 802.9 标准：定义了综合语音与数据局域网技术。

- IEEE 802.10 标准：定义了可互操作的局域网安全性规范。
- IEEE 802.11 标准：定义了无线局域网技术。
- IEEE 802.12 标准：定义了优先度要求的访问控制方法。
- IEEE 802.13 标准：未使用。
- IEEE 802.14 标准：定义了交互式电视网。
- IEEE 802.15 标准：定义了无线个人局域网(WPAN)的 MAC 子层和物理层规范。
- IEEE 802.16 标准：定义了宽带无线访问网络。

4.2.2 局域网体系结构

在 ISO 的 OSI 参考模型中，数据链路层的功能相对简单，它只负责将数据从一个节点可靠地传输到相邻节点。但在局域网中，多个节点共享通信介质，必须由某种机制来决定下一个时刻，哪个设备占用通信介质传送数据。因此，局域网的数据链路层要有介质访问控制的功能。为此，在局域网的体系结构中，一般将数据链路层又划分成两个子层：逻辑链路控制(Logic Line Control, LLC)子层和介质访问控制(Media Access Control, MAC)子层，如图 4-5 所示。

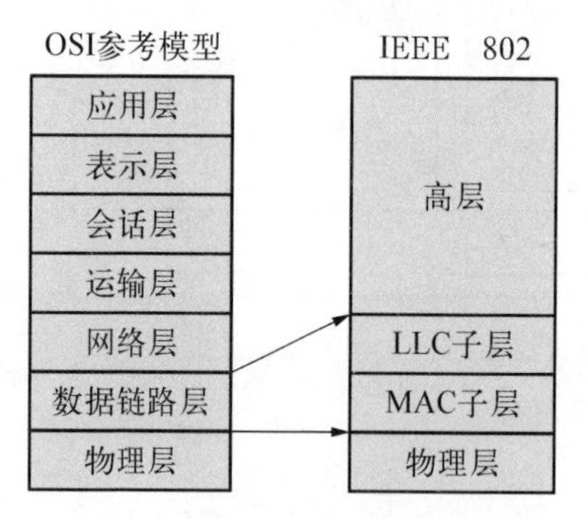

图 4-5 IEEE 802 的局域网参考模型和 OSI 参考模型的对应关系

其中，LLC 子层负责向其上层提供服务。MAC 子层的主要功能包括数据帧的封装/卸装，帧的寻址和识别，帧的接收与发送，链路的管理，帧的差错控制等。MAC 子层的存在屏蔽了不同物理链路种类的差异性。

在 MAC 子层的诸多功能中，非常重要的一项是负责媒体访问控制机制的实现，即处理局域网中各节点对共享媒体的争用问题，不同类型的局域网通常采用不同的媒体访问控制协议。同时，MAC 子层还负责局域网的物理寻址。

采用如上所述这种局域网体系结构至少有两方面的优越性：一是使得 IEEE 802 标准具有很高的可扩展性，能够非常方便地接纳将来新出现的媒体访问控制方法和局域网技术；二是局域网技术的任何发展与变革都不会影响网络层。

4.3　媒体访问控制技术

所谓媒体访问控制就是解决当“局域网中共用信道产生竞争时，如何分配信道的使用权”。打个比方，在一个电话会议的场景下，每个人都有一部电话机，电话机之间都有连接。每个人都可以听到其他人说话，也可以对其他人讲话。当一个人停止说话时，很可能有两个或更多的人同时开始说话，从而导致交流的混乱。因此必须有一个机制去解决这个问题。第一种方法是，安排确定的某种顺序，然后大家按照这个顺序来进行讲话；另一个方法是，当一个人讲完后，大家都可以开始讲话。但是如果同时有两个人或多个开始讲话的话，可以先放下电话机，重新竞争新的空闲机会。局域网中目前广泛采用的两种媒体访问控制方法和上述例子中解决电话争用的方法非常类似，它们分别是：争用型媒体访问控制协议（如 CSMA/CD 协议和 CSMA/CA 协议）和确定型媒体访问控制协议（如令牌访问控制协议）。

4.3.1　CSMA/CD 协议

(Carrier Sense Multiple Access/Collision Detect，CSMA/CD)，即载波监听多路访问/冲突检测方法是一种争用型的介质访问控制协议。它起源于美国夏威夷大学开发的 ALOHA 网所采用的争用型协议，并进行了改进，使之具有比 ALOHA 协议更高的介质利用率。

CSMA/CD 是一种分布式介质访问控制协议，网中的各个站（节点）都能独立地决定数据帧的发送与接收。每个站在发送数据帧之前，首先要进行载波监听，只有介质空闲时，才允许发送帧。这时，如果两个以上的站同时监听到介质空闲并发送帧，则会产生冲突现象，这使发送的帧都成为无效帧，发送随即宣告失败。每个站必须有能力随时检测冲突是否发生，一旦发生冲突，应停止发送，以免介质带宽因传送无效帧而被白白浪费，随机延时一段时间后，再重新争用介质，重新发送帧。CSMA/CD 协议简单、可靠，在网络系统（如以太网）中被广泛使用。

冲突检测的方法很多，通常以硬件技术实现。一种方法是比较接收到的信号的电压大小，只要接收到的信号的电压摆动值超过某一门限值，就可以认为发生了冲突。另一种方法是在发送帧的同时进行接收，将收到的信号逐比特地与发送的信号相比较，如果有不符合的，就说明出现了冲突。

CSMA/CD 协议的工作原理可以概括为三句话，即先听后发、边发边听、退后重发。其具体工作过程如下：

1) 先听后发

通过专门的检测机构，在站点准备发送前先侦听一下总线上是否有数据正在传送(线路是否忙)。若“忙”则进入后面的“退避”处理程序，进而进一步反复进行侦听工作。若“闲”，则按照一定算法决定如何发送。

2) 边发边听

当确定要发送后，通过发送机构，向总线发送数据。数据发送后，也可能发生数据碰撞。因此，要对数据边发送，边检测，以判断是否冲突了。

3) 退后重发

一旦发生冲突，延迟一段时间后，再重新发送，两个终端的延迟时间必须不同。有两种冲突情况：侦听中发现线路忙和发送过程中发现数据碰撞。若在侦听中发现线路忙，则等待一个延时后再次侦听；若仍然忙，则继续延迟等待，一直到可以发送为止。每次延时的时间不一致，由退避算法确定延时值。

若发送过程中发现数据碰撞，先发送阻塞信息，强化冲突，再进行侦听工作，以待下次重新发送，方法同上。

根据站点发现信道忙后不同的处理方式，又可以把 CSMA 的方式分为即坚持型(1-persistent CSMA)、非坚持型(Nonpersistent CSMA)和 P-坚持型(P-persistent CSMA)。坚持型 CSMA 的协议思想：

- 站点有数据发送，先侦听信道。
- 若站点发现信道空闲，则发送。
- 若信道忙，则继续侦听直至发现信道空闲，然后完成发送。
- 若产生冲突，等待一个随机时间，然后重新开始发送过程。

坚持型 CSMA 的优点是减少了信道空闲时间。缺点是增加了发生冲突的概率；广播延迟越大，发生冲突的可能性越大，协议性能越差。

非坚持型 CSMA 协议思想：

- 若站点有数据发送，先侦听信道。
- 若站点发现信道空闲，则发送。
- 若信道忙，等待一个随机时间重新开始发送。
- 若产生冲突，等待一随机时间重新开始发送。

这种方法的优点是减少了冲突的概率，信道效率比坚持 CSMA 高。缺点是不能找出信道刚一变空闲的时刻；增加了信道空闲时间，数据发送延迟增大；传输延迟比坚持 CSMA 大。

P-坚持型协议思想：

- 若站点有数据发送，先侦听信道。
- 若站点发现信道空闲，则以概率 p 发送数据，以概率 $q=1-p$ 延迟至下一个时间槽发送。若下一个时间槽仍空闲，重复此过程，直至数据发出或时间槽被其他站点所占用。
- 若信道忙，则等待下一个时间槽，重新开始发送。
- 若产生冲突，等待一随机时间，重新开始发送。

三种 CSMA 协议的过程如图 4-6 所示。

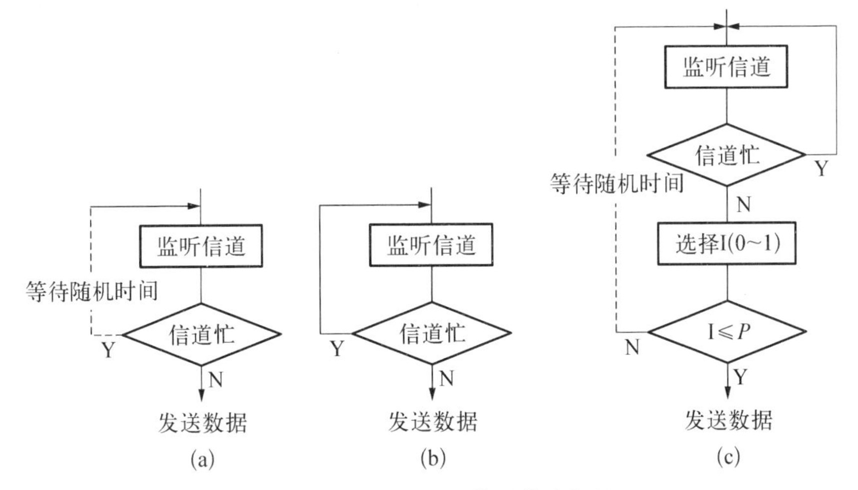

图 4-6　三种 CSMA 协议的流程图

(a) 非坚持 CSMA　(b) 坚持 CSMA　(c) P-坚持 CSMA

当所有节点收到冲突加强信号后都停止传输，通过二进制指数退避算法计算机一个随机的退避时间(backoff time)，并在等待该随机退避时间后重新启动发送。二进制指数退避时间将时间分成离散的时间片(time slot)，时间片的选取通常为一个以太网帧在传输媒体最大传输距离中一个来回所用的时间。

二进制退避算法表示如下：

- 当站点发生第 1 次冲突，等待 $0\sim2^1-1$ 个时间片。

- 当站点发生第 2 次冲突，等待 $0 \sim 2^2-1$ 个时间片。
- 依此类推，当站点发生第 n 次冲突，在 $n \leqslant 10$ 时，等待 $0 \sim 2^n-1$ 个时间片；$n \geqslant 10$ 后，等待 $0 \sim 2^{10}$ 个时间片。
- 当站点发生冲突的次数达到第 16 次时，将放弃该数据帧的发送。

总之，CSMA/CD 协议采用的是一种“有空就发”的竞争型访问策略，因而会不可避免地出现信道空闲时多个节点同时争发的现象。CSMA/CD 无法完全消除冲突，它只能采取一些措施来减少冲突，并对产生的冲突进行处理。另外，网络竞争的不确定性，也使得网络延时变得难以确定，因此，在实时性要求高的网络应用中，CSMA/CD 并不适用。

4.3.2 令牌访问控制

令牌访问控制方法又可以分为令牌环(token ring)访问控制和令牌总线(token bus)两类。由于目前已经较少采用令牌总线访问控制，所以在此只介绍令牌环访问控制的工作原理。

令牌环的基本工作原理是：当环启动时，一个“自由”或空令牌沿环信息流方向转圈，想要发送信息的站点接收到此空令牌后，将它变成忙令牌(将令牌包中的令牌位置 1)即可将信息包尾随在忙令牌后面进行发送。该信息包被环中的每个站点接收和转发，目的站点接收到信息包后经过差错检测后将它拷贝传送给站主机，并将帧中的地址识别位和帧拷贝位置为 1 后再转发。当原信息包绕环一周返回发送站点后，发送站检测地址识别位和帧拷贝位是否已经为 1，如是则将该数据帧从环上撤销，并向环插入一个新的空令牌，以继续重复上述过程。过程如图 4－7 所示。

归纳起来，在令牌环中主要有下面的三种操作。

(1) 截获令牌并且发送数据帧。如果没有节点要发送数据，令牌就由各个节点之间顺序逐个传递；如果某个节点需要发送数据，它就要等待令牌的到来，当空闲令牌传到这个节点时，该节点修改令牌帧中的“忙/空闲”状态位，使其变成“忙”的状态，然后去掉令牌的尾部，加上数据，成为数据帧，发送到下一个节点。

(2) 接收与转发数据。数据帧每经过一个节点，该节点就比较数据帧中的目的地址，如果不属于本节点，则转发出去；如果属于本节点，则复制到本节点的计算机中，同时在帧中设置已经接收的标志，然后向下一节点转发。

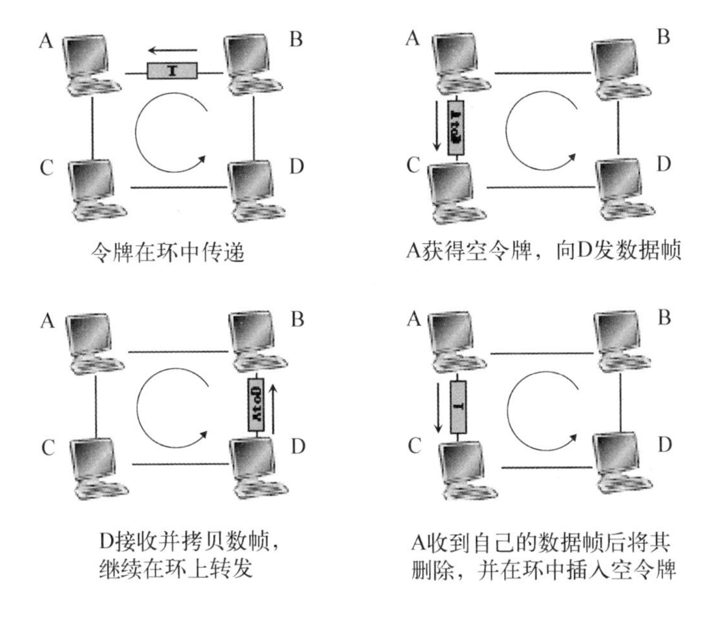

图 4－7　令牌环的工作原理

(3) 取消数据帧并且重发令牌。由于环网在物理上是个闭环，一个帧可能在环中不停地流动，所以必须清除。当数据帧通过闭环重新传到发送节点时，发送节点不再转发，而是检查发送是否成功。如果发现数据帧没有被正确接收，则重发该数据帧；如果传输成功，则清楚该数据帧，并且产生一个新的空闲令牌发送到环上。

4.4　以太网

局域网技术的发展日新月异，遵循“优胜劣汰”的原则，好的技术被保留下来，不好的技术则逐渐退出历史舞台。目前保留下来的几种局域网技术主要包括以太网系列和无线局域网技术等。其中，以太网家族最为兴旺，目前全球大部分局域网都采用了以太网技术。

以太网技术起源于一个实验网络，该实验网络的目的是把几台个人计算机以 3 M 的速率连接起来。由于该实验网络的成功建立和突出表现，引起了 DEC，Intel，Xerox 三家公司的注意，这三家公司借助该实验网络的经验，最终在 1980 年发布了第一个以太网协议标准建议书。该建议书的核心思想是在一个 10 M 带宽的共享物理介质上，把最多 1 024 个计算机和其他数字设备进行连接，当然，这些设备之间的距离不能太大(最大 2. 5 km)。之后，以太网技术在 1980 年建议书的基础上逐渐成熟和完善，并逐渐占据了局域网的主导地位。后来的以太网国际标准 IEEE 802. 3 就是参照以太网的技术标准建议书建立，两者基本兼容。为了与后面的快速以太网相区别，这种按照 IEEE 802. 3 标准生产的以太网产品称为传统以太网，简称为以太网。

4. 4. 1 以太网的发展

最初以太网运行在同轴电缆上，通过复杂的连接器把计算机和终端连接到该电缆上，后期还必须经过一些相关的电信号处理，才能使用。这样的结构相对复杂，而且效率上不是很理想，只能适合于半双工通信(因为只有一条线路)。到了 1990 年，出现了基于双绞线介质的 10BASE - T 以太网，这是以太网历史上一次最重要的革命。

10BASE - T 得以实施，主要归功于集线器 HUB 的出现，结构化电话布线终端设备通过双绞线连接到 HUB 上，利用 HUB 内部的一条共享总线进行互相通信。物理上这种结构是星形的，但实际上还是沿用了 CSMA/CD 的访问机制，因为 HUB 内部是通过一条内部总线把许多终端连接起来的。

10BASE - T 以太网技术使用了四对双绞线来传输数据，一对双绞线用来发送，另外一对用来接收。之所以使用一对双绞线分别进行收发，主要是出于对电气特性上的考虑，发送数据的时候，在一条线路上发送通常的电信号，而在另外一条线路上发送与通常电信号极性相反的信号，这样可以消除线路上的电磁干扰。

后来出现了 100 M 的以太网，即所谓的快速以太网。快速以太网在数据链路层上跟 10 M 以太网没有区别，不过在物理层上提高了传输的速率，而且引入了更多的物理层介质，比如光纤、同轴电缆等。运行在两对双绞线上的 100 M以太网称为 100BASE - TX，运行在光纤上的 100 M 以太网则为 100BASE - FX，还有运行在四对双绞线上的 100BASE - T4 等。所有这些物理介质都是沿用了 CSMA/CD 的访问方式，工作在半双工模式下。

从以太网诞生到目前为止，成熟应用的以太网物理层标准主要有以下几种：10BASE - 2、10BASE - 5、10BASE - T、100BASE - TX、100BASE - FX、1000BASE - LX。

在这些标准中，前面的 10、100、1 000 分别代表运行速率；中间的 BASE 指传输的信号是基带方式；后边的 2、5 分别代表最大距离，比如：5 代表 50 m，2 代表 200 m 等；TX，FX，LX 等代表应用于双绞线以太网和光纤以太网，含义如下：

- 100BASE－TX：运行在两对五类双绞线上的快速以太网；
- 100BASE－FX：运行在光纤上的快速以太网，光纤类型可以是单模也可以是多模；
- 1000BASE－LX：运行在单模光纤上的 1 000 M 以太网，L 指发出的光信号是长波长的形式。

需要必须说明的是，在以太网的发展历史中，10BASE－T 出现具有里程碑的意义。它的重要性主要表现在以下三个方面：

(1) 采用了廉价的双绞线作为传输媒体。

(2) 引入了结构简单、性能可靠的星形拓扑结构。

(3) 引入交换机作为星形拓扑结构的中心，从而实现了从共享式以太网到交换式以太网的飞跃。

4.4.2　MAC 地址

以太网帧中的源地址和目的地址都采用了 64 位的(Media Access Control，MAC)地址，换算成字节是一个 6 字节的地址码，每块主机网卡都有一个 MAC 地址，由生产厂家在生产网卡的时候固化在网卡的芯片中，因此 MAC 地址也称为主机的物理地址或硬件地址。

如图 4－8 所示的 MAC 地址 00－60－2F－3B－08－AC 的高 3 个字节是生产厂家的企业编码，例如 00－60－2F 是思科公司的企业编码。低 3 个字节 3A－08－AC 是随机数。MAC 地址以一定概率保证一个局域网网段里的各台主机的地址唯一。还有一个特殊的 MAC 地址：ff－ff－ff－ff－ff－ff。这个二进制全为 1 的 MAC 地址是个广播地址，表示这帧数据不是发给某台主机的，而是发给所有主机的。在 Windows 2000 机器上，可以在“命令提示符”窗口用 Ipconfig/all 命令查看到本机的 MAC 地址。由于 MAC 地址是固化在网

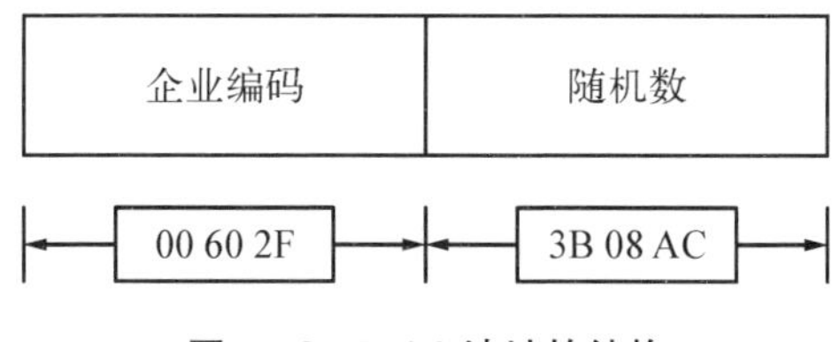

图 4－8　MAC 地址的结构

卡上,如果你更换主机里的网卡,这台主机的 MAC 地址也就随之改变了。

4.4.3 以太网帧格式

图 4-9 给出了 IEEE 802.3 以太网帧格式。

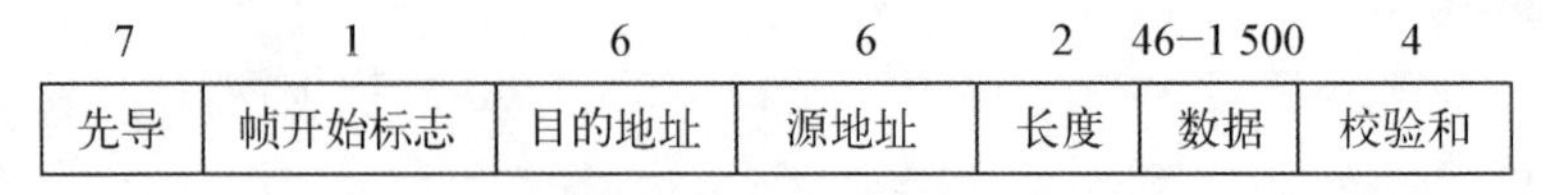

图 4-9 IEEE 802.3 帧格式(单位字节)

(1) 先导。长度为 7 个字节,每个字节的内容为 10101010,用于接收方与发送方的时钟同步。

(2) 帧开始标志。长度为 1 个字节,内容为 10101011,标志着帧的开始。

(3) 目的地址和源地址。均为 6 字节,分别表示接受节点和发送节点的 MAC 地址。当目的地址为二进制全"1"时,表示帧要被传送到网络上的所有节点,即所谓的广播帧。

(4) 长度。长度为 2 字节,用于指明数据字段中的字节数,取值范围为0~1 500。IEEE 802.3 中数据长度可为 0,当数据长度小于 46 字节时,需要使用填充字段以达到帧长度大于或等于 64 字节的要求。

(5) 数据。长度为 46~1 500 字节。如果帧的数据部分少于 46 字节,必须使用填充字段以达到所要求的最短长度。

4.5 局域网组网设备

不论采用哪种局域网技术来组建局域网,都要涉及局域网组件的选择,包括硬件和软件。其中,硬件则主要是指计算机及各种组网设备网卡、网络传输媒体、网络连接部件和设备等。软件主要是指以网络操作系统为核心的软件系统。关于网络操作系统后面章节中有专门的介绍,本章主要针对局域网的主要组网硬件设备做一些简要介绍。

4.5.1 网卡

1. 网卡的功能

网卡是网络接口卡(Network Interface Card, NIC)的简称,也称作网络适配器,是物理上连接计算机与网络的硬件设备,是局域网最基本的组成部分之一。网卡插在电脑的主板扩展槽中,通过网线(如双绞线、同轴电缆)与网络共享资源、交换数据,可以说是必备的。网卡上面装有处理器和存储器(包括 RAM 和 ROM)。网卡和局域网之间的通信是通过电缆或双绞线以串行传输方式进行的。而网卡和计算机之间的通信则是通过计算机主板上的 I/O 总线以并行传输方式进行。因此,网卡的一个重要功能就是要进行串行/并行转换。由于网络上的数据率和计算机总线上的数据率并不相同,因此在网卡中必须装有对数据进行缓存的存储芯片。

在安装网卡时必须将管理网卡的设备驱动程序安装在计算机的操作系统中。这个驱动程序后期就会告诉网卡,应当从存储器的什么位置上将局域网传送过来的数据块存储下来。网卡还要能够实现以太网协议。

网卡并不是独立的自治单元,因为网卡本身不带电源而是必须使用所插入的计算机的电源,并受该计算机的控制。因此网卡可看成为一个半自治的单元。当网卡收到一个有差错的帧时,就将这个帧丢弃而不必通知它所插入的计算机。当网卡收到一个正确的帧时,就使用中断来通知该计算机并交付给协议栈中的网络层。当计算机要发送一个 IP 数据包时,它就由协议栈向下交给网卡组装成帧后发送到局域网。随着集成度的不断提高,网卡上的芯片的个数不断地减少,虽然各个厂家生产的网卡种类繁多,图4－10是一个常见的以太网卡。

图 4－10　以太网卡

2. 网卡分类

按照网卡所支持的物理层标准与主机接口的不同,网卡可以分为以太网卡和令牌环网卡等。

按照网卡支持的计算机种类分类,主要分为标准以太网卡和 PCMCIA 网卡。标准以太网卡用于台式计算机联网,而 PCMCIA 网卡用于笔记本电脑。

按照网卡支持的传输速率分类,主要分为 10 Mbps 网卡、100 Mbps 网卡、10/100 Mbps 自适应网卡和 1 000 Mbps 网卡。

3. 无线网卡

所谓无线网络,就是利用无线电波作为信息传输的媒介构成的无线局域网(Wireless LAN, WLAN),与有线网络的用途类似,最大的不同在于传输媒介的不同,利用无线电技术取代网线,可以和有线网络互为备份,只可惜速度太慢。

无线网卡是终端无线网络的设备,是无线局域网的无线覆盖下通过无线连接网络进行上网使用的无线终端设备。具体来说无线网卡就是使你的电脑可以利用无线来上网的一个装置,但是有了无线网卡还需要一个可以连接的无线网络,如果你在家里或者所在地有无线路由器或者无线接入点(AccessPoint, AP)的覆盖,就可以通过无线网卡以无线的方式连接无线网络上网。

无线网卡的工作原理是微波射频技术,笔记本有 WIFI、GPRS、CDMA 等几种无线数据传输模式来上网,前者电信或网通有所参与,但大多主要是自己拥有接入互联网的 WIFI 基站(其实就是 WIFI 路由器等)和笔记本用的 WIFI 网卡。后两者由中国移动和中国电信(中国联通已将 CDMA 售给中国电信)来实现。无线上网遵循 802.1q 标准,通过无线传输,由无线接入点发出信号,用无线网卡接收和发送数据。

4. 网卡的选型

能否正确选用、连接和设置网卡,是局域网组网时的基本前提和必要条件。一般来说,在选购网卡时考虑以下因素。

1) 网络类型

由于目前的局域网技术有以太网、令牌环网、光纤网和以太网之分,由于令牌环网、光纤网已经不在市场上出现,因此只需要注意区分以太网卡和无线局域网卡。

2) 传输速率

除了按网络类型分外,网卡还可以按其传输速率分为 10 M、100 M、10/100 M 自适应以及千兆网卡,目前常使用的是 10 M 和 10/100 M 自适应两种网卡。10 M 网卡价格比较低廉,一般在 50 元以下,10/100 M 自适应网卡的价格一般在 50 元以上。一般的用户,如家庭、宿舍、网吧、中小型企业以及相关公司办公应用等等,可以采用 10 M/100 M 自适应网卡。

3) 总线类型

按主板上的总线类型来分,又可分为 PCI、USB、PCI - X 和 PCI - E 等。服务器上通常使用 PCI - X 和 PCI - E 网卡,工作站则经常采用 PCI 或 USB

总线的普通网卡，笔记本则使用 PCMCIA 总线的网卡或 USB 网卡。

4）网卡支持的媒体接口

常见网卡支持的媒体接口类型有 RJ-45、SFP、LC 和 SC 等。其中 RJ-45 接口主要用于连接双绞线，SFP、LC 和 SC 接口用于连接光纤。

4.5.2　网桥和交换机

1. 网桥和交换机

当使用中继器或集线器连接两个或多个局域网进行网络扩展时，它们会同时扩展网络冲突域，使用的中继器或集线器越多，冲突域就越大，主机之间发生冲突的概率就越大，网络传输效率就越低，每个用户所得到的可用带宽就越小。因此，在使用中继器或集线器进行网络拓展时，是以冲突域的增加和网络性能的下降为代价的。那么是否存在一种既能提供在物理上扩展局域网，同时又不会使冲突域增大的网络互联设备呢？本节所介绍的网桥和交换机就具备了这种能力。

网桥和交换机作为数据链路层的网络互联设备，具有对第二层地址及 MAC 地址过滤的能力，源 MAC 地址和目标 MAC 地址位于同一个网桥或交换机端口中的帧是不会被转发到网桥或交换机的其他端口中去。以图 4-11 中的网络为例，在同一个网段中的终端 A 向终端 B 发送的帧不会通过网桥到网桥 3 所连的网段中去，终端 E 向终端 F 发送的帧也不会渗透到网桥 1 所连的网段中去，也就是说，这两个网段之间相互隔离，由此得出一个结论：由网桥或交换机的不同端口所连的网段属于不同的冲突域。

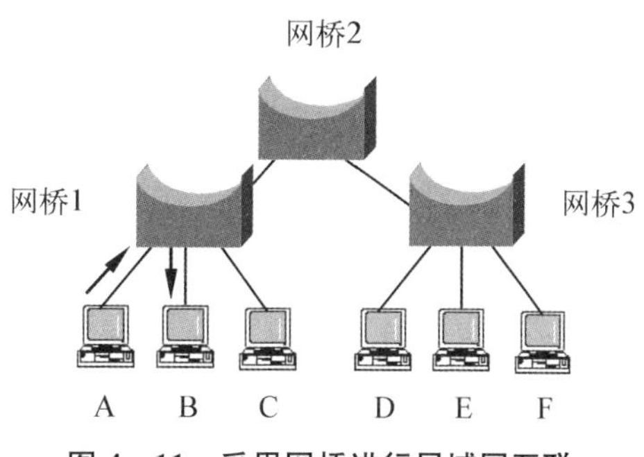

图 4-11　采用网桥进行局域网互联

也就是说，网桥和交换机不但能够在物理上扩展网络，还能在逻辑上划分冲突域，所以它们在网络互联上要优于物理层的中继器和集线器。在实际组网或网络运行过程中，如果发现网络性能的不足或下降是由于节点过多、冲突域过大造成的，就可以通过更换物理层设备、使用交换机或网桥来改善局域网的运行性能。

2. 集线器和交换机的比较

1) 在 OSI/RM 网络体系结构中的工作层次不同

集线器工作在物理层,而交换机工作在数据链路层。更高级的交换机可以工作在第三层(网络层)、第四层(运输层)或更高层。

2) 数据传输方式不同

集线器的数据传输方式是广播(broadcast)方式,即所有端口处在一个冲突域中;而交换机的数据传输一般只发生在源端口和目的端口之间,即交换机的每个端口处在不同的冲突域。换句话说,交换机可以隔离冲突域,见图4-12。

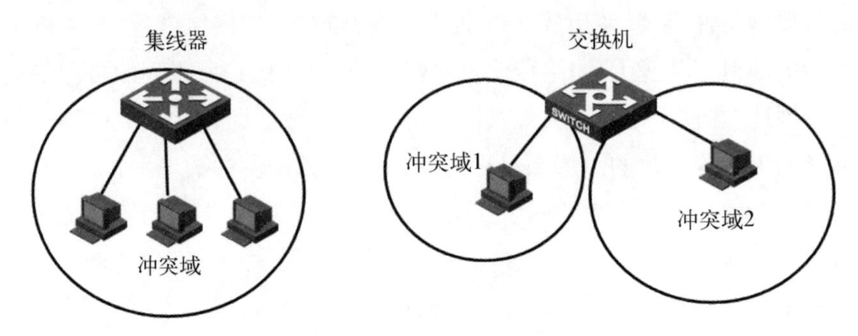

图 4-12　交换机可以隔离冲突域

3) 带宽占用方式不同

集线器所有端口共享集线器的总带宽,而交换机的每个端口都具有自己独立的带宽。

4) 传输模式不同

集线器采用半双工方式进行数据传输;交换机采用全双工方式进行数据传输。

3. 网桥和交换机的比较

20 世纪 80 年代中期,第一个局域网 LAN 网桥进入市场。网桥初期主要用于局域网分段、传输距离延伸和增加应用设备,并使局域网突破共享网络带宽的限制。为了能够使局域网满足当时的应用需求,需要扩展局域网系统。同时,为了使网络系统运行更可靠,把一个局域网系统划分为若干个独立的物理网段。实现物理网段之间的连接和扩展局域网系统的需求导致了网桥的发展。在当时,网桥获得了成功的运用。

随着微电子、处理器和存储技术的飞速发展,网桥的芯片技术越来越先进，网桥技术与产品得到了不断发展与升级。网络系统设计要求高性能网桥具有多个端口的应用需求提到议事日程。需求与微电子技术的同步发展，进入20世纪90年代以后，8、12、16、24的多端口网桥的设计与制造成为可能。值得注意的是，网桥与交换机的区别在于市场，而不在于技术。交换机对网络进行分段的方式与网桥相同，交换机就是一个多端口的网桥。确切地说，高端口密度的网桥就称为局域网交换机。局域网交换机的基本功能与网桥一样，具有帧转发、帧过滤和生成树算法功能。但是，交换机与网桥相比还是存在以下不同：

(1) 交换机工作时，实际上允许许多组端口间的通道同时工作。所以，交换机的功能体现出不仅仅是一个网桥的功能，而是多个网桥功能的集合。即网桥一般分有两个端口，而交换机具有高密度的端口。

(2) 分段能力的区别。由于交换机能够支持多个端口，因此可以把网络系统划分为更多的物理网段，使得整个网络系统具有更高的带宽。而网桥仅仅支持两个端口，所以，网桥划分的物理网段是相当有限的。

(3) 传输速率的区别。与网桥数据信息的传输速率相比，交换机更快。

4. 交换机的主要性能指标

交换机的主要性能指标有背板带宽、端口速率、模块化和固定配置等。背板带宽和端口速率是衡量交换机的交换能力的主要参数。其中背板带宽指通过交换机所有通信的最大值，交换机的端口速率是每秒通过的比特数。

模块化交换机具有很强的可扩展性，可在机箱内提供一系列扩展模块，如千兆位以太网模块、FDDI模块、ATM模块、快速以太网模块、令牌环模块等，所以能够将具有不同协议、不同拓扑结构的网络连接起来。但是它的价格一般也比较昂贵。模块化交换机一般作为骨干交换机来使用。

固定配置交换机一般具有固定端口配置，比如Cisco公司的Catalyst 1900/2900交换机，Bay公司的BayStack 350/450交换机等。固定配置交换机的可扩充性显然不如模块化交换机，但是价格要低得多。

5. 交换机的分类

按组建园区网的网络拓扑结构层次，可划分为：接入层交换机、汇聚层交换机和核心层交换机。核心层交换机一般采用机箱式模块化设计，机箱中可承载管理模块、光端口模块、高速电口模块、电源等，具有很高的背板容量；汇聚层交换机可以是机箱式模块化交换机，也可以是固定配置的交换机，具有较高的接入能力和带宽，一般包含光端口、高速电口等端口；接入层交换机一般是固定配置的交换机，端口密度较大，具有较高的接入能力，以 10/100 M 端口为主，以固定端口或扩展槽方式提供 1 000 Mbps 的上联端口。

按照 OSI 的七层网络模型，交换机可以分为第二层交换机、第三层交换机、第四层交换机等。基于 MAC 地址工作的第二层交换机最为普遍，用于网络接入层和汇聚层；基于 IP 地址和协议进行交换的第三层交换机应用于网络的核心层，少量应用于汇聚层；部分第三层交换机也同时具有第四层交换功能，可以根据数据帧的协议端口信息进行目标端口判断；第四层以上的交换机称之为应用型交换机，主要用于互联网数据中心。

按照交换机的可管理性，可分为可管理型交换机和不可管理型交换机。两者区别在于对 SNMP、RMON 等网管协议的支持。可管理型交换机便于网络监控、流量分析，但成本相对较高。大中型网络在汇聚层应该选择可管理型交换机，在接入层视应用需要而定，核心层交换机则全部采用可管理型交换机。

从应用的角度划分，交换机可分为电话交换机和数据交换机。前者主要应用于电信领域，提供语音通讯；后者应用于计算机网络。

6. 交换机产品简介

目前市场上的交换机产品很多，网络基础设施建设成为当前一项热门应用。近 20 年来，网络技术日新月异，网络产品层出不穷，更新换代十分迅速，所以网络产品市场品种繁多。市面上网络产品的厂家很多。如 CISCO、HP、3COM、华为、锐捷、神州数码、D-LINK 等。

Cisco(思科)的交换机产品以“Catalyst”为商标，曾经生产了 500、1900、2800、2900、3500、4000、4500、5000、5500、6000、6500、8500 等十多个系列的交换机产品，产品线经过交换技术的不断发展，及逐渐规范，目前思科在产的产品线为：500、2900、3500、3700、4500、4900 和 6500，顺序为由低端到高端。

2900 的背板带宽为 3.2 G，最多 48 个 10/100 M 自适应端口，所有端口均支持全双工通讯。型号有普通 10/100 BaseTx 交换机，如 C2912、C2924 等；有些是带光纤接口的，如 C2924C 带两个 100 BaseFx 口；有些是模块化的，如 C2924 M，带两个扩展槽。扩展槽的插卡可以放置 100 BaseTx 模块、100 baseFx模块，以及 ATM 模块和千兆以太接口卡(GBIC)。图 4-13 是思科的交换机 2900 系列产品。

图 4 - 13　思科 2900 系列交换机

Catalyst 6500 系列交换机为园区网提供了高性能、多层交换的解决方案，专门为需要千兆扩展、可用性高、多层交换的应用环境设计，主要面向园区骨干连接等场合。图 4 - 14 所示是思科 Catalyst 6500 家族。

图 4 - 14　思科 6500 系列交换机

华为公司目前已是国内数据网络厂商的领头羊，其研发水平和市场占有率非常有说服力。华为的行业渠道比较完善。华为在携手 3COM 之前在国内已是电信行业设备的主要供应商，客户群体还包括政府，电力，金融，教育等行业。

4.5.3　虚拟局域网

虚拟局域网(Virtual Local Area Network, VLAN)，是指网络中的站点

不拘泥于所处的物理位置，利用 VLAN 技术，可以将由交换机连接成的物理网络划分成多个逻辑子网。它们既可以挂接在同一个交换机中，也可以挂接在不同的交换机中。虚拟局域网技术使得网络的拓扑结构变得非常灵活。

大的集团公司，有财务部、采购部和客户部等，它们之间的数据是保密的，我们可以通过划分虚拟局域网对不同部门进行隔离，增加网络的安全性。另外，同一部门的人员分散在不同的地点，比如集团公司的财务部在各子公司均有分部，但都属于财务部管理，虽然这些数据都是要保密的，但需统一结算时，就可以跨地域（也就是跨交换机）将其设在同一虚拟局域网之中，便于集中化的管理。

实现虚拟局域网有多种途径。基于端口的虚拟局域网是最实用的一种。例如某公司财务部需要设置 VLAN，其他用户不在其中。财务部电脑为 6 台。进入交换机管理界面，设置默认所有端口都属于 VLAN1，指定交换机的 1 到 6 端口属于 VLAN2，VLAN2 就为财务部的专用虚拟局域网。图 4 - 15 是通过对交换机端口进行设置生成的 3 个 VLAN。

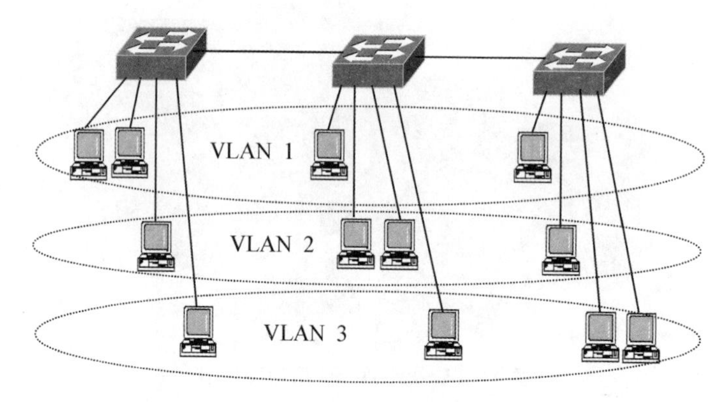

图 4 - 15 交换机设置生成 3 个 VLAN

4.6 无线局域网概述

无线局域网（Wireless LAN，WLAN）是指不使用任何导线或传输电缆连接的局域网，而使用无线电波作为数据传送的媒介，传送距离一般较短。无线局域网的主干网络通常情况下使用有线电缆等传输介质，用户通过一个或多个无线接取器接入无线局域网。

4.6.1　无线局域网的概念

在“有线世界”里，以太网已经成为主流的有线网络。在某些场合受到环境因素等方面的限制：布线、改线工程量大；线路容易损坏；网中各节点具有不可移动性。特别是当需要把距离较远的节点联结起来时，需要铺设专用通信线路，施工难度大，费用、耗时多。这些问题都对正在迅速扩大的联网需求形成了严重的瓶颈阻塞，限制了越来越多用户的联网。与传统的有线局域网相比较，无线局域网具有开发运营成本低、时间短，投资回报快，易扩展，受自然环境、地形及灾害影响小，组网灵活快捷等优点。可以实现“任何人在任何时间，任何地点以任何方式与任何人通信”，弥补了传统有线局域网的不足与缺点。随着以太网等效标准的发布，WLAN技术将推动扩大和加速低成本的可互操作产品的部署。因为在快速无线传输大容量文件与高分辨率图像、访问互联网、支持无线视频会议和快速重新配置高带宽站点方面具有灵活性，高速无线技术以有线基础设施将局域网推上一个新的高度。

无线局域网是一个灵活的数据通信系统，它能够取代或扩展有线局域网，以提供更多功能。利用射频技术，不需要架设线缆，无线局域网就可以通过空气，穿越墙壁、屋顶甚至水泥结构建筑物来发送和接收数据。无线局域网具有像以太网和令牌环这样的传统局域网技术的所有特性和优势，而且不受电缆连接的限制。这实现了网络布局更大的自由和灵活性。

但是，无线局域网技术的重要性远远不止是不需要线缆。无线局域网的出现揭开了网络基础设施的一个全新定义。网络基础设施不一定是实实在在的物理实体，不一定是固定的，难以移动而且变动成本很高；而是可以随用户一起移动，可以跟企业的变化速度一样快。

例如，当商务人员在公司园区内移动时，他们可以保持连接，从而轻松地利用有线网络的资源。在进行实地考察或实验室项目时，学生和导师可以无线网络访问即时信息。租借临时办公室的企业可以建立一个无线局域网。这样，即便搬家，他们也可以轻松地将基础设施带走。

像有线局域网利用铜线或光缆一样，无线局域网也使用一种介质：无线电频率(射频)。通过一种被称作“调制”的过程，将数据叠加到无线电波上，而这个“载波”就取代了线缆作为传输介质。

4.6.2 无线局域网的配置

点对点(ad hoc)模式包含有2台或2台以上的个人计算机,这些个人计算机均配备有无线网卡,但没有连接到有线网络上。它主要是用来在没有基础设施的地方快速而轻松地构建无线局域网,如会议中心或远程会场,如图4-16所示。

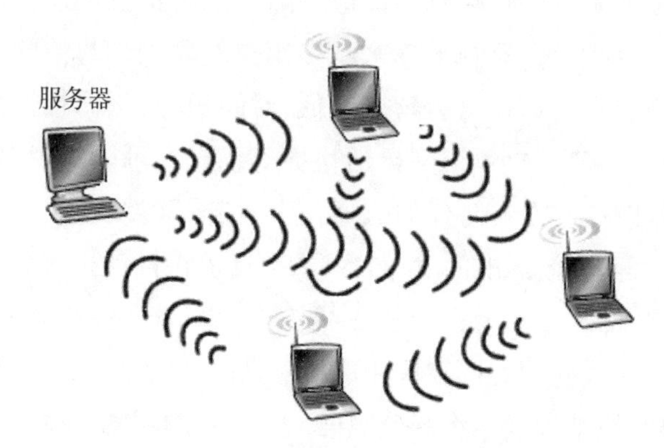

图4-16 点对点(Ad Hoc)模式

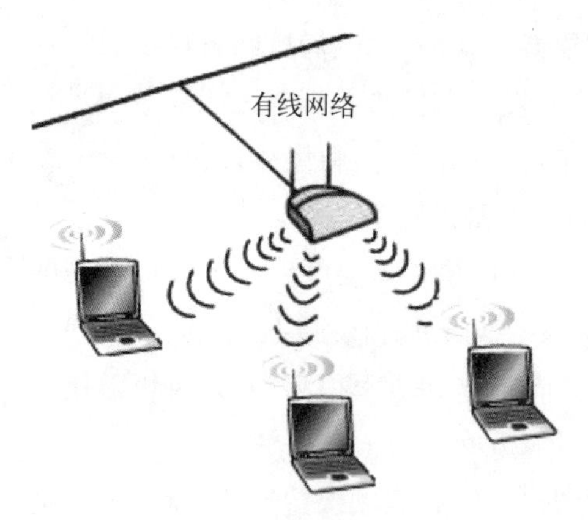

图4-17 客户/服务器模式

客户机/服务器可提供完全分布的数据连接,这种模式通常由连接到一个中央集线器的多台个人电脑组成,而无线路由器成为连接到有线网络资源的桥梁,如图4-17。

多个无线用户如何能够同时操作,却又不会与别人的讯息混淆呢?这与商业无线电台保持隔离所用的方式是一样的。只要是以不同的频率发送,传输数据的载波就不会互相干扰。在通信的另一端,调谐到某一特定频率的无线电接收机只能"收听到"这一频率上的讯息。所有的其他信号会被当作噪声而被忽略掉。大多数无线局域网使用的是2.4 GHz频段。世界各国都将这一频段的无线电波留给了非许可设备使用。

构成无线网络的连接设备主要有无线网卡和接入点。

无线网卡的外观与有线网一样，功能也相同，即将用户接入网络。在有线局域网中，网卡是网络操作系统与网线之间的接口。在无线局域网中，它们是操作系统与天线之间的接口，用来创建透明的网络连接。

接入点(acess point)的作用相当于局域网集线器。它在无线局域网和有线网络之间接收、缓冲存储和传输数据，以支持一组无线用户设备。接入点通常是通过一根标准以太网线连接到有线主干上，并通过天线与无线设备进行通信。接入点或者与之相连的天线通常安装在墙壁或天花板等高处。像蜂窝电话网络中的小区一样，当用户从一个小区移动到另一个小区时，多个接入点可支持从一个接入点切换到另一个接入点，如图 4-18 所示。

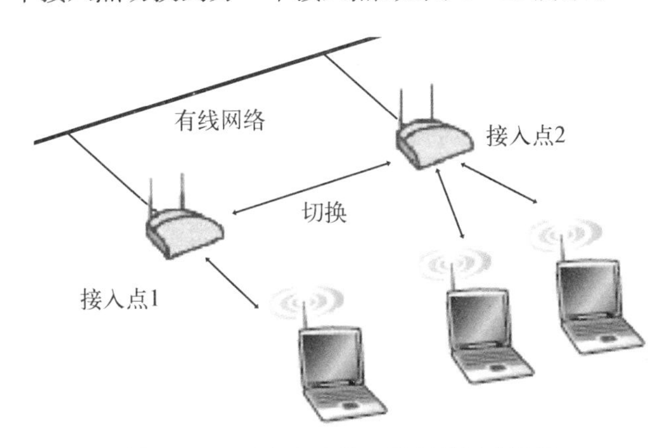

图 4-18　接入点支持一组无线用户设备

4.6.3　IEEE 802.11b 概述

就像 IEEE 802.3 以太网已经发展成为主要的有线局域网技术一样，IEEE 802.11 标准出现在无线局域网领域。和所有 IEEE 802 标准一样，802.11标准主要针对 ISO 模式的下面两层：物理层和数据链路层。任何局域网应用、网络操作系统或协议，包括 TCP/IP，运行于符合 802.11 标准的无线局域网上时将和运行于以太网上一样轻松。

802.11 标准支持两种类型的传输方式：跳频扩谱 FHSS 和直接序列扩谱 DSSS。扩谱技术最初是由美国军方开发出来。这两种扩谱方式消耗的带宽比标准窄带传输方式要多，但可以形成更强的信号；与窄带信号相比较，更容易被接收机发现。

这些方法之所以运用于军事主要是因为它们很难被第三方截获或干扰。

采用FHSS,信号以只有发送方和接收方知道的预定速率从一个频率跳到另一个频率。采用DSSS时,发送每个信号短促脉冲串时都带有一个冗余的“修整代码”,只有发送方和接收方才知道修整频率。

DSSS对于当今的无线应用很重要,它具有更多的特性和更高的吞吐量潜力。最近,高速无线标准802.11b的发展取得了重大进展,通过DSSS实现了完全类以太网数据率的11 Mbps。该标准现在已经成为主要的无线局域网标准。基于802.11b高速(11 Mbps)标准的产品可与基于1和2 Mbps 802.11 DSSS标准的早期产品互操作。而FHSS系统主要用于低功率、短距离的应用(如2.4 GHz无绳电话),并不与DSSS产品互操作。

对于实施于企业环境中的WLAN来说,它们必须具备与相连有线局域网相似的可靠性和安全性。漫游可使客户能够无缝地在不同的接入点之间移动,从而在移动中实现可靠的局域网访问。一些无线广域网厂商提供的先进漫游技术确保在当前的连接断开之前便与新的接入点建立连接,这样可使IT经理们能够实现其网络的可用性目标。

802.11b标准利用共享密钥RC4算法规定了多种可选的加密方法。此外,一些无线局域网厂商还提供了访问控制功能:在允许进入网络之前对客户和接入点进行鉴权。由于无线技术最初是针对军事用途设计的,因此很久以来安全性一直是无线设备的设计标准。

除了在可靠性和安全性方面的扩展之外,802.11b高速标准还支持两种功率利用率模式:持续使用模式和省电轮询模式。在前一种模式中,无线电设备一直开着并且耗用电源;而在后一种模式中,无线电设备处于一种休眠状态,从而延长了便携式设备的电池使用时间。相关的接入点会将数据存放在缓冲区中,并向那些等待通信的客户发出通知。

本章习题

一、选择题

1. 在共享式网络环境中,由于公共传输媒体为多个节点所共享,有可能出现________。

   A. 拥塞　　B. 泄密　　C. 冲突　　D. 交换

2. 虚拟局域网是基于________实现的。

A. 集线器　　B. 网桥　　C. 交换机　　D. 网卡

3. 以太网中的网络冲突是由________因素引起的。

A. 网络上两个节点单独传输的结果 B. 网络上两个节点同时传输的结果

C. 网络上两个节点轮流传输的结果 D. 网络上两个节点重复传输的结果

4. ________协议是关于虚拟局域网标准的协议。

A. IEEE 802.2　　B. IEEE 802.3

C. IEEE 802.1q　　D. IEEE 802.11b

5. 在令牌环网中，令牌被用于控制节点对共享环的________。

A. 访问权　　B. 访问延迟　　C. 访问可靠性　　D. 访问带宽

6. 著名的以太网(Ethernet)是实现局域网的一种较为通用的拓扑结构，它是________网的典型实例。

A. 总线网　　B. FDDI　　C. 令牌环网　　D. 星型网

7. 坚持型算法是 CSMA 常用的三种算法之一，下面关于其特点说法中正确的是________。

A. 媒体一旦空闲，立即发送，否则，延迟一定时间，再监听媒体是否空闲

B. 侦测到媒体空闲后，延迟一段时间后再发送，如果冲突，退避，然后再尝试

C. 媒体一旦空闲，立即发送，否则，继续监听，直至媒体空闲

D. 侦测到媒体空闲后，以 P 概率发送，否则延迟一定时间，再继续监听媒体

8. 10BASE - T 是指________。

A. 粗同轴电缆　B. 细同轴电缆　　C. 双绞线　　D. 光纤

二、填空题

1. 由于总线为多个节点所共享，所以在就有可能出现同一时刻有两个或者两个以上节点利用总线发送数据的情况，这种现象称为________。

2. ________规范定义了网卡如何访问通信介质和如何在通信介质上传输数据的方法。

3. 一般将数据链路层又划分成两个子层：________和________。

4. 在 MAC 子层非常重要的一项功能是处理局域网中各节点对共享媒体的________问题。

5. CSMA/CD 协议的工作原理可以概括为三句话，即________、________

和________。

6. 以太网帧中的源地址和目的地址都采用了 64 位的________地址。
7. 由网桥或交换机的不同端口所连的网段属于不同的________。

三、问答题

1. 局域网有几种常见的拓扑结构？各有什么特点？
2. 以太网的特点是什么？CSMA/CD 的主要工作原理是什么？
3. 与有线局域网相比，无线局域网具有哪些优越性？
4. 什么是虚拟局域网？虚拟局域网是如何实现的？

第5章　网络层

不同的网络被互联在一起时，会出现一系列新的问题。首先，异构网络的互联问题；其次，在互联网环境中，由于存在一系列中间节点，因此会带来路径选择的问题。所有这些问题都有待于网络层来解决。本章首先介绍OSI参考模型网络层的功能和所提供的服务，然后讨论IPv4地址及其规划、子网划分、地址解析协议ARP、Internet控制报文协议ICMP、路由与路由协议等内容。

5.1　网络层概述

5.1.1　网络层存在意义

数据链路层已经能够利用物理层所提供的比特流传输服务实现相邻节点之间的可靠数据传输，为什么还要在数据链路层之上提供网络层？其主要原因在于数据链路层只是解决了相邻节点的数据传输问题，而在绝大多数网络互联环境中，相互通信的源节点（主机）与目标节点（主机）并不是相邻节点，它们之间还存在其他中间节点，因此需要提供一种跨越中间节点的源主机到目标主机的数据传输机制。要实现源到目标的主机通信，必须面对三方面挑战。

首先，源节点到目标节点的最佳路径选择问题。数据链路层只能将数据以帧的形式从一个节点发送到位于同一物理网络中的其他相邻节点。以图5-1为例，主机1和路由器A为相邻节点，A和B，A和C，B和D，E和主机2分别为相邻节点，数据链路层已经有效解决了诸如这些相邻节点之间的数据传输问题。但是从图

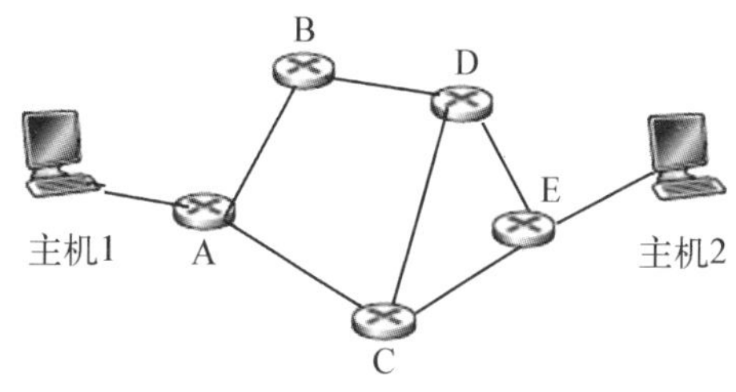

图5-1　主机1到主机2之间存在着多个中间节点构成的路径

中可以看出，如果从源节点主机 1 到目的节点主机 2 之间存在着多条网络路径，因此存在着路径选择问题。例如，从主机 1 到主机 2 之间的数据传输可以经过 ABDE，也可以经过 ACE。在计算机网络中，数据链路层并没有提供这种从源节点到目标节点的数据传输所需要的路径选择功能。因此需要由网络层来实现这个功能。

其次，异构网络的互联问题。这里异构(heterogeneous)是指网络设备、网络技术、通信技术、计算机体系结构或操作系统等方面存在的差异性。

异构网络互联具体表现在：网络类型的不同，例如，广域网、城域网或局域网；网络实现技术的不同，例如以太网、令牌环网和 IEEE 802.11；不同的通信协议，例如数据链路层可采用选择高级数据链路控制 HDLC 协议，也可采用点到点 PPP 协议；不同类型的计算机系统，如大型机、小型机、服务器、个人计算机和工作站等；操作系统的差异，如 UNIX、Linux、Windows 等。通常，当网络覆盖范围增大、网络互联程度增加时，网络的异构程度也会随之增加，网络层必须解决异构网络互联的问题，以满足用户在扩大网络覆盖范围和增强网络互联互通性上的需求。

最后，跨越互联网络的主机寻址问题。虽然数据链路层以二层地址或物理地址来标识网络中的每一个节点，但物理地址是一种平面化的地址。以 MAC 地址为例，其前 24 位标识了生产厂商，后 24 位是厂商分配的产品序号。但由于不包含任何有关主机所在网络的结构信息，使用这种地址在规模较大的互联网络中实现寻址几乎是不可能的。因此，网络层必须提供一种包含主机所在位置信息的结构化地址来实现跨网络主机的逻辑寻址。

5.1.2 网络层的基本功能

网络层是 OSI 参考模型中的第三层，介于运输层和数据链路层之间，它在数据链路层提供的两个相邻节点之间的数据帧传输基础之上，进一步管理网络中的数据通信，将源主机发出的分组经由各种网络路径发送到目标主机。从而向运输层提供最基本的端到端(End to End)数据传送服务，这里的端到端分别表示网络两端的源主机和目标主机。图 5-2 中，资源子网中的主机具备了 OSI 参考模型中所有七层的功能，但通信子网中的中间节点(通常是路由器)因为只涉及通信问题而只拥有 OSI 参考模型的下三层。所以网络层又被看成是通信子网与资源子网的接口，或通信子网的边界。

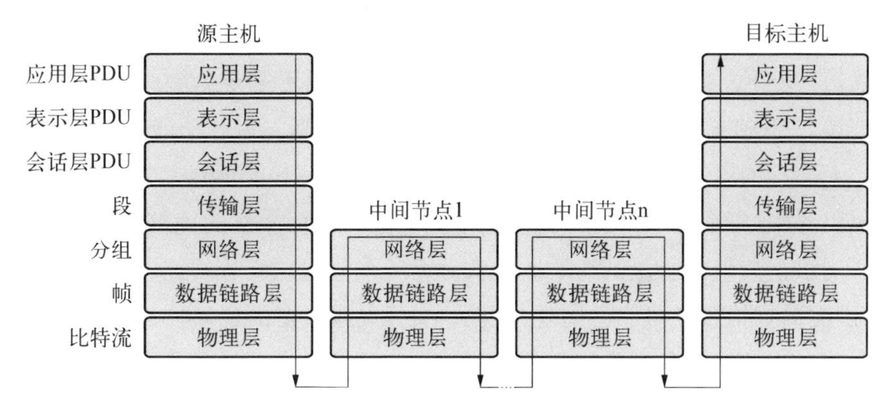

图5-2 网络层在数据传输中的作用

为了有效地实现源主机到目标主机的分组传输服务，网络层需要提供多方面的功能与机制。

首先，需要规定该层协议数据单元的类型和格式。网络层的协议数据单元被称为分组(packet)。与其他各层的协议数据单元类似，分组是网络层协议功能的集中体现，其中包括实现该层功能所必需的控制信息，如收发双方的网络地址、服务类型与服务优先级等。

其次，需要了解通信子网的拓扑结构，并通过一定的路由算法为分组传输提供最佳路径选择，最佳路径选择又被称为路由(routing)。

第三，在为分组选择路径时还要注意既不能使某些路径或通信线路处于超负载状态，又不能让另一些路径或通信线路处于空闲状态，即所谓的拥塞控制和负载控制。通常，网络负载过重、带宽不够或通信子网中的路由设备性能不足都可能导致拥塞。

第四，当从源主机到目标主机所经历的网络属于不同类型时，网络层还需要协调好不同网络之间的差异，即所谓的异构网络互联问题。

根据分层的原则，网络层在为运输层提供分组传输服务时还应做到：所提供的服务与通信子网技术无关，即通信子网的数量、拓扑结构及类型对于运输层是透明的；运输层所能获得的网络层地址应采用统一的方式，以使其能跨越不同的局域网、城域网和广域网提供互联网络中的寻址能力。上述这些要求也是网络层设计的基本目标。

5.1.3 网络层提供的服务

网络层提供给运输层的服务有面向连接和无连接之分。面向连接是指在数据传输之前通信双方需要先建立连接，然后在该连接上实现有次序的分组传输，直到数据传送完毕，连接才被释放；无连接则不需要为数据传输实现建立连接，只需要提供简单的源和目标之间的数据发送与接收功能。

无连接的服务在通信子网内部通常以数据报(datagram)方式实现。在数据报服务中，每个分组都必须提供关于源主机和目标主机的完整地址信息，通信子网根据分组中所提供的地址信息为每一个分组独立选择路径到达目标节点，因而数据报服务可能会出现分组乱序、丢失或重复的现象。

面向连接的服务通常采用虚电路(Virtual Circuit, VC)方式实现。虚电路是指通信子网为实现面向连接服务而在源与目标之间所建立的逻辑通信链路。虚电路服务的实现涉及三个阶段，即虚电路建立、数据传输和虚电路拆除。在建立虚电路时，根据目标节点的地址信息在网络中选择一条从源主机到目标主机的网络路径，为该路径加上虚电路号，并将其保存；在数据传输过程中，在虚电路上传送的分组不需要再携带目的地址，而且不同的分组总是获取相同的路径(也就是所建立的虚电路)通过通信子网；数据传输完毕需要拆除连接。通过虚电路的数据传输不会产生分组乱序的现象，但是一旦虚电路经过的设备或链路发生故障，就会导致虚电路不可用，从而影响所有经过该虚电路传输的数据分组。

关于数据报与虚电路服务的比较可参考表 5-1。

表 5-1　数据报和虚电路的比较

比较项目	数据报	虚电路
连接设置	不需要	需要
地址	每个分组需要完整的源和目标地址	每个分组只需包含一个虚电路号
状态信息	有路由表，无连接表	有连接表
路由选择	每个分组独立选择	虚电路建立后不需路由
路由器失败的影响	丢失失败时的分组	所有经过失败路由器的虚电路失效
传输质量	同易报文的不同分组会出现乱序、重复或丢失	同一报文的不同分组不会出现乱序、重复或丢失
协议复杂度	相对低	相对高
通信效率	相对高	相对低

5.2　IP协议

网络层又被称为网络层或网络互联层，它位于TCP/IP模型的第二层，OSI模型第三层。网络层负责以数据报形式向上面的运输层提供无连接的分组传输服务。为了有效地实现从源节点到目标节点的数据报传输，TCP/IP模型的网络层除了IP协议外，还提供了地址解析协议ARP、反向地址解析协议RARP、Internet控制消息协议ICMP和一些路由协议。本节主要介绍网络层最重要的IP协议。

5.2.1　IP协议概述

IP协议是TCP/IP模型网络层的核心协议，也是整个TCP/IP模型中的核心协议之一。IP协议的作用与特点归纳起来有两点。

首先，IP协议是一个不可靠的、无连接的数据报传输协议。“无连接”表明IP不维护IP分组发送后的状态信息，并且每个分组的处理是相对独立的，“不可靠”意味着IP协议不能保证每个IP分组能够成功地到达目标节点，也不保证分组传输顺序的正确性。也就是说，IP协议提供的是一种“尽力而为”(Best Effort)的数据传输服务，这种服务类似于生活中邮政提供的信件或快递任务。相应地，在IP协议所定义的IP分组中，不提供差错控制和确认机制。

其次，IP协议是一个支持异构及网络互联的网络层协议。无论是局域网、城域网还是广域网技术，当这些异构的网络互联在一起时，在物理层、数据链路层的实现细节上都会有很大的差异，这些差异若不能有效地消除，网络互联就会面临较大的困难。IP协议通过对IP分组的有效定义，以统一的IP分组传输提供了对异构网络互联的支持，将各种网络技术在物理层和数据链路层的差异统一在了IP协议之下，向运输层屏蔽了通信子网的差异。尤其是IP协议中所定义的IP寻址功能，有效实现了跨越不同局域网、城域网和广域网的主机寻址能力。正是这种对异构网络互联的强大支持能力，IP协议才成为当今最主流的网络互联协议。

IP协议的发展和演变经历了6个不同版本。为标识不同的协议版本，采用了版本号。如IPv4表示IP的第4版本，其中v为版本(version)的缩写。

目前,在互联网上普遍使用的是 IPv4,而支持下一代互联网的则是 IPv6。为了支持移动互联网,也就是提供端对端移动节点间的 IP 通信,又先后在 IPv4 与 IPv6 的基础上开发了相应的移动 IP,并在协议之前加上"mobile"作为前缀以进行标识。本书中,若没有明确说明,IP 协议通常指 IPv4。

IP 地址是一个四字节 32 位长的地址码。由于 32 位的 IP 地址不太容易书写和记忆,通常又采用点十进制表示法来表示 IP 地址。在这种格式下,将 32 位的 IP 地址分为四个 8 位组,每个 8 位组以一个十进制数表示,取值范围由 0 到 255;代表相邻 8 位组的十进制数彼此之间以小圆点"."分割。所以点分十进制表示的最低 IP 地址为 0.0.0.0,最高 IP 地址为 255.255.255.255。一个典型的 IP 地址为 200.1.25.7。IP 地址也可以用二进制数来表示:如 200.1.25.7 表示为二进制地址时则为 11001000 00000001 00011001 00000111。

IP 地址也称为逻辑地址,所谓逻辑地址,是与数据链路层的物理地址或硬件地址相比较而言的。物理地址又被称为第二层地址,以 MAC 地址为例,它有两个基本特点:第一,采用静态的编址模式,即地址是由硬件厂商分配并固化在网卡的硬件结构中的,即使主机从一个网络被移到另一个网络,从地球的一端移到另一端,只要主机或设备的网卡不变,其 MAC 地址就不变;第二,采用连续地址编码,即地址中的标识按照简单的顺序编码方式实现,如前面所介绍过的网卡地址,前 24 位表示组织的唯一的标识符,后 24 位是由该厂商分配的序列号。MAC 地址作为一种平面化地址,不能提供关于主机所处的网络位置或结构信息。而 IP 地址作为网络层的逻辑地址,又被称为网络地址。IP 地址也有两大特点:一是采用了可配置的编址模式,地址信息会随主机设备所处网络位置的不同而变化,当主机设备从一个网络被移到另一个网络时,其 IP 地址的配置也会相应地改变;二是采用了层次化的编址模式,即通过地址中的层次结构可以提供主机所在的网络位置或结构信息,所以 IP 地址被认为是结构化的地址。

逻辑地址和物理地址的关系类似于现实生活中人的姓名和住址的关系。当人一出生时,就会由父母为他或她取一个姓名,这个名字在人的一生中不会因为学习、工作和生活等原因发生迁移而发生改变;但是,伴随着人的每一次迁移,为了让别人找到他,必须要有一个地址,而且这个地址是随着该人所处地理位置不同而相应改变的。在这个地址中,通常会包含该人所在的国家、城市、街道和门牌之类的结构化信息,从这种结构化的地址可以很方便地知道这个人当前所在的位置信息，而从一个人的姓名中显然是不可能获取其当前所处的位置信息的。为实现有效的主机逻辑寻址，IP 地址必须具有全局唯一性。也就是说，在同一个互联网络环境中，每个主机或接口必须具有全局唯一的 IP 地址，一个 IP 地址只能被用于标识一个主机或接口。IP 地址被封装在数据包的 IP 报头中，供路由器在网间寻址的时候使用。因此，网络中的每个主机，既有自己的 MAC 地址，也有自己的 IP 地址。MAC 地址用于一个网络的内部寻址，IP 地址则用于网络间寻址。图 5-3 表示了一个网络中各台计算机的 IP 地址和 MAC 地址。

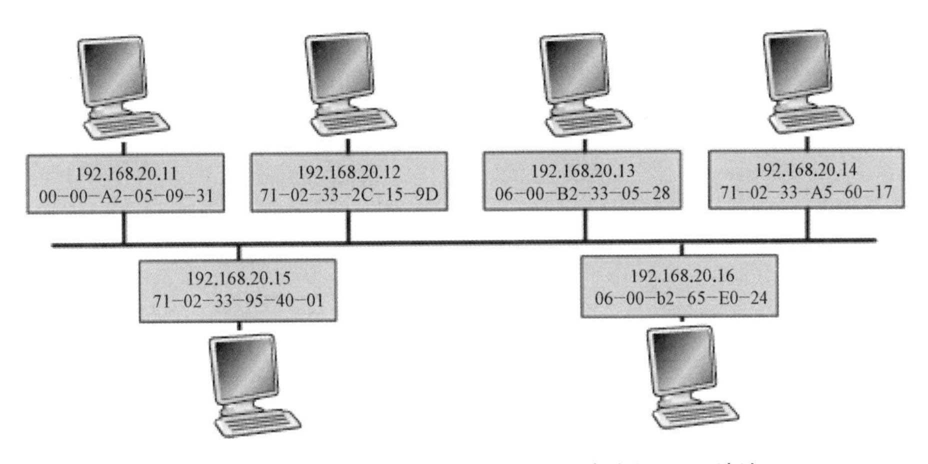

图 5-3　每台主机需要有一对地址：IP 地址和 MAC 地址

5.2.2　IP 地址的结构和分类

Internet 上的每台计算机（包括路由器）在通信之前首先需要指定一个 IP 地址。当一个企业或组织要建立 Internet 站点时，都需要从 Internet 的有关管理结构获得一组该站点计算机与路由器的 IP 地址。每台直接连接到 Internet 上的计算机、路由器都必须有一个唯一的 IP 地址。IP 地址是 Internet 赖以工作的基础。Internet 中的计算机与路由器的 IP 地址采用分层结构，由网络地址与主机地址两部分组成，其结构如图 5-4 所示。网络地址用来标识一个网络，主机地址用来标识这个网络上的某一台主机。

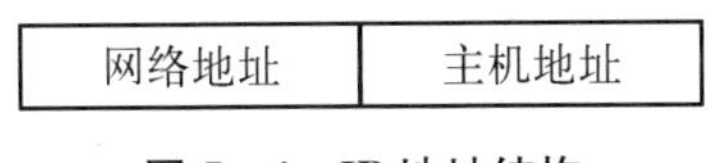

图 5-4　IP 地址结构

IP 地址长度为 32 位，以 X. X. X. X 格式表示，每个 X 的值为 0～255(8 位二进制值)，这种格式的地址常称为点分十进制(Dotted Decimal)地址。

根据不同的取值范围，IP 地址可以分为五类。五类 IP 地址的区分如图 5－5所示。

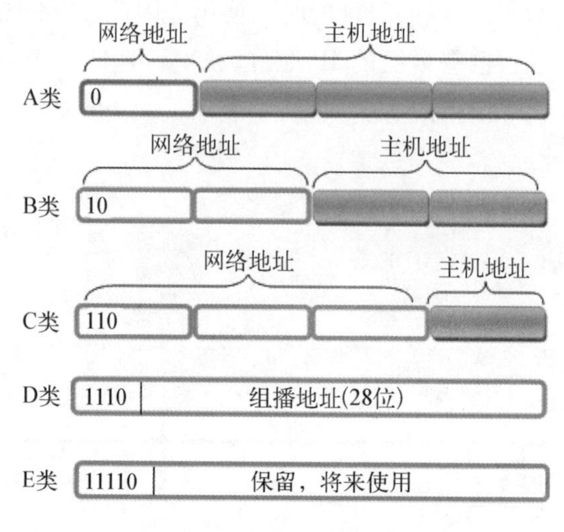

图 5－5　五类 IP 地址的区分

IP 地址中的前 5 位用于标识 IP 地址的类别，A 类地址的第一位为“0”，B 类地址的前两位为“10”，C 类地址的前三位为“110”，D 类地址的前四位为“1110”，E 类地址的前五位为“11110”。其中 A 类、B 类与 C 类地址为基本的 IP 地址。由于 IP 地址的长度限定于 32 位，类标识符的长度越长，可用的地址空间越小。有关 A、B、C 类的最大网络数、可以容纳的主机数和适用范围的信息参见表 5－2。

表 5－2　IP 地址的分类

CLASS	NETWORK ID	HOST ID	W 值可为	所支持的网络数目	每个网络可支持的主机数目
A	W	X. Y. Z	1～126	126	16 777 214
B	W. X	Y. Z	128～191	16 384	65 534
C	W. X. Y	Z	192～223	2 097 152	254

对于 A 类 IP 地址，其网络地址空间长度为 7 位，主机地址空间长度为 24

位。A 类地址是：1.0.0.0～127.255.255.255。由于网络地址空间长度为 7 位，因此允许有 126 个不同的 A 类网络（网络地址的 0 和 127 保留用于特殊目的）。同时，由于主机地址空间长度为 24 位，因此每个 A 类网络的主机地址数多达 2^{24}（即 16 000 000）个。A 类 IP 地址结构适用于有大量主机的大型网络。

对于 B 类 IP 地址，其网络地址空间长度为 14 位，主机地址空间长度为 16 位。B 类 IP 地址是：128.0.0.0～191.255.255.255。由于网络地址空间长度为 14 位，因此允许有 2^{14}（16 384）个不同的 B 类网络。同时，由于主机地址空间长度为 16 位，因此每个 B 类网络的主机地址数多达 2^{16}（65 536）个。B 类 IP 地址适用于一些国际性大公司与政府机构等。

对于 C 类 IP 地址，其网络地址空间长度为 21 位，主机地址空间长度为 8 位。C 类 IP 地址是：192.0.0.0～223.255.255.255。由于网络地址空间长度为 21 位，因此允许有 2^{12}（2 000 000）个不同的 C 类网络。同时，由于主机地址空间长度为 8 位，因此每个 C 类网络的主机地址数最多为 256 个。C 类 IP 地址适用于一些小公司与普通的研究机构。

D 类 IP 地址不标识网络，它是：224.0.0.0～239.255.255.255。D 类 IP 地址用于其他特殊用途，如多目的地址广播（Multicasting）。

E 类 IP 地址暂时保留，它是：240.0.0.0～247.255.255.255。E 类地址用于某些实验和将来使用。

使用点分十进制编址很容易识别是哪类 IP 地址。例如，15.0.0.0 从第一个十进制数 15，很容易判定它是 A 类地址；130.22.0.5 是 B 类地址；195.0.48.66 是 C 类地址。

IP 地址保证了 IP 数据包的正确传送，其作用类似于我们在现实生活中使用的信封（如图 5－6 所示）。

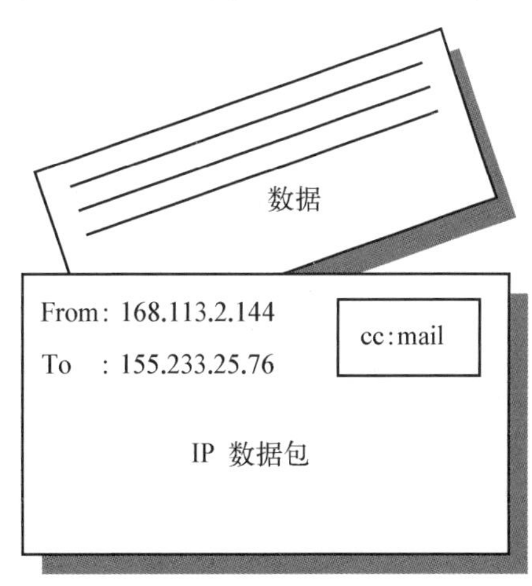

图 5－6　IP 数据包

在表 5－2 中关于 A 类网络的最大网络数和每个网络可容纳的最大主机数这两项上，都在相应的理论值后面减去了“2”，这是为什么呢？在 IP 地址空间中，凡是网络地址或主机地址部分取值为全 0 和全 1 的地址都具有特殊的含义，被保留作为特殊之用。举例如下：

(1) 把一个主机的 IP 地址的主机地址置为全 0 得到的地址码，就是这台主机所在网络的网络地址。例如 200.1.25.7 是一个 C 类 IP 地址。将其主机码部分(最后一个字节)置为全 0，即 200.1.25.7.0 就是 200.1.25.7 主机所在网络的网络地址。155.22.100.25 是一个 B 类 IP 地址，将其主机码部分(最后两个字节)置为全 0，即 155.22.0.0 就是 200.1.25.7 主机所在网络的网络地址。图 5-3 中的 6 台主机则都在 192.168.20.0 网络上。网络地址对于 IP 网络通信非常重要，位于同一网络中的主机必然具有相同的网络地址，而且它们之间可以直接相互通信；而网络地址不同的主机之间则不能直接相互通信，必须经过第三层网络设备如路由器进行转发。

(2) 具有正常的网络地址部分，而主机地址部分为全 1 的 IP 地址代表在指定网络中的广播，被称为直接广播地址。例如102.255.255.255，138.1.255.255 和 198.10.1.255 分别代表在指定的 A 类(102.0.0.0)、B 类(138.1.0.0)和 C 类(198.10.1.0)网络中的广播。广播地址对于网络通信非常有用，在计算机网络通信中，经常会出现对某一指定网络中的所有机器发送数据的情况，如果没有广播地址，源主机就要对所有目标主机启动多个单播 IP 分组的封装与发送过程。例如图 5-7 中的广播地址为 198.150.11.255。

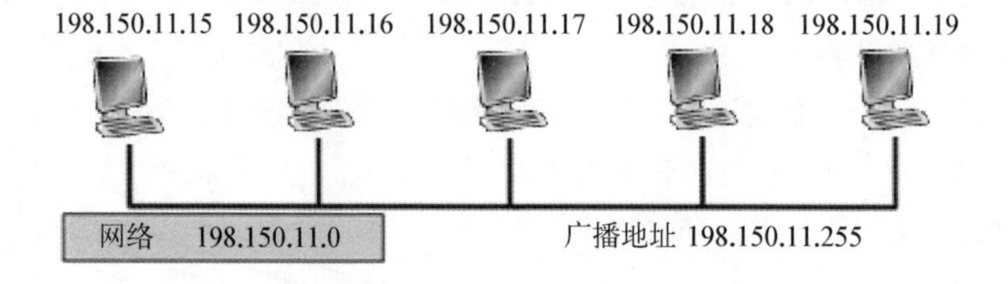

图 5-7 网络地址和广播地址不能分配给主机

(3) 在 A 类网络中，网络地址部分取值为十进制的 127，主机地址部分为任意值时的地址被称为回送地址。给地址用于网络软件测试及本地进程之间的通信。例如，在网络测试中常用的 PING 工具命令常常会发送一个以回送地址为目标地址的 IP 分组“PING 127.0.0.0”用来测试本地 IP 软件能否正常工作；一个本地进程可以将回送地址作为目标地址发送分组给另一个本地进程，以测试本地进程之间能否基于 IP 进行通信。无论是什么网络程序，一旦使用了回送地址作为目标地址，所发送的数据就都不会被传送到网络上。

除上述保留地址外，在IPv4的地址空间中，还保留了一部分被称为私有地址的地址资源，他们供企业或组织机构在内部组建IP网络时使用。私有地址包含了A类、B类和C类地址空间中的三个小部分。他们分别是A类地址中的10.0.0.0～10.255.255.255、B类地址中的172.16.0.0～172.31.255.255和C类地址中的192.168.0.0～192.168.255.255。根据规定，所有以私有地址为目标地址的IP分组都不能被路由至外面的Internet上，否则就会违背IP地址在互联网络环境中具有全局唯一性的约定。这些以私有地址作为逻辑标识的主机若要访问外面的Internet，必须采用网络地址转换或应用代理方式。

IP地址是在80年代开始由TCP/IP协议使用的。不幸的是TCP/IP协议的设计者没有预见到这个协议会如此广泛地在全球被使用。如今，4个字节编码的IP地址不久就要被使用完。A类和B类地址占了整个IP地址空间的75%，却只能分配给1万7千个机构使用。只有占整个IP地址空间的20.5%的C类地址可以留给新的网络使用。新的IP版本已经开发出来，被称为IPv6，IPv6的优势就在于它大大地扩展了地址的可用空间，IPv6地址有128位长。如果地球表面(含陆地和海洋)都覆盖着计算机，那么IPv6允许每平方米拥有7×10^{23}个IP地址；如果地址分配的速率是每微秒100万个，那么需要10^{19}年才能将所有的地址分配完毕。由于现有数以千万计的网络设备不支持IPv6，所以如何平滑地从IPv4迁移到IPv6仍然是个难题。

5.2.3 IP分组格式

IP分组由IP协议来定义。由于IP实现的是无连接的数据报服务，故IP分组又被称为IP数据报；相应地，IP分组传输服务又被称为IP数据报服务。IP分组是网络传输的信封，它说明了数据发送的源地址和目的地址，及数据传输状态。一个完整的IP分组由首部和数据两部分组成：首部前20字节属于固定长度，是所有IP分组必须具备的，后面是可选字段，其长度可变；首部后面是分组携带的数据，见图5-8的IP分组格式。

IP分组中的有关字段说明如下：

(1) 版本(4位)。长度为4比特，表示IP的版本。IP协议版本已经经过多次修订，1981年的RFC0791描述了IPV4，RCF2460中描述了IPV6。

(2) 首部长度(4位)。长度为4比特，表示分组首部的长度。分组首部长

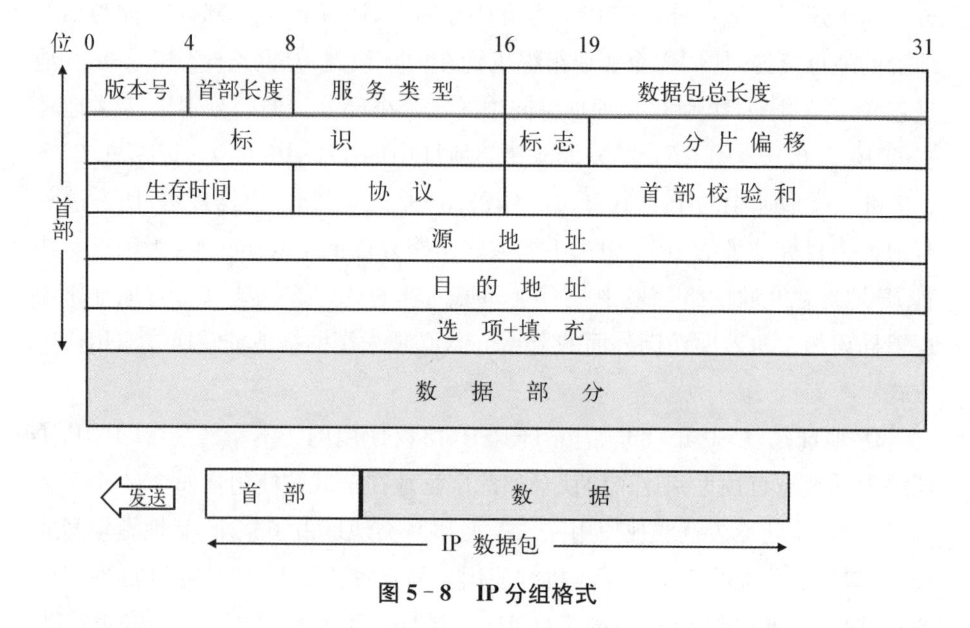

图 5-8 IP 分组格式

度以 32 比特(相当于 4 字节)为一个单位。当分组首部中无选项时,分组首部的基本长度为 5,相当于 20 字节;若一个分组首部有选项与填充字段,则分组首部长度要大于 5;分组首部长度的最大值为 15,即 60 字节。

(3) 服务类型(8 位)。长度为 8 比特,表示主机要求通信子网所提供的服务类型。该字段给出发送进程建议路由器如何处理报文的方法。可选择最大可靠性、最小延迟、最大吞吐量和最小开销。

(4) 数据包总长度(16 位)。该字段是报头长度和数据字节的总和,以字节为单位。最大长度为 65 535 字节。

(5) 标识(16 位)。源是数据的主机为数据报分配一个唯一的数据报标识符。在数据报传向目的地址时,如果路由器将数据报分为报片,那么每个报片都有相同的数据标识符。标志长度为 3 比特,用以指出分组是否可分片。最高位为 0。次高位为 DF,值为 0 表示可以分片;值若为 1,表示不可分片,例如,在无盘工作站启动时,就要求从服务器端传送一个完整无缺的包含内存映像的单个分组,从而相应的数据不可被分片。第三位为 MF,值若为 1,则表示还有进一步的分片;值为 0,表示接收的是最后一个分片。分片的基本单位为 8 字节。

(6) 标志(3 位)。位 0:表示未用。位 1:表示不是报片,如果该位是 1,则路由器就不会把数据报分片。路由器会尽可能把数据报传给可一次接收整个数据报的网络;否则,路由器会放弃数据报,并返回差错报文,表示目的地址不可达。IP 标准要求主机可以接收 576 字节以内的数据报,因此,如果想把数据报传给未知的主机,并想确认数据报没有因为大小的原因而被放弃,那么就使用少于或等于 576 字节的数据。位 2:表示更多的报片,如果该位为 1,则数据报是一个报片,但不是该分片数据报的最后一个报片;如果该位为 0,则数据报没有分片,或者是最后一个报片。

(7) 分片偏移(13 位)。该字段标识报片在分片数据报中的位置。其值以 8 字节为单位,最大为 8 191 字节,对应 65 528 字节的偏移。例如,将要发送的 1 024 字节分为 576 和 424 字节两个报片。首片的偏移是 0,第二片的偏移是 72(因为 72×8=576)。

(8) 生存时间(8 位)。如果数据报在合理时间内没有到达目的地,则网络就会放弃它。生存时间字段确定放弃数据报的时间。生存时间表示数据报剩余的时间,每个路由器都会将其值减一,或递减需要数理和传递数据报的时间。实际上,路由器处理和传递数据报的时间一般都小于 1 秒,因此该值没有测量时间,而是测量路由器之间跳跃次数或网段的个数。

(9) 协议(8 位)。长度为 8 比特,用以指示使用该分组的高层协议类型,如 TCP、UDP、ICMP 和 OSPF 等。

(10) 首部校验和(16 位)。长度为 16 比特,用于校验分组首部。采用累加求补再取其结果补码的校验方法。若正确到达,则校验和应为零。

(11) 源 IP 地址(32 位)。表示数据发送方的 IP 地址。

(12) 目的 IP 地址(32 位)。表示数据接收方的 IP 地址。

(13) 选项。长度范围为 0～40 字节,用于支持基本首部中未定义的扩展功能选项,主要提供控制与测试功能。根据选项的不同,该字段是可变长的。但是,一旦在使用选项过程中造成分组首部长度不是 32 比特的整数倍,就必须通过位填充来补齐。

5.2.4　IP 地址规划

在 IP 网络中,为了确保 IP 分组正确传输,必须为网络中的每一台主机或每个接口分配一个全局唯一的 IP 地址。因此,当决定组建一个 IP 网络时,首先必须考虑主机与接口的 IP 地址规划问题。通常 IP 地址的规划可参照下面的步骤进行。

(1) 分析网络规模,明确网络中所拥有的独立网段数量,以及每个网段中可能拥有的最大主机数机接口数。通常,路由设备的每一个接口所连的网段都被认为是一个独立的 IP 网段,这个过程称为子网划分,具体过程我们会在下节讲述。

(2) 根据网络规模确定所需要的网络类别和每类网络的数量,如几个 B 类网络、几个 C 类网络等等。

(3) 确定使用公有地址、私有地址还是两者混用。若采用公有地址,则需要向 Internet 编号管理局或区域 Internet 注册管理机构提出申请,并获得相应的地址使用权。

(4) 根据可用的地址资源为每台主机及每个接口指定 IP 地址,并在主机或接口上进行相应的配置。在配置主机地址之前,还要考虑地址分配的方式。

在获得相应的地址资源后,主机的 IP 地址分配可以采用静态地址分配和动态地址分配两种方式。所谓静态地址分配是指网络管理员为主机指定一个固定不变的 IP 地址并通过手工配置到主机上。动态分配 IP 地址是指计算机不用事先配置好 IP 地址,在其启动的时候由网络中的一台 IP 地址分配服务器负责为它分配。当这台机器关闭后,地址分配服务器将收回为其分配的 IP 地址。进行动态地址分配的主要协议是(Dynamic Host Configuration Protocol, DHCP)协议,它的工作原理如图 5-9 所示。

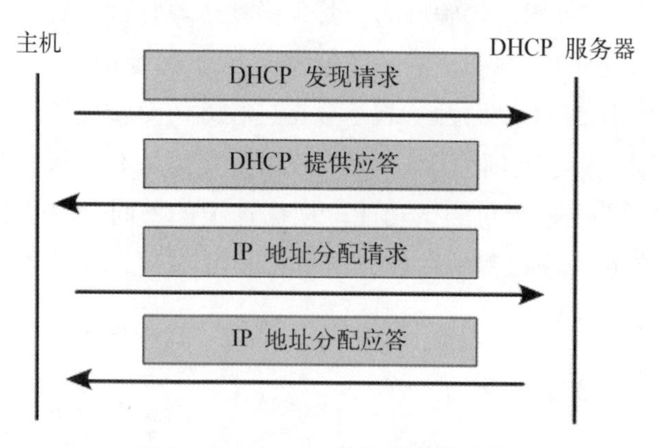

图 5-9 动态 IP 地址分配的过程

由图 5-9 可知,一台主机开机后如果发现自己没有配置 IP 地址,就将启动自己的 DHCP 程序,以动态获得 IP 地址。DHCP 程序首先向网络中发

"DHCP发现请求"广播包,寻找网络中的DHCP服务器。DHCP服务器收听到这个请求后,将向请求主机发应答包(单播)。请求主机这时就可以向DHCP服务器发送"IP地址分配请求"。最后,DHCP服务器就可以在自己的IP地址池中取出一个IP地址,分配给请求主机。采用DHCP进行动态主机IP地址分配的网络环境中至少要具有一台DHCP服务器,DHCP服务器上拥有可供其他主机申请使用的IP地址资源,客户机通过DHCP请求向DHCP服务器提出关于地址分配或租用的要求,DHCP服务器做出响应。

两种地址分配方式各有特点。静态地址分配有利于基于IP地址的网络监控与事件追踪,适用于IP地址资源相对充裕的网络环境,需要网络管理员来维护地址的全局唯一性。动态地址分配有利于提高IP地址的资源利用率,例如,可以使用100个IP地址为多于100个的主机分配地址,只要这些主机同时在线的总数不超过100台。动态地址分配还可以有效地避免静态地址分配中所出现的IP地址冲突问题。但是,对于路由器接口和那些在网络中为其他主机提供服务的服务器设备来说,不宜采用动态分配的方式。

然而,即使遵照了上面的方法与步骤,在实际的IP地址规划过程中仍然会面临两个严峻的问题。首先是IP地址的浪费。当一个企业或组织结构获得一个网络地址时,即使他的网络节点数少于这个网络地址所规定的最大节点数,那些多余的IP地址也不能为其他网络所使用。其次是地址资源的短缺。除了网络互联规模增大所产生的地址紧缺外,网络管理也在一定程度上刺激了对IP地址资源的需求。例如,当一个企业或组织结构的网络因主机规模增加而经常出现冲突增加、吞吐率下降或网络难以有效管理等多种性能问题时,它通常会采用网络分段的方法,而根据IP网络的特点,就需要为这些新分出来的网段制定新的网络地址,申请新的IP地址资源。但是,随着Internet规模的增大,32位的IPv4地址已出现了严重的资源紧缺,已经不可能随心所欲地获取网络地址。为了提高IPv4地址资源的利用率,同时也为了解决IPv4地址资源短缺的问题,先后引入了子网划分、无类别域际路由和网络地址转换技术,下节将主要介绍子网划分技术。

5.3 子网划分

如果你的单位申请获得一个B类网络地址172.50.0.0,单位的所有主机的IP地址就将在这个网络地址里分配。如172.50.0.1、172.50.0.2、12.50.0.3……那么这个B类地址能为多少台主机分配IP地址呢？我们看到，一个B类IP地址有两个字节用作主机地址编码，因此可以编出 $2^{16}-2$ 个，即6万多个IP地址码。能想象6万多台主机在同一个网络内的情景吗？它们在同一个网段内的共享介质冲突和它们发出的广播会让网络根本就工作不起来。因此，需要把172.50.0.0网络进一步划分成更小的子网，用以在子网之间隔离介质访问冲突和广播报文。

5.3.1 子网划分的概念

将一个大的网络进一步划分成一个个小的子网的另外一个原因是网络管理和网络安全的需要。我们需要把财务部、档案部的网络与其他网络分割开来，外部进入财务部、档案部的数据通信应该受到限制。

这些被分出来的更小部分被称为子网。当网络中的主机总数未超过所给定的某类网络可容纳的最大主机数，但内部又要划分成若干个网段进行管理时，就可以采用子网划分的方法。为了创建子网并对其进行管理，网络管理员需要从原有IP地址的主机地址中借出连续的高若干位作为子网络地址，于是IP地址从原来的两层结构的“网络地址+主机地址”形式变成了三级结构的“网络地址+子网络地址+主机地址”形式，如图5-10所示。

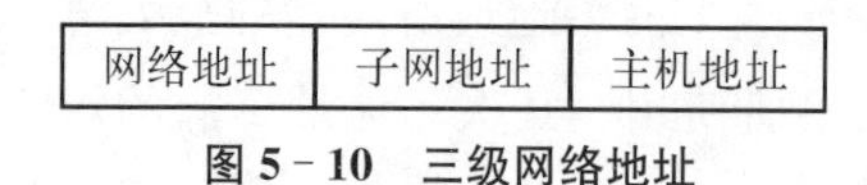

图5-10 三级网络地址

假设172.50.0.0这个网络地址分配给了教育部，教育部网络中的主机IP地址的前两个字节都将是172.50。教育部计算中心会将自己的网络划分成部机关、北京教育部、上海教育部、广州教育部的各个子网。这样的网络层次体系是任何一个大型网络需要的。

接下来就需要给每个子网分配子网的网络IP地址。我们可以在172.50.0.0地址中，将第3个字节挪用出来表示各个子网，而不再分配给主机地址。这样，我们可以用172.50.0.0表示部机关的子网，172.50.1.0表示北京教育部的子网地址，172.50.2.0分配给上海教育部作为该子网的网络地址，172.50.3.0分配给广州教育部作为其网络地址等。于是，172.50.0.0网络中有172.50.1.0、172.50.2.0、172.50.3.0……等子网，见图5-11。

事实上，为了解决介质访问冲突和广播风暴的技术问题，一个网段超过

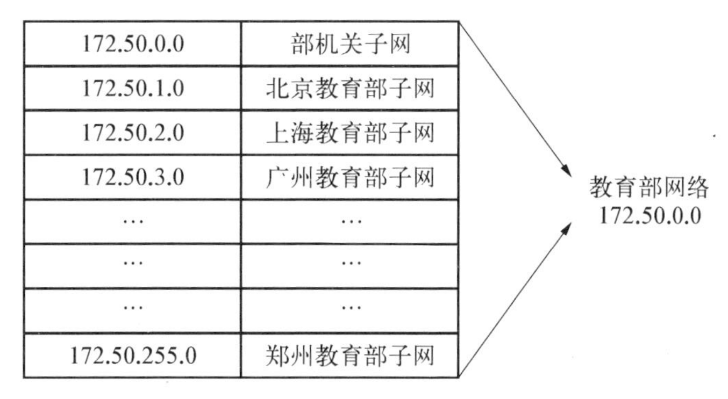

图 5-11　一个子网划分的例子

200 台主机的情况是很少的。一个好的网络规划中，每个网段的主机数都应不超过 80 个。因此，划分子网是网络设计与规划中非常重要的一个工作。

5.3.2　子网掩码

为了给子网编址，需要借用主机地址的若干位。在上面的例子中，我们挪用了一个字节 8 位。我们再来看下面的例子：

一小型企业分得了一个 C 类地址 202.33.150.0，准备根据市场部、生产部、车间、财务部分成 4 个子网。现在需要从最后一个主机地址码字节中借用 2 位（$2^2=4$）来为这 4 个子网编址。子网编址的结果是：

市场部子网地址：202.33.150.00000000＝202.33.150.0

生产部子网地址：202.33.150.01000000＝202.33.150.64

车间子网地址：202.33.150.10000000＝202.33.150.128

财务部子网地址：202.33.150.11000000＝202.33.150.192

在以上的表示中，我们用下划线来表示我们从主机位挪用的位。下划线明确地表现出我们所挪用的两位。根据上面的设计，我们把 202.33.150.0、202.33.150.64、202.33.150.128 和 202.33.150.192 定为 4 个部门的子网地址，而不是主机 IP 地址。可是，别人怎么知道它们不是普通的主机地址呢？

我们需要设计一种辅助编码，用这个编码来告诉别人子网地址是什么。这个编码就是掩码。一个子网的掩码是这样编排的：用 4 个字节的点分二进制数来表示时，其网络地址部分全置为 1，它的主机地址部分全置为 0。如上例的子网掩码为：

11111111.11111111.11111111.11000000

通过子网掩码,我们可以知道网络地址位是 26 位,而主机地址的位数是 6 位。

子网掩码在发布时并不是用点分二进制数来表示的,而是将点分二进制数表示的子网掩码翻译成与 IP 地址一样的用 4 个点分十进制数来表示。上面的子网掩码在发布时记作:255.255.255.192

子网掩码通常和 IP 地址一起使用,用来说明 IP 地址所在的子网的网络地址。如图 5-12 显示 Windows 操作系统主机的 IP 地址配置情况。图中的主机配置的 IP 地址和子网掩分别是211.68.38.155和255.255.255.128。

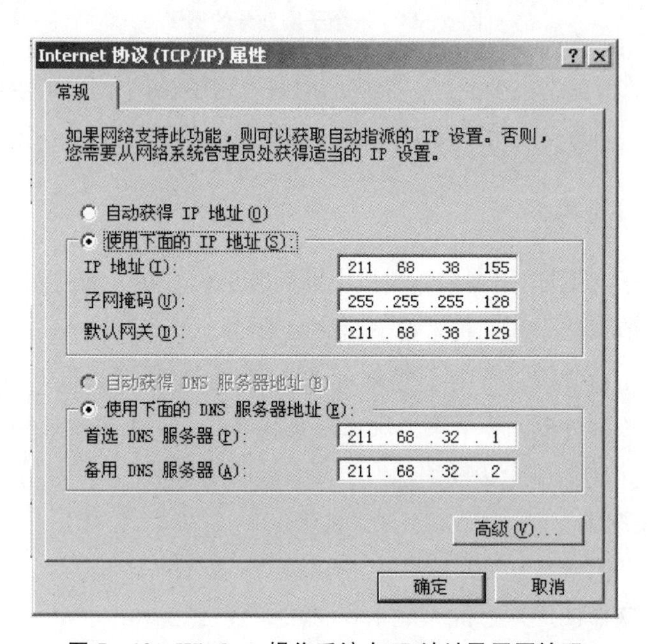

图 5-12 Windows 操作系统中 IP 地址及子网掩码

如果我们不知道子网掩码,只看 IP 地址 211.68.38.155,只能知道它在 211.68.38.0 网络上,而不知道在哪个子网上。子网掩码的作用是:将 IP 地址和子网掩码进行逻辑与运算获得主机所属子网的网络地址。例如计算 211.68.38.155所属子网的网络地址:

211.68.38.155	11010011.0100100.00100110.10011011
255.255.255.128	and 11111111.11111111.11111111.10000000
	11010011.0100100.00100110.10000000
	=211.68.38.128

从而，我们计算出 211.68.38.155 这台主机在 211.68.38.0 网络的 211.68.38.128 子网上。

引入子网掩码后，不管在子网分配时是否进行过子网划分，主机或路由器都可以通过将子网掩码与相应的 IP 地址进行求与操作，来提取出给定 IP 地址的子网掩码分别与源 IP 地址和目标 IP 地址进行求与操作，提取出相应的源网络地址和目标网络地址，作为下一步路径选择的依据。

为了方便表达，在书写上可以采用更加简单的"X.X.X.X/Y"方式来表示 IP 地址与子网掩码对。其中，每个 X 表示与 IP 地址中的一个 8 位组对应的十进制值，而 Y 则表示子网掩码中与网络地址对应的位数。例如，上面提到的 211.68.38.155/255.255.255.128 可表示为 211.68.38.155/17。

以市场部的主机分配 IP 地址为例。市场部的网络地址是 202.33.150.0，第一台主机的 IP 地址就可以分配为 202.33.150.1，第二台主机分配202.33.150.2，依此类推。最后一个 IP 地址是 202.33.150.62，而不是 202.33.150.63。原因是 202.33.150.63 是 202.33.150.0 子网的广播地址。

根据广播地址的定义：IP 地址主机位全置为 1 的地址是这个 IP 地址在所在网络上的广播地址。202.33.150.0 子网内的广播地址就该是其主机位全置为 1 的地址。计算 202.33.150.0 子网内广播地址的方法是：把 202.33.150.0转换为二进制数：202.33.150.00 000000，再将后 6 位主机编码位全置为 1：202.33.150.00 111111，最后再转换回十进制数 202.33.150.63。因此得知 202.33.150.63 是 202.33.150.0 子网内的广播地址。

同样方法可以计算出各个子网中主机的地址分配方案如下表 5－3 所示：

表 5－3　地址分配表

部　门	子网地址	地　址　分　配	广播地址
市场部子网	202.33.150.0	202.33.150.1 到 202.33.150.62	202.33.150.63
生产部子网	202.33.150.64	202.33.150.65 到 202.33.150.126	202.33.150.127
车间子网	202.33.150.128	202.33.150.129 到 202.33.150.190	202.33.150.191
财务部子网	202.33.150.192	202.33.150.193 到 202.33.150.254	202.33.150.255

每个子网的 IP 地址分配数量是 $2^6-2=62$ 个。IP 地址数量减 2 的原因

是需要减去网络地址和广播地址，这两个地址是不能分配给主机的。所有子网的掩码是 255.255.255.192。各个主机在配置自己的 IP 地址的时候，要连同子网掩码 255.255.255.192 一起配置。

5.3.3 IP 地址设计

企业或者机关从连接服务商 ISP 那里申请的 IP 地址是网络地址，如 179.130.0.0，企业或机关的网络管理员需要为在这个网络地址上为本单位的主机分配 IP 地址。在分配 IP 地址之前，首先需要根据本单位的行政关系、网络拓扑结构划分子网，为各个子网分配子网地址，然后才能在子网地址的基础上为各个子网中的主机分配 IP 地址。

我们从 ISP 那里申请得到的网络地址也称为主网地址，这是一个没有挪用主机位的网络地址。单位自己划分出的子网地址需要挪用主网地址中的主机位来为各个子网编址。网络地址或主网地址不用掩码也可以计算出来，只需要看出它是哪一类 IP 地址。A 类主网地址是 255.0.0.0，B 类主网地址是 255.255.0.0，C 类主网地址是 255.255.255.0。

我们从下面一个例子来学习完整的 IP 地址设计。

设某单位申请得到一个 C 类地址 200.210.95.0，需要划分出 6 个子网。我们需要为这 6 个子网分配子网地址，然后计算出本单位子网的子网掩码、各个子网中 IP 地址的分配范围、可用 IP 地址数量和广播地址。

步骤 1：计算需要挪用的主机位数的位数

需要多少主机位需要试算。借 1 位主机位可以分配出 $2^1=2$ 个子网地址；借 2 位主机位可以分配出 $2^2=4$ 个子网地址；借 3 位主机位可以分配出 $2^3=8$ 个子网地址。因此我们决定挪用 3 位主机位作为子网地址的编码。

步骤 2：用二进制数为各个子网编码

子网 1 的地址编码：200.210.95.00000000

子网 2 的地址编码：200.210.95.00100000

子网 3 的地址编码：200.210.95.01000000

子网 4 的地址编码：200.210.95.01100000

子网 5 的地址编码：200.210.95.10000000

子网 6 的地址编码：200.210.95.10100000

步骤 3：将二进制数的子网地址编码转换为十进制数表示，成为能发布的

子网地址

子网 1 的子网地址：200.210.95.0

子网 2 的子网地址：200.210.95.32

子网 3 的子网地址：200.210.95.64

子网 4 的子网地址：200.210.95.96

子网 5 的子网地址：200.210.95.128

子网 6 的子网地址：200.210.95.160

步骤 4：计算出子网掩码

先计算出二进制的子网掩码：11111111.11111111.11111111.11100000

（下划线的位是挪用的主机位）

转换为十进制表示，成为对外发布的子网掩码：255.255.255.224

步骤 5：计算出各个子网的广播 IP 地址

先计算出二进制的子网广播地址，然后转换为十进制：200.210.95.00011111

子网 1 的广播 IP 地址：200.210.95.00011111 / 200.210.95.31

子网 2 的广播 IP 地址：200.210.95.00111111 / 200.210.95.63

子网 3 的广播 IP 地址：200.210.95.01011111 / 200.210.95.95

子网 4 的广播 IP 地址：200.210.95.01111111 / 200.210.95.127

子网 5 的广播 IP 地址：200.210.95.10011111 / 200.210.95.159

子网 6 的广播 IP 地址：200.210.95.10111111 / 200.210.95.191

实际上，简单地用下一个子网地址减 1，就能得到本子网的广播地址。我们列出二进制的计算过程是为了让读者更好地理解广播地址是如何被编码的。

步骤 6：列出各个子网的 IP 地址范围

子网 1 的 IP 地址分配范围：200.210.95.1 至 200.210.95.30

子网 2 的 IP 地址分配范围：200.210.95.33 至 200.210.95.62

子网 3 的 IP 地址分配范围：200.210.95.65 至 200.210.95.94

子网 4 的 IP 地址分配范围：200.210.95.97 至 200.210.95.126

子网 5 的 IP 地址分配范围：200.210.95.129 至 200.210.95.158

子网 6 的 IP 地址分配范围：200.210.95.161 至 200.210.95.190

步骤 7：计算出每个子网中的 IP 地址数量

被挪用后主机位的位数为 5，能够为主机编址的数量为 $2^5-2=30$。

减 2 的目的是去掉子网地址和子网广播地址。

划分子网会损失主机 IP 地址的数量。这是因为我们需要拿出一部分地址来表示子网地址、子网广播地址。另外，连接各个子网的路由器的每个接口也需要额外的 IP 地址开销。但是，为了网络的性能和管理的需要，我们不得不损失这些 IP 地址。

之前，子网地址编码中是不允许使用全 0 和全 1 的。如上例中的第一个子网不能使用 200.210.95.0 这个地址，因为担心分不清这是主网地址还是子网地址。但是近年来，为了节省 IP 地址，允许全 0 和全 1 的子网地址编址。(注意，主机地址编码仍然无法使用全 0 和全 1 的编址，全 0 和全 1 的编址被用于本子网的子网地址和广播地址了。)通过在实际工作中建立表 5-4，表 5-5，以便快速进行 IP 地址设计。

表 5-4　B 类地址的子网划分

划分的子网数量	网络地址位数/挪用主机位数	子网掩码	每个子网中可分配的 IP 地址数
2	17/1	255.255.128.0	32 766
4	18/2	255.255.192.0	16 382
8	19/3	255.255.224.0	8 190
16	20/4	255.255.240.0	4 094
32	21/5	255.255.248.0	2 046
64	22/6	255.255.252.0	1 022
128	23/7	255.255.254.0	510
256	24/8	255.255.255.0	254
512	25/9	255.255.255.128	126
1 024	26/10	255.255.255.192	62
2 048	27/11	255.255.255.224	30

表 5-5　C 地址的子网划分

划分的子网数量	网络地址位数/挪用主机位数	子网掩码	每个子网中可分配的 IP 地址数
2	25/1	255.255.255.128	126
4	26/2	255.255.255.192	62
8	27/3	255.255.255.224	30
16	28/4	255.255.255.240	14

在有网段划分的企业、单位的网络中，会遇到对网络IP地址的设计。设计的核心是从IP地址的主机编码位处借位来为子网进行编码。学会并理解本节介绍的方法，会很容易地对任何网络类型进行子网划分并创建子网。

5.4　ARP协议与ICMP协议

5.4.1　ARP协议

虽然IP网络中的每一个主机与接口都具有唯一的IP地址，但IP地址只是一种在网际范围内标识主机的逻辑地址，并不能直接利用它们在物理上发送分组。当一个主机要发送IP分组时，即使在分组中给出了源IP地址，这些地址也无法被用作主机或接口的物理寻址。因为网络层分组在数据链路层是以帧的方式被传送，而数据链路层的硬件并不能识别IP地址，它们只能识别第二层的物理地址。例如，以太网中的主机是通过网卡连接到以太网链路中的，网卡只能识别48位的MAC地址而无法识别32位的IP地址。也就是说，为了在物理上实现IP分组的传输，必须借助数据链路层的物理寻址功能，因而必须提供第二层地址用于主机的物理寻址。为了获得目标主机或接口的物理地址，需要在网络层提供从主机或接口IP地址到物理地址的地址映射功能。地址解析协议即ARP协议正是实现这种功能的协议。

ARP协议的工作过程：

任何一个IP主机或路由器一旦启用了协议（Address Resolution Protocol, ARP），就会在本地缓存中维持一个用于存储IP地址与物理地址映射的数据表，该表被称为ARP表。ARP表中包含两类地址映射信息：一类是静态映射信息，它们由网络管理员或用户手工配置的ARP映射信息；另一类是动态映射信息，这类信息是由ARP自动学习得来的。有两种方式被ARP用于自动收集地址映射信息：一是通过监控本地网络中所产生的网络流量来提取其中的源IP地址与源MAC地址信息；二是通过广播ARP请求。

下面以图5－13所示的网络为例描述地址解析协议的工作过程。假设图5－13中的主机1的IP地址为10.1.1.1，主机3的IP地址为10.1.1.2。主机1要向主机3发送分组。主机1将会以主机3的IP地址10.1.1.2为目标IP地址，以自己的IP地址10.1.1.1为源IP地址封装一个IP分组。在分组发送以前，主机 1 首先将本机的子网掩码分别与源 IP 地址、目标 IP 地址进行求与运算，并由判断出源主机和目标主机位于同一网络中。即使如此，主机 1 还是不能立即启动帧的封装与发送，因为它还需要知道目标主机的 MAC 地址。于是，主机 1 转向查找本地的 ARP 表（ARP 高速缓存），以确定在该表中是否存在关于主机 3 的 IP 地址及其 MAC 地址的映射信息。

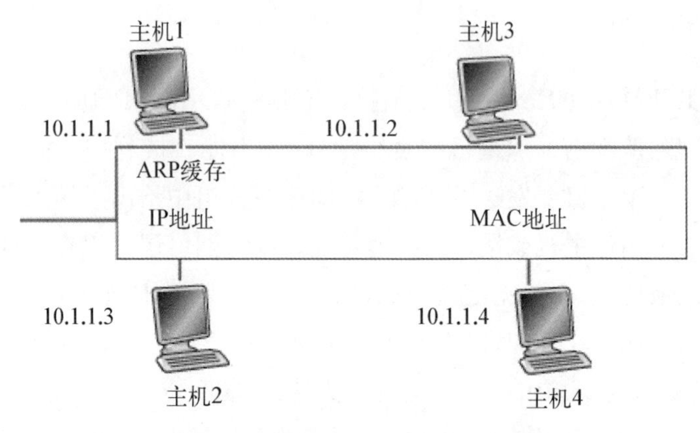

图 5－13　主机 1 向主机 3 发送分组

若在本地 ARP 表中存在主机 3 的 MAC 地址映射信息，则本机 1 的网卡立即以主机 3 的 MAC 地址为目标 MAC 地址，以自己的 MAC 地址为源 MAC 地址进行帧的封装，并启动帧的发送。所以位于网络 1 中的主机或接口都能接收到此帧并判断它是否是给自己的。作为目标主机的主机 3 在收到此帧后，除了要提取其中的源 IP 地址与 MAC 地址信息来更新自己的 ARP 表，即除了在 ARP 表中添加一条新的 ARP 记录或更新已有的相应记录外，还要取出其中的 IP 分组交给自己的高层去处理。除主机 3 以外的其他主机或接口，则在提取出源 IP 地址与 MAC 地址信息用于更新自己的 ARP 表之后，立即丢弃此帧。

若在本地缓存中不存在关于主机 3 的 MAC 地址映射信息，则主机 1 就会以广播帧形式向同一网络中的所有节点或接口发送一个 ARP 请求。在这个广播帧中，源 MAC 地址字段中给出的是主机 1 的 MAC 地址，目标 MAC 地址字段中则是以全部 48 个二进制 1 表示（相当于十六进制的 FFFFFFFF）的第二层广播地址，并在数据字段发出类似于“我需要 10. 1. 1. 2 的 MAC 地址”的询问。如图 5－14 所示。

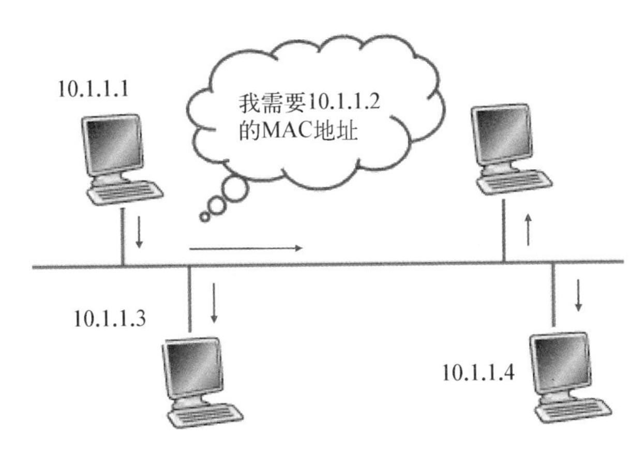

图5-14 主机1向所有节点广播ARP请求

网络中的所有主机都会收到此广播帧并从中取出相应的ARP请求，以判断自己是否就是主机1正在寻找的目标主机，并在此过程中利用该请求中的源IP地址和源MAC地址信息来更新自己的ARP表。在所有收到该ARP广播的主机与接口中，只有作为目标主机的主机3会以自己的MAC地址信息为内容给主机1发出一个ARP应答，该ARP应答分别以主机1的IP地址和MAC地址为目标IP地址和目标MAC地址，以主机3的IP地址和MAC地址为源IP地址和源MAC地址。该ARP应答类似于告诉主机1"我的MAC地址是……"，如图5-15所示。

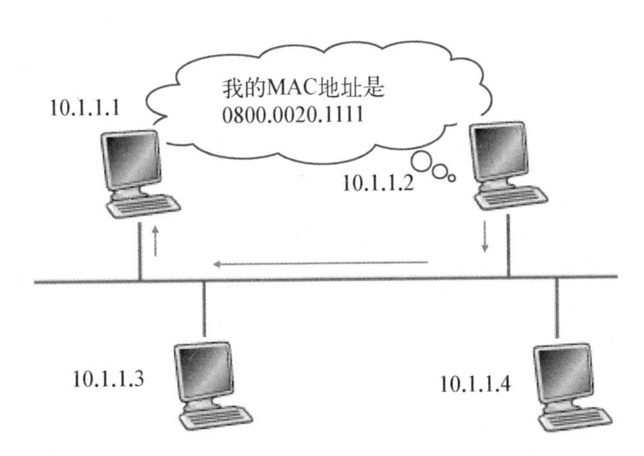

图5-15 主机3将自己的MAC向所有节点广播

此ARP应答同样会被网络中的所有主机与接口接收，除主机1之外的其他所有主机与接口在利用了该应答中的源IP地址与MAC地址信息来更新自己的

ARP表之后，将丢弃该分组。而主机1在收到该ARP应答后，首先将该其中的MAC地址信息加入本地缓存，然后启动以主机3的MAC地址为目标MAC地址，以自己的MAC地址为源MAC地址的数据帧的封装与发送过程，如图5-16所示。

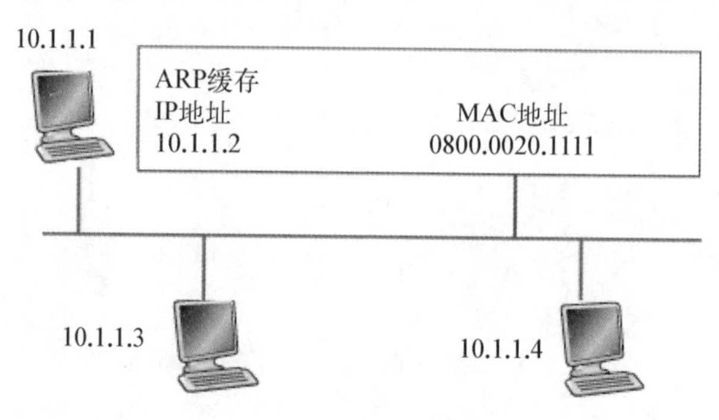

图5-16　主机1将主机3的MAC地址写入ARP缓存

计算机中的ARP程序是操作系统的一部分。Windows、UNIX、LINUX这样的操作系统中都有ARP程序。当然，Windows中的ARP程序是微软公司的工程师们编写的。在Windows2000机器上，可以在“命令提示符”窗口用arp-a命令查看到本机的ARP表，如图5-17所示。

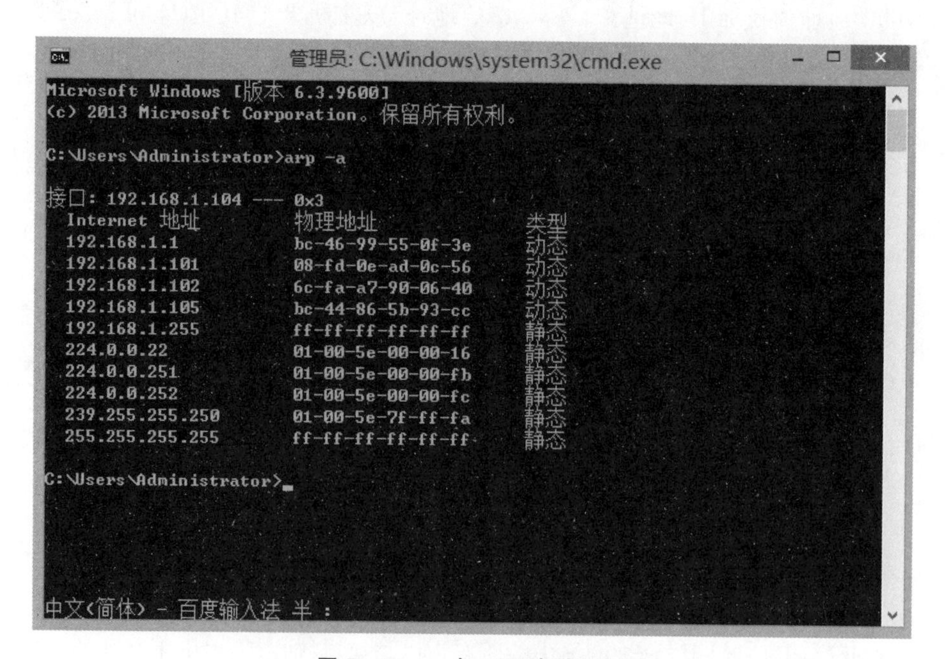

图5-17　一个ARP表的示例

5.4.2 缺省网关

当源主机 A 和目标主机 C 不在同一网络中时，主机 A 向主机 C 发送分组，若继续采用本章第 5.4.1 小节所介绍的广播 ARP 请求方式的来请求主机 C 的 MAC 地址是不会成功的，因为第二层广播是不可能被第三层路由设备所转发。那么又如何实现主机 A 到主机 C 的数据传送呢？这个时候就可以通过缺省网关来解决。

缺省网关(default gateway)是指与源主机位于同一网段中的某个路由器接口的 IP 地址，又称默认网关。默认网关的意思是一台主机如果找不到可用的网关，就把数据包发给默认指定的网关，由这个网关来处理数据包。现在主机使用的网关，一般指的是默认网关。一台电脑的默认网关是不可以随便指定的，必须正确地指定，否则一台电脑就会将数据包发给不是网关的电脑，从而无法与其他网络的电脑通信。默认网关的设定有手动设置和自动设置两种方式。图 5－18 给出了 Windows 8.1 主机上缺省网关的配置界面。

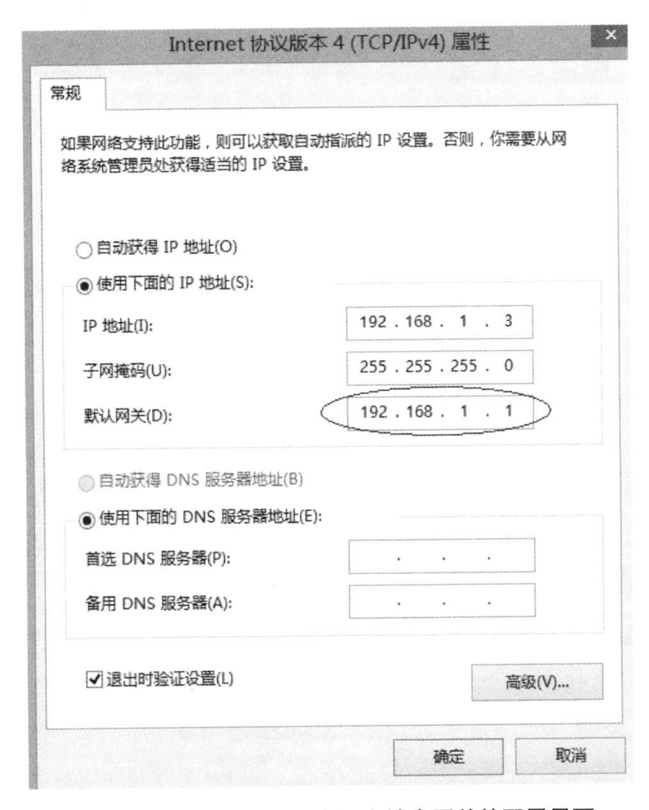

图 5－18　Windows 8.1 主机上缺省网关的配置界面

以图 5-19 中的主机 A 为例，它的缺省网关可以配置成路由器以太网接口 E0 的 IP 地址，即 192.168.1.1。假设主机 A 已经被配置了缺省网关，那么当主机 A 通过子网掩码运算发现主机 C 与自己不在同一网络时，它就会以缺省网关的 MAC 地址为目标 MAC 地址，以自己的 MAC 地址为源 MAC 地址将发往主机 C 的分组封装成以太网帧后发送给缺省网关，由路由器来完成后续的数据传输。如果主机 A 的 ARP 表中不存在关于缺省网关的 MAC 地址映射信息，那么主机 A 会采取前面所介绍过的广播 ARP 请求方式获得。毕竟缺省网关所对应的路由器接口与主机 A 是位于同一网段中的。

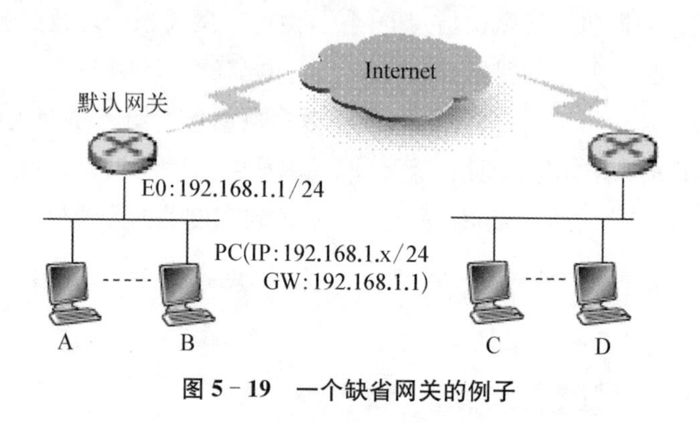

图 5-19　一个缺省网关的例子

5.4.3　ICMP 协议

Internet 控制报文协议（Internet Control Message Protocol, ICMP）是 TCP/IP 协议族的一个子协议，用于在 IP 主机、路由器之间传递控制消息。控制消息是指网络通不通、主机是否可达、路由是否可用等网络本身的消息。这些控制消息虽然并不传输用户数据，但是对于用户数据的传递起着重要的作用。ICMP 是 TCP/IP 协议集中的一个子协议，属于网络层协议，当遇到 IP 数据无法访问目标、IP 路由器无法按当前的传输速率转发数据包等情况时，会自动发送 ICMP 消息。

ICMP 消息类型报文主要分为差错报告和查询报文两大类。差错报告报文又进一步分为目的地不可达、超时、源端抑制、参数问题和重定向路由和报文；查询报文又分为回声请求与应答、时间标记请求与应答、地址掩码请求与应答、路由器询问与通告报文。表 5-6 给出了一些常见的 ICMP 消息类型及其作用。

表5-6 常见的ICMP消息类型及其作用

消 息 类 型	描 述
目的地不可达	分组不能提交
超时	生存时间字段值为0
参数问题	无效的首部字段
源端抑制	抑制分组
重定向路由	告诉路由器有关物理路径
回声请求	向一个机器发出请求看是否还活着
回声应答	是的,我还活着

我们在网络中经常会使用到ICMP协议,只不过我们觉察不到而已。比如我们经常使用的用于检查网络通不通的Ping命令(Linux和Windows中均有),这个“ping”的过程实际上就是ICMP协议工作的过程。还有其他的网络命令如跟踪路由的Tracert命令也是基于ICMP协议的。例如,若在主机1上输入一个“ping 192.168.1.1”命令,则实际上在向目标主机192.168.1.1发送一个以回声请求为消息类型的ICMP查询报文。若目标主机存在,则它会向主机1发送一个以回声应答为消息类型的ICMP查询报文;若目标主机不存在或网络路径不可达,则主机1会收到一个以目的地不可达为消息类型的ICMP差错报告报文。

5.5 路由和路由协议

当目标主机和源主机不在同一网络中,IP分组将会借助缺省网关发送到与源主机直接连接的路由器口。那么路由器收到这些分组后又将做什么样的处理呢?它如何完成该分组的后续转发工作?这些问题就涉及本节所要讨论的路由与路由协议。

5.5.1 路由与路由表

路由是指对达到目标网络或主机所进行的最佳路径选择。通俗地讲,就是解决“何去何从”的问题。路由是网络层最重要的功能,在网络中完成路由功能的专有网络互联设备被称为路由器。除了路由器外,某些交换机里面也集成了带网络层功能的路由模块，带路由模块的交换机又被称为三层交换机。另外，在网络操作系统软件中也可以实现网络层的最佳路径选择功能，在操作系统中所实现的路由功能又被称为软件路由。软件路由的前提是提供软件路由功能的主机必须具有多宿功能，即通过多块网卡连接了至少两个以上的不同网络。软件路由、路由模块还是路由器，虽然存在一些性能上的差异，但是它们在实现路由功能的作用和原理上都是类似的。下面在提及路由设备时将以路由器为代表。

路由器将所有关于如何到达目标网络的最佳路径信息以数据库的形式存储起来，路由器中的这种专门用于存放路由信息的表称为路由表。路由表中的不同表项给出了达到不同目标网络所需要经历的路由端口或下一跳（next hop）地址信息，图 5－20 给出了关于路由表的一个示例。

```
[AR1]dis ip rou
Route Flags: R - relay, D - download to fib
------------------------------------------------------------------------------
Routing Tables: Public
        Destinations : 15       Routes : 15

Destination/Mask    Proto   Pre  Cost      Flags NextHop         Interface

       1.1.1.0/24   Direct  0    0           D   1.1.1.1         LoopBack0
       1.1.1.1/32   Direct  0    0           D   127.0.0.1       LoopBack0
     1.1.1.255/32   Direct  0    0           D   127.0.0.1       LoopBack0
       2.2.2.2/32   OSPF    10   1           D   10.1.1.2        GigabitEthernet0/0/0
       3.3.3.3/32   OSPF    10   1           D   11.1.1.3        GigabitEthernet0/0/1
      10.1.1.0/24   Direct  0    0           D   10.1.1.1        GigabitEthernet0/0/0
      10.1.1.1/32   Direct  0    0           D   127.0.0.1       GigabitEthernet0/0/0
    10.1.1.255/32   Direct  0    0           D   127.0.0.1       GigabitEthernet0/0/0
      11.1.1.0/24   Direct  0    0           D   11.1.1.1        GigabitEthernet0/0/1
      11.1.1.1/32   Direct  0    0           D   127.0.0.1       GigabitEthernet0/0/1
    11.1.1.255/32   Direct  0    0           D   127.0.0.1       GigabitEthernet0/0/1
     127.0.0.0/8    Direct  0    0           D   127.0.0.1       InLoopBack0
     127.0.0.1/32   Direct  0    0           D   127.0.0.1       InLoopBack0
127.255.255.255/32  Direct  0    0           D   127.0.0.1       InLoopBack0
255.255.255.255/32  Direct  0    0           D   127.0.0.1       InLoopBack0
```

图 5－20 一个华为路由器的路由表示例

当 IP 子网中的一台主机发送 IP 分组给同一 IP 子网的另一台主机时，它将直接把 IP 分组送到网络上，对方就能收到。而要发送给不同 IP 子网上的主机时，它要选择一个能到达目的子网上的路由器，把 IP 分组发送给该路由器，由路由器负责把 IP 分组送到目的地。如果没有找到这样的路由器，主机就把 IP 分组送称为“缺省网关”的路由器上。“缺省网关”是每台主机上的一个配置参数，它是接在同一个网络上的某个路由器端口的 IP 地址。

路由器转发 IP 分组时，只根据 IP 分组目的 IP 地址的网络号部分，选择合适的端口，把IP分组送出去。同主机一样，路由器也要判定端口所接的是否是目的子网，如果是，就直接把分组通过端口发送到网络上，否则，要选择下一个路由器来传送分组。路由器也有它的缺省网关，用来传送不知道往哪儿送的IP分组。这样，通过路由器把知道如何传送的IP分组正确转发出去，把不知道如何传送的IP分组送给“缺省网关”路由器，这样一级级地传送，IP分组最终将送到目的地，送不到目的地的IP分组则被网络丢弃了。

目前TCP/IP网络全部是通过路由器互联起来的，Internet就是成千上万个IP子网通过路由器互联起来的国际性网络，形成了以路由器为节点的“网间网”。在“网间网”中，路由器不仅负责对IP分组的转发，还负责与别的路由器进行联络，共同确定“网间网”的路由选择和维护路由表。

路由动作包括两项基本内容：寻径和转发。寻径即判定到达目的地的最佳路径，由路由选择算法来实现。由于涉及不同的路由选择协议和路由选择算法，要相对复杂一些。为了判定最佳路径，路由选择算法必须启动并维护包含路由信息的路由表，其中路由信息依赖于所用的路由选择算法不尽相同。路由选择算法将收集到的不同信息填入路由表中，根据路由表将目的网络与下一跳的关系告诉路由器。路由器间互通信息进行路由更新，更新维护路由表使之正确反映网络的拓扑变化，并由路由器根据量度来决定最佳路径。这就是路由选择协议（routing protocol），例如路由信息协议RIP、开放式最短路径优先协议OSPF和边界网关协议BGP等。

转发，即最佳路径传送信息分组。路由器首先在路由表中查找，判明是否知道如何将分组发送到下一个站点（路由器或主机），如果路由器不知道如何发送分组，通常将该分组丢弃；否则就根据路由表的相应表项将分组发送到下一个站点，如果目的网络直接与路由器相连，路由器就把分组直接发送到相应的端口上，这就是路由转发协议（Routed Protocol）。

路由转发协议和路由选择协议是相互配合又相互独立的概念，前者使用后者维护的路由表，后者要利用前者提供的功能来发布路由协议数据分组。下文中提到的路由协议，除非特别说明，都是指路由选择协议。

在计算机上，可以在命令行模式下通过route print命令查看本机路由表，如图5-21所示。

图5-21最上方给出了接口列表，一个是本地循环，一个是无线网卡，最后一个是网卡接口。网卡接口给出了网卡的mac地址。

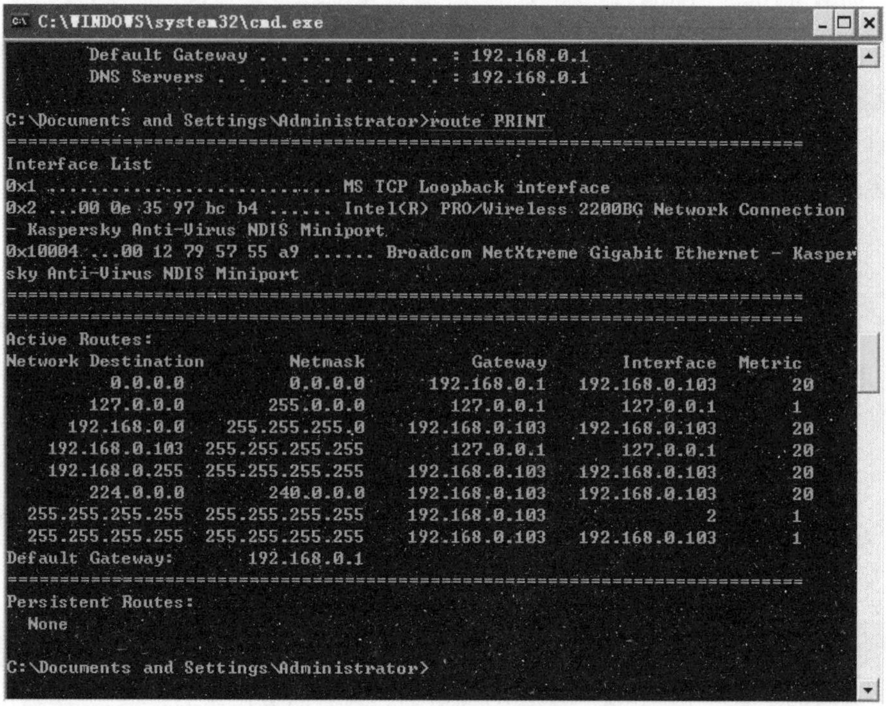

```
C:\WINDOWS\system32\cmd.exe
        Default Gateway . . . . . . . . . : 192.168.0.1
        DNS Servers . . . . . . . . . . . : 192.168.0.1

C:\Documents and Settings\Administrator>route PRINT
===========================================================================
Interface List
0x1 ........................... MS TCP Loopback interface
0x2 ...00 0e 35 97 bc b4 ...... Intel(R) PRO/Wireless 2200BG Network Connection
- Kaspersky Anti-Virus NDIS Miniport
0x10004 ...00 12 79 57 55 a9 ...... Broadcom NetXtreme Gigabit Ethernet - Kasper
sky Anti-Virus NDIS Miniport
===========================================================================
===========================================================================
Active Routes:
Network Destination        Netmask          Gateway       Interface  Metric
          0.0.0.0          0.0.0.0      192.168.0.1   192.168.0.103     20
        127.0.0.0        255.0.0.0        127.0.0.1       127.0.0.1      1
      192.168.0.0    255.255.255.0    192.168.0.103   192.168.0.103     20
    192.168.0.103  255.255.255.255        127.0.0.1       127.0.0.1     20
    192.168.0.255  255.255.255.255    192.168.0.103   192.168.0.103     20
        224.0.0.0        240.0.0.0    192.168.0.103   192.168.0.103     20
  255.255.255.255  255.255.255.255    192.168.0.103               2      1
  255.255.255.255  255.255.255.255    192.168.0.103   192.168.0.103      1
Default Gateway:       192.168.0.1
===========================================================================
Persistent Routes:
  None

C:\Documents and Settings\Administrator>
```

图 5-21 利用 route print 查看本机路由表

每一列从左到右依次是：Network Destination(目的地址)，Netmask(掩码)，Gateway(网关)，Interface(接口)，Metric(是一个度量值或是管理距离)。

第一行内容：

Network Destination	Netmask	Gateway	Interface	Metric
0.0.0.0	0.0.0.0	192.168.0.1	192.168.0.103	20

这表示发向任意网段的数据通过本机接口 192.168.0.103 被送往一个默认的网关：192.168.0.1，它的管理距离是 20，管理距离指的是在路径选择的过程中信息的可信度，管理距离越小的，可信度越高。

第二行内容：

Network Destination	Netmask	Gateway	Interface	Metric
127.0.0.0	255.0.0.0	127.0.0.1	127.0.0.1	1

A 类地址中 127.0.0.0 留住本地调试使用，所以路由表中发向 127.0.0.0 网络的数据通过本地回环 127.0.0.1 发送给指定的网关：127.0.0.1，也就是从自己的回环接口发到自己的回环接口，这将不会占用局域网带宽。

第三行内容：

Network Destination	Netmask	Gateway	Interface	Metric
192.168.0.0	255.255.255.0	192.168.0.103	192.168.0.103	20

这里的目的网络与本机处于一个局域网，所以发向网络 192.168.0.0(也就是发向局域网的数据)使用本机：192.168.0.103 作为网关，这便不再需要路由器路由或不需要交换机交换，增加了传输效率。

第四行内容：

Network Destination	Netmask	Gateway	Interface	Metric
192.168.0.103	255.255.255.255	127.0.0.1	127.0.0.1	20

表示从自己的主机发送到自己主机的数据包，如果使用的是自己主机的 IP 地址，跟使用回环地址效果相同，通过同样的途径被路由，也就是如果我有自己的站点，我要浏览自己的站点，在 IE 地质栏里面输入 localhost 与 192.168.0.103 是一样的，尽管 localhost 被解析为 127.0.0.1。

第五行内容：

Network Destination	Netmask	Gateway	Interface	Metric
192.168.0.255	255.255.255.255	192.168.0.103	192.168.0.103	20

这里的目的地址是一个局域广播地址，系统对这样的数据包的处理方法是把本机 192.168.0.103 作为网关，发送局域广播帧，这个帧将被路由器过滤。

第六行内容：

Network Destination	Netmask	Gateway	Interface	Metric
224.0.0.0	240.0.0.0	192.168.0.103	192.168.0.103	20

这里的目的地址是一个组播(Muticast)网络，组播指的是数据包同时发向几个指定的 IP 地址，其他地址不会受到影响。系统的处理依然是使用本机作为网关，进行路由。这里有一点要说明：组播可被路由器转发，如果路由器不支持组播，则采用广播方式转发。

第八行内容：

Network Destination	Netmask	Gateway	Interface	Metric
255.255.255.255	255.255.255.255	192.168.0.103	192.168.0.103	1

目的地址是一个广域广播，同样适用本机为网关，广播广播帧，这样的包到达路由器之后被转发还是丢弃根据路由器的配置决定。

最后半行内容：

Default Gateway：　　192.168.0.1

这是一个缺省的网关，要是发送的数据的目的地址与前面列举的都不匹配时，就将数据发送到这个缺省网关，由其决定路由。

5.5.2 静态路由与动态路由

静态路由是在路由器中设置的固定的路由表。除非网络管理员干预，否则静态路由不会发生变化。由于静态路由不能对网络的改变做出反应，一般用于网络规模不大、拓扑结构固定的网络中。静态路由的优点是简单、高效、可靠。在所有的路由中，静态路由优先级最高。当动态路由与静态路由发生冲突时，以静态路由为准。

动态路由是网络中的路由器之间相互通信，传递路由信息，利用收到的路由信息更新路由器表的过程。它能实时地适应网络结构的变化。如果路由更新信息，表示发生了网络变化，路由选择软件就会重新计算路由，并发出新的路由更新信息。这些信息通过各个网络，引起各路由器重新启动其路由算法，并更新各自的路由表以动态地反映网络拓扑变化。动态路由适用于网络规模大、网络拓扑复杂的网络。当然，各种动态路由协议会不同程度地占用网络带宽和 CPU 资源。

静态路由和动态路由有各自的特点和适用范围，在网络中动态路由通常作为静态路由的补充。当一个分组在路由器中进行寻径时，路由器首先查找静态路由，如果查到则根据相应的静态路由转发分组；否则再查找动态路由。

根据是否在一个自治域（自治域是一个由单个管理实体治理下的路由器及其互连链路的集合，一个自治域可以是一个企业网、一个校园网），动态路由协议分为内部网关协议（Interior Gateway Protocol，IGP）和外部网关协议（Exterior Gateway Protocol，EGP）。这里的自治域指一个具有统一管理机构、统一路由策略的网络。自治域内部采用的路由选择协议称为内部网关协议，常用的有 RIP、OSPF；外部网关协议主要用于多个自治域之间的路由选择，常用的是 BGP 和 BGP－4。下面分别进行简要介绍。

1. RIP 路由协议

路由信息协议（Routing information Protoco，RIP）是 Internet 中常用的路由协议。

RIP 采用距离向量算法，即路由器根据距离选择路由，所以也称为距离向量协议。路由器收集所有可到达目的地的不同路径，并且保存有关到达每个目的地的最少站点数的路径信息，除到达目的地的最佳路径外，任何其他信息均予以丢弃。同时路由器也把所收集的路由信息用 RIP 协议通知相邻的路由器。这样，正确的路由信息被逐渐扩散到了全网。

RIP 使用非常广泛，它简单、可靠，便于配置。但是 RIP 只适用于小型的同构网络，因为它允许的最大站点数为 15，任何超过 15 个站点的目的地均被标记为不可达。而且 RIP 每隔 30s 一次的路由信息广播也是造成网络的广播风暴的重要原因之一。

2. OSPF 路由协议

20 世纪 80 年代中期，RIP 已不能适应大规模异构网络的互联，开放式最短路径优先协议（Open Shortest Path First, OSPF）随之产生，它是网间工程任务组织（IETF）的内部网关协议工作组为 IP 网络开发的一种路由协议。

OSPF 是一种基于链路状态的路由协议，需要每个路由器向其同一管理域的所有其他路由器发送链路状态广播信息。在 OSPF 的链路状态广播中包括所有接口信息、所有的量度和其他一些变量。利用 OSPF 的路由器首先必须收集有关的链路状态信息，并根据一定的算法计算出到每个节点的最短路径。而基于距离向量的路由协议仅向其邻接路由器发送有关路由更新信息。

与 RIP 不同，OSPF 将一个自治域再划分为区，相应地即有两种类型的路由选择方式：当源和目的地在同一区时，采用区内路由选择；当源和目的地在不同区时，则采用区间路由选择。这就大大减少了网络开销，并增加了网络的稳定性。当一个区内的路由器出了故障时并不影响自治域内其他区路由器的正常工作，这也给网络的管理、维护带来了便捷。

3. BGP 和 BGP4 路由协议

边界网关协议（Border Gateway Protocol, BGP）是为 TCP/IP 互联网设计的外部网关协议，用于多个自治域之间。它既不是基于纯粹的链路状态算法，也不是基于纯粹的距离向量算法。它的主要功能是与其他自治域的 BGP 交换网络可达信息。各个自治域可以运行不同的内部网关协议。BGP 更新信息包括网络号/自治域路径的成对信息。自治域路径包括到达某个特定网络须经过的自治域串，这些更新信息通过 TCP 传送出去，以保证传输的可靠性。为了满足 Internet 日益扩大的需要，BGP 还在不断地发展。在最新的 BGP4 中，还可以将相似路由合并为一条路由。

4. 路由表项的优先问题

在一个路由器中,可同时配置静态路由和一种或多种动态路由,它们各自维护的路由表都提供给转发程序,但这些路由表的表项间可能会发生冲突。这种冲突可通过配置各路由表的优先级来解决。通常静态路由具有默认的最高优先级,当其他路由表表项与它矛盾时,均按静态路由转发。

5.6 路由器及其基本使用

5.6.1 路由器的构成

路由器是一台专用计算机,它具有多个网络输入端口和多个网络输出端口,其任务是转发分组。即将路由器某个输入端口收到的分组,根据该分组要去的目的地(目的网络),到路由表中查找到下一跳路由器,然后将该分组从某个合适的输出端口转发给下一跳路由器;下一跳路由器也按照这种方法处理分组,直到该分组到达目的地为止。

路由器的部件包括 CPU、内存、交换结构、网络输入端口、网络输出端口、控制台(console)端口、辅助(auxiliary)端口等,它的操作系统叫互联网操作系统(Internet Operating System, IOS)。路由器各个部件的作用如下:

(1) CPU 负责执行路由器工作的指令,它还负责执行用户输入的 IOS 操作系统命令,CPU 的处理能力和路由器的处理能力密切相关。

(2) 路由器的内存一般包括以下 4 种: Flash、ROM、RAM、NVRAM(非易失性 RAM),其中,Flash 用来存放 IOS 镜像,ROM 中存放的代码负责执行加电自检和引导启动(将 Flash 中的 IOS 镜像加载到内存运行),NVRAM 主要用来保存路由器启动时使用的配置文件 startup-config,而 RAM 中运行着 IOS 操作系统,还保存着路由表、ARP Cache、运行时配置文件 running-config,RAM 中的内容会在断电后丢失。

(3) 交换结构又称为交换组织,它是做在路由器中的一个小的高速网络组织,是路由器的一个关键部件。它的作用就是根据路由表对分组进行处理,将某个输入端口进入的分组从一个合适的输出端口转发出去。

(4) 网络输入端口、输出端口,也称网络接口,是数据分组进出路由器的门户,常用的 Cisco 或锐捷路由器支持的一些物理接口类型包括: 以太网(Ethernet)接口、快速以太网(FastEthernet)接口、千兆以太网

(GigabitEthernet)接口、同步串行(Serial)接口(一般用作路由器 WAN 接口)、令牌环(TokenRing)接口、ISDN BRI 接口等。一个接口的全称由它的类型标识以及至少一个数字组成(编号从 0 开始),如 ethernet 0(简写 e0)、fastethernet1(简写 fa1)、gigabitethernet 0(简写 gi0)、serial0(简写 s0)、tokenring 0(简写 to0)、……;对位于扩展槽模块中的路由器网络接口使用"type slot/port"形式,如 ethernet 0/0(简写 e0/0)、fastethernet 0/1(简写 fa0/1)、gigabitethernet 0/2(简写 gi0/2)、serial0/0(简写 s0/0)、tokenring 0/0(简写 to0/0)、……。

(5) 所有的 Cisco 路由器都配置了一个控制台端口(console port),它提供了一个 EIA/TIA RS232 异步串行接口,插座一般为 RJ45 类型,因而需使用反转线和转换头将路由器的 console 口与 PC 机的 COM 口相连。

(6) 辅助端口(auxiliary port)通常用来连接 MODEM,以实现对路由器从远程进行配置和管理。它的插座一般也被做成 RJ45 类型,主要作用是在网络路径或串行回路失效后用来访问路由器。

(7) IOS 操作系统执行路由操作与处理,如路由选择、协议转换、数据包过滤等,并接受和执行用户查询和配置路由器时打入的 IOS 命令。

路由器可以根据网络拓扑结构和网络交通的状况转发分组(数据包),使其沿着一条最短(最快)的路径到达目的端。为了实现路由选择,路由器至少应该知道:目标地址、相邻的路由器(通过它可以获知不相邻网络的拓扑信息)、到达目标网络的所有可用路径、到目标网络的最佳路径、如何检测更新路由信息等。

路由器可以通过网管人员,也可以由相邻的路由器来收集不相邻网络的拓扑信息,然后路由器会建立路由表来存放到达各网络的路由选择结果,并用它来指导数据包的路由转发。在转发数据包时,路由器会首先查看路由表,如果路由表中没有该数据包目标网络的转发条目,路由器会直接丢弃这个数据包。

路由器将连接到它各接口的网络直接放入路由表中,所以它自己知道如何"到达"这样的直连网络;而对于如何到达所谓"遥远"的目标网络,也就是非直连网络,路由器就要通过网管人员输入或通过自学习才能获知。

路由器可以通过静态路由和动态路由两种方式来获知怎样将数据包送达非直连的目的端。所谓静态路由就是由网管人员定义的路由,是以人工方式将路由条目添加到路由表中,以指导数据包向目的端的转发;而动态路由则是路由器利用动态路由协议(典型的如RIP、IGRP、OSPF等协议)与相邻路由器进行路由通信,通过这个过程来获知到达目的网络的路径,配置了动态路由协议的各个路由器会将自己知道的网络信息比如网络可达信息、拓扑变化信息通知给彼此。

5.6.2 路由器的配置

一般可以通过5种方式与路由器进行交互,对路由器进行配置。它们分别是:控制台串行端口配置(console口)、辅助端口配置(AUX口)、telnet远程登录(virtual terminal)、TFTP服务器、网络管理站(Network Management Station, NMS),但当第一次对路由器配置时,只能选用console口这种方式,在已经对路由器进行了相应的基本配置之后,才支持其他4种配置手段。

1. 路由器、交换机、集线器、计算机之间的互联

网线有两种制作方法:**直通线**(straight-through)和**交叉线**(crossover)。使用直通线的场合有:计算机与集线器、计算机与交换机、路由器与集线器、路由器与交换机的连接;使用交叉线的场合有:计算机与计算机、路由器与路由器、交换机与交换机、交换机与三层交换机、集线器与集线器、交换机与集线器、计算机与路由器。在使用计算机串口连接到路由器或交换机的控制台端口、对其进行配置时,通常使用反转线(rollover)。

2. 路由器的启动过程

确认电源线、接口连接线连接正确,然后将路由器的开关打开,路由器首先执行ROM中存放的加电自检代码,对路由器设备部件的硬件进行自检,接着执行ROM中的启动引导代码,即查找并载入Flash中的IOS镜像到RAM并执行,路由器启动时的参数配置会从NVRAM中的设备启动时配置文件startup-config调出,此后,路由器即进入正常工作。

3. PC机连接、登录到路由器,准备配置

新购买的普通路由器需要进行初始配置,首先将PC机COM口用线连接到路由器的console控制台端口,即反转线的一端插在路由器的console端口上,另一端插在RJ45 - DB9 Adapter(转接头)上,然后把转接头与PC机的串口(如C OM1)相连。在PC机上按以下步骤找到超级终端:开始→程序→附件→通信→单击“超级终端”。

之后需要给本次连接起名字,单击“确定”按钮后,在“connect using”选择栏

选择所使用的串口如 COM1，单击“OK”按钮后，在出现的界面上继续对 COM 口进行参数设置：9 600 bps，8 data bits，no parity，1 stop bit，no flow control，单击“OK”按钮后回车，会出现超级终端交互界面，再按回车，这时候就登录到路由器上了，会出现 Router>的 IOS 命令用户模式下的提示符>，其中的 Router 是路由器的名字，以后可以通过“hostname”命令改变它。如 Cisco 控制台端口登录时要求口令，可键入实之前为 Cisco 路由器设置的统一密码。

4. 路由器工作模式

路由器 IOS 命令的提示符指示了当前正处于何种模式下。路由器有两大工作模式：用户模式(提示符为“>”)、特权模式(提示符为“＃”)。

在用户模式下，不能对路由器的配置做任何改动，只能对路由器的一些状态做有限的检查，在 Router>提示符后键入帮助命令“?”，会显示用户模式下可使用的所有 IOS 命令及其功能，若命令打不完整，只要后跟“?”会提示列出所有这些首字串开头的命令。例如：

对 Cisco 路由器操作时，在**用户模式**下，打入“enable”命令，然后输入超级用户密码，就可以进入**特权模式**；在特权模式打入“disable”命令，可以返回原来的用户模式。

Router>**enable**(简写 **en**)

Password：**×××超级用户**

Router＃disable

Router>

进入特权模式后，可对路由器所有状态做全面检查，如需知道此时可使用哪些 IOS 命令，可键入“?”查看命令帮助信息。同样，不完整命令后跟“?”可查看所有可能的命令。

特权模式又可转到其下的全局配置模式(config)，在全局配置模式下又可转到再下级的接口配置模式(config-if)、子接口配置模式(config-subif)、线路配置模式(config-line)、控制器配置模式(config-controller)、路由协议配置模式(config-router)、……。如需从下级模式返回上级模式，键入 exit 命令即可，若需从最下级配置模式越级返回特权模式，可键入 Ctrl—Z。

在全局配置模式下，可以对路由器进行事关全局的配置，提示符为 Router(config)＃，像给路由器改名字这样对路由器整体起作用的配置，必须要在全局模式下进行。

如果要对路由器的各接口（如 ethernet 口、fastethernet 口、serial 口，等等）进行配置，则要在全局配置模式下键入相应命令（如 interface ethernet 0/0，简写 int e 0/0），进入最下级的接口配置模式，此时提示符为 Router(config-if)＃，键入该接口配置各参数命令后，若欲返回上一级全局配置模式时，如上所述，可键入 exit 命令。

在全局配置模式时若需要配置登录口令，如配置 telnet 虚拟终端登录口令，对 telnet 进行身份认证，可以键入命令“line vty 0 4”，便进入下一级的线路配置模式，此时提示符为 Router(config-line)＃，键入“login”和“password xxxxx”设置口令后，若欲返回全局配置模式时，如上所述，可键入 exit 命令。

在全局配置模式时，如要配置路由协议，可以键入命令“router 路由协议名”，进入配置该协议的下一级操作，在下一级操作后返回全局配置模式时，只要键入 exit 命令即可

它们之间的关系如下所示：

用户模式：　　Router>**enable**(简写 **en**)
特权模式：　　Router＃ config terminal(简写 config t)
全局配置模式：　　Router(config)＃ **interface 接口名**(简写 **int 接口名**)
接口配置模式：　　Router(config-if)＃ …
接口配置模式：　　Router(config-if)＃ **exit**
全局配置模式：　　Router(config)＃ **line** …
线路配置模式：　　Router(config-line)＃ …
线路配置模式：　　Router(config-line)＃ **exit**
全局配置模式：　　Router(config)＃ **router 路由协议名…**
路由协议配置模式：　　Router(config-router)＃ …
路由协议配置模式：　　Router(config-router)＃ **exit**
全局配置模式：　　Router(config)＃ **exit**
特权模式：　　Router＃ **disable**
用户模式：　　Router>

5.6.3 路由器的基本命令

1. 用户模式下的操作

用户模式下的操作只能查看有限信息，如路由器版本信息：

在 router>提示符下

使用命令：**show version**（简写 **sh ver**），得到以下输出（有省略）：

Cisco Internetwork Operating System Software

IOS (tm) 3000 Software (IGS - J - L), Version 11. 0(18), RELEASE SOFTWARE (fc1)

…

//以上是路由器操作系统信息。

RouterB uptime is 5 minutes

System restarted by power-on

System image file is "flash: igs-j-l. 110-18", booted via flash

…

//以上是路由器启动和启动文件信息。

cisco 2509 (68030) processor (revision M) with 6144K/2048K bytes of memory.

X. 25 software, Version 2. 0, NET2, BFE and GOSIP compliant.

TN3270 Emulation software (copyright 1994 by TGV Inc).

1 Ethernet/IEEE 802. 3 interface.

2 Serial network interfaces.

32K bytes of non-volatile configuration memory.

8192K bytes of processor board System flash (Read ONLY)

//以上是路由器硬件信息。

Configuration register is 0x2102

//以上是路由器配置寄存器的值。

2. 特权模式下的操作

1) 特权模式

在用户模式下输入 **enable** 命令，在输入正确的密码后，即进入了特权模式。

Router>

Router>**enable**(简写 **en**)

Password：cisco

Router＃

用户模式下的命令，大都只能是显示一些路由器的基本信息等简单功能。要涉及路由器的配置，配置文件的显示，debug 监测等，则必须在特权模式下进行。当然，在用户模式下的命令，在特权模式下也都可以使用。

特权模式下的命令包括两种：显示配置的 show、保存配置到 NVRAM 中的 startup-config 和用于调试的 debug 等。

如打入以下命令(实际键入命令中的接口类型字段应根据路由器实际使用的接口类型决定)：

Router＃ show ip interface ethernet 0(简写 sh ip int e0)

Router＃ show ip interface fastethernet 1/0(简写 sh ip int fa 1/0)

Router＃ show ip interface brief(简写 sh ip int b，简略显示路由器各接口配置情况)

Router＃ show interface serial 0/0(简写 sh int s0/0，以下简写类似，略)

Router＃ show interface

Router＃ show config

Router＃ **show interface s1/2** (可以查询同步串口 s1/2 状态，还可以查询串口所接 V. 35 电缆插头为 DTE 还是 DCE 端)

Router＃ **show ip route**(显示当前 RAM 中的路由表)

Router＃ **show running-config** (显示当前 RAM 中的运行时配置)

Router＃ **show startup-config** (显示保存在路由器 NVRAM 里的启动时配置)

Router＃ **ping 192. 168. 77. 2**(在路由器上发出 ping 测试命令，测试连通性)

2) 配置命令

对于配置命令，又包含三种配置命令：全局命令，主命令，次命令。

(1) 全局配置模式下用全局配置命令(更改路由器名、手工添加静态路由等)：

用 **configure terminal** 命令，从特权模式进入全局配置模式：

Router＃ configure terminal(可简写为 config t)

Enter configuration commands，one per line. End with Ctrl－Z.

Router(config)#

此时的提示方式由原来的 Router# 变成了全局配置模式提示符 Router(config)#。

Router(*config*)# **hostname router_test_1**　　//改路由器名字的命令

router_test_1(config)#

hostname newname 命令使原来的名字 Router 改成 router_test_1，并立即起作用。Cisco 路由器的所有命令在执行后，参数都放在内存 RAM 的 running-config 配置中，立即起作用，不需要将配置信息显式保存到 RAM。

在全局配置模式下，还可以向 RAM 的路由表中手工添加静态路由条目，如：

router_test_1(config)# ip route 192.168.77.0 255.255.255.0 192.168.99.2

表示在 router_test_1 路由器上，欲到网段为 192.168.77.0、子网掩码 255.255.255.0 的目标网络时，需经下一路由器 192.168.99.2。

(2) 接口配置模式下配置端口地址，并使其开启：

配置某个接口地址时需到接口配置模式，此时要使用主命令和次命令对，一个主命令和相应的几个次命令总是结伴出现，最后一个次命令结束后，键入 end 或 exit，则可返回全局配置模式，若按 Ctrl－Z，则越级返回到特权模式。

router_test_1(config)# interface ethernet 0/0(简写为 int e0/0)

//键入 interface 主命令，指定配置 slot 0 第 0 个以太网接口

router_test_1(config-if)# ip address 192.168.88.1　255.255.255.0

//提示符改变为(config-if)，此为次命令，也叫接口命令

//次命令-该命令配置此接口的 IP 地址与子网掩码

router_test_1(config-if)# **no shutdown**　　//次命令——开启路由器该接口，本命令也可简写为 **no shut**。

router_test_1(config-if)# **interface serial 0/0**(简写为 **int s0/0**)

//另一个配置路由器 WAN 同步串行接口的主命令

router_test_1(config-if)# ip address 192.168.99.1　255.255.255.0

//次命令——配置该接口的 IP 地址与子网掩码

3. 配置登录密码

console 方式下配置路由器远程登录密码后，才能使用 telnet 进行网络远程登录配置

在路由器 console 控制台端口方式配置时，预先要配置以后路由器 telnet 远程登录方式操作使用的密码：

router_test_1>**en**

Password：//输入超级用户密码

router_test_1＃ **config t**

router_test_1(config)＃ **line vty 0 4** //进入路由器线路配置模式

router_test_1(config-line)＃ **login** //次命令——配置远程登录

router_test_1(config-line)＃ **password cisco** //次命令——设置路由器远程登录密码为 cisco

router_test_1(config-line)＃ **end**

router_test_1＃ **disable** //退出后，重新用 telnet 远程登录以验证 telnet 口令是否已更改

router_test_1>

以上命令在 console 控制台端口方式下设置完毕后，下次，在 PC 上就可以使用 telnet 远程登录到路由器。打开 PC 计算机的命令行状态窗口，输入命令：

C>telnet 192.168.88.1

将会看到 telnet 弹出窗口，显示以下内容：

User Access Verification：

Password：//输入 telnet 远程登录密码，如 Cisco 路由器用密码 cisco，

router_test_1>//此后，在 PC 机上 telnet 远程配置路由器过程同 console 口配置，下略

4. 运行时配置文件 running-config 和启动时配置文件

在特权模式下：通过命令 **show running-config** 得到的输出是 RAM 中的运行时配置文件，也就是当前路由器正在使用的配置文件，每一次新的配置命令执行后，就使这个文件作了相应的变化，所以命令立即起作用；而在 NVRAM 中的启动时配置文件 startup-config 并没有改变。当执行了 **copy running-config startup-config**（特权模式 14 级时不提供 copy 命令）或 **write memory**（特权模式 14 级时提供该 write 命令）命令后，路由器将 RAM 中的文件覆盖写入原来在 NVRAM 中的配置文件。这时，使用 **show startup-config** 和 **show running-config** 得到的结果才一致。系统掉电后，RAM 中的信息会失

掉，而 NVRAM 中的不会。NVRAM 中的配置文件 startup-config 只有在路由器加电启动时或执行 **reload** 命令时才被用到。

要清除 NVRAM 中的启动时配置文件 startup-config，使得下次重新启动时，没有预置配置带入，像一个没有配置参数的新路由器一样重新启动，可以在特权模式时使用 **erase startup-config** 命令，或者使用 **erase nvram** 命令，删除 NVRAM 中的启动时配置文件 startup-config，

5.7 IPv6

5.7.1 IPv6 的发展背景

自 IPv4 于 1981 年正式颁布以来，其成功应用导致了互联网的巨大发展，互联网接入用户数在过去的数十年间呈指数级增长，远远出乎当年制定 IPv4 的互联网先驱们的意料，但是 IPv4 的局限性也逐渐明显。自 20 世纪 90 年代中期以来，互联网发展越来越受到这种限制带来的困扰，包括地址空间匮乏、网络节点配置困难、端到端的 IP 级网络安全无法提供、实时业务的服务质量难以满足，移动性支持有限等一系列问题。

在这些问题中，最迫切需要解决的是 IPV4 地址空间匮乏问题。尽管人们先后引入了子网规划分，无类别域际路由和网络地址转换等改良技术，但这些方法仍然不能从根本上解决问题。随着 IANA 把最后 5 个地址块分配给 5 个 Internet 注册管理机构，IPv4 的地址已经在 2011 年 2 月 3 日耗尽。2011 年 4 月 15 日，亚太网络信息管理中心（APNIC）又成为第一个耗尽其区域地址的 Internent 注册管理机构。另一方面，伴随数据、语音、视频的三网融合和移动互联网的快速发展，不仅网络应用于用户大量增长而且在计算机之外越来越多的其他设备需要 IP 地址来接入互联网，如具有接入 IP 网络功能的 PDA，移动电话或固定电话，电视机和其他智能家电等，而以无线传感器网络（WSN）和无线射频标签（RFID）技术等为基础的物联网技术的发展，也将成为未来 IP 接入的巨大潜在需求。总之 IPv4 已经无法支撑下一代网络发展。

为了解决 IPv4 在互联网发展过程中遇到的问题，IETF 于 1992 年 6 月提出要制定下一代互联网协议 IPng（IP—the next gengration），也就是 IPv6。1998 年，IETF 陆续发布了 IPv6 的系列草案标准 RFC2373 和 RFC2460～2463。

5.7.2 IPv6 的特点

与 IPv4 相比,IPv6 的主要特点如下。

1. 巨大的地址空间

IPv6 地址为 128 位,具有 2^{128} 次方的地址容量。这样的地址容量是一个样的概念呢?如果将 IPv4 的地址容量比做 1 cm 的三次方,则 IPv6 的总容量相当于半个银河系的规模。地球上每平方米都可分配到 6 700 万亿亿个 IP 地址。也有人戏称 IPv6 可以让“世界上每一个粒子都可以分配一个地址”。如此巨大的地址空间使 IPv6 彻底解决了地址匮乏问题,为互联网的长久良性发展奠定了基础。

2. 简化的首部格式

IPv6 将 IP 分组的首部简成了固定的 40 字节,并减少了字段数,相对 IPv4 的 13 个字段,将字段减到了 7 个,取消了首部的校检和字段,最大限度的减少协议首部的开销,并采用了 64 比特的边界定位措施,提高了路由器的分组处理速度和吞吐量,缩短了延迟。

3. 协议的灵活性

将 IPv4 中的选项功能放在了可选的扩展部首中,可按照不同协议要求增加扩展首部种类,也可按照处理顺序合理安排扩展首部的顺序,大大增加了协议的可扩充性与灵活性。

4. 允许对网络资源的预分配

新增的流标记域,为快速处理实时业务提供了可能,有利于低性能的业务终端支持基于 IPv6 的语音,视频等实时应用,提高了服务质量。

5. 更高的安全性

内置集成了 IPSec 的网络层认证与加密功能,为用户提供了一种基于协议标准的端到端达到安全特性,使用起来比在 IPv4 之外加 IPSec 更简单、更方便,网络在迁移到 IPv6 时可以同步提供 IPSec 的功能。

本 章 习 题

一、选择题

1. 采用虚电路方式的网络层服务,在发送数据之前,需要在源主机和目标主机之间建立跨越________的端到端连接。

A. Internet　　B. 局域网　　C. 通信子网　　D. 广域网

2. 若一个 IP 分组中的源地址为 193.1.2.3，目标地址为 0.0.0.0，则该目标地址表示________。

A. 本网中的一个主机　　B. 直接广播地址

C. 组播地址　　D. 本网中的广播

3. IP 地址 202.168.1.35/27 表示该主机所在网络的网络标识是________。

A. 202.168　　B. 202.168.1

C. 202.168.1.32　　D. 202.168.1.16

4. ICMP 测试的目的是________。

A. 测试信息是否到达目的地，若未到达，则确定为何原因

B. 保证网络中的所有活动都是受监视的

C. 测定网络是否根据模型建立的

D. 测定网络是处于控制模型还是用户模型

5. 假设一个主机 IP 地址为 197.168.5.121，则子网掩码为 255.255.255.248，那么该主机的网络标识(含子网标识)为________。

A. 197.168.5.12　　B. 197.169.5.121

C. 197.169.5.120　　D. 197.168.5.120

6. 应用程序 PING 发出的是________报文。

A. TCP 请求报文　　B. TCP 应答报文

C. ICMP 请求报文　　D. ICMP 应答报文

7. 当一台主机从一个网络移到另一个网络时，以下说法中正确的是________。

A. 必须改变它的 IP 地址和 MAC 地址

B. 必须改变它的 IP 地址，但不需改动 MAC 地址

C. 必须改变它的 MAC 地址，但不需改动 IP 地址

D. MAC 地址、IP 地址都不需改动

8. Ipv6 将 32 位地址空间扩展到________。

A. 64 位　　B. 128 位　　C. 256 位　　D. 1 024 位

9. 某部门申请到一个 C 类 IP 地址，若要分成 16 个子网，其掩码应为________。

A. 255.255.255.255　　　　B. 255.255.255.240

C. 255.255.255.224　　　　D. 255.255.255.192

10. 在不同网络之间实现分组的存储和转发，并在网络层提供协议转换的网间连接器，称为________。

A. 转接器　　B. 路由器　　C. 桥接器　　D. 中继器

二、填空题

1. IP是________模型网络层的核心。
2. ________是OSI参考模型中的第三层，介于运输层和数据链路层之间，向运输层提供最基本的________数据传送服务。
3. 一般将数据链路层又划分成两个子层：________和________。
4. Internet上的每台计算机（包括路由器）在通信之前首先需要指定一个________。
5. 一个完整的IP分组由________和________两部分组成。
6. 常用的IP地址有A、B、C三类，210.42.59.6是一个__________类IP地址。
7. IP地址11000000，00001101，00000101，11101ll0用点分10进制表示可写为____________。
8. 三级IP地址分____________、__________和____________三部分。

三、问答题

1. 在Internet网中，某计算机的IP地址是11001000.01100000.00101100.01011000，请回答下列问题：

   (1) 用十进制数表示上述IP地址？

   (2) 该IP地址是属于A类，B类，还是C类地址？

   (3) 写出该IP地址在没有划分子网时的子网掩码？

   (4) 写出该IP地址在没有划分子网时计算机的主机号？

   (5) 将该IP地址划分为四个子网（包括全0和全1的子网），写出子网掩码，并写出四个子网的IP地址区间（如：192.168.1.1～192.168.1.254）(10分)

2. 把十六进制的IP地址C22F1588转换成用点分割的十进制形式，并说明该地址属于哪类网络地址，以及该种类型地址的每个子网最多可能包含多少台主机。

3. 简述路由器的工作原理。
4. 假定一个 ISP 拥有形为 101.101.100.0/23 的地址块，要分配给四个单位使用，A 单位需要 115 个 IP 地址，B 单位需要 238 个地址，C 单位需要 50 个 IP 地址，D 单位需要 29 个 IP 地址。请提供满足四个单位需要的地址块划分(形式为 a.b.c.d/x)
5. 将某 C 网 192.168.25.0 划分成 4 个子网，请计算出每个子网的有效的 IP 地址范围和对应的网络掩码(掩码用二进制表示)。
6. 办公室内有一台计算机，IP 地址为 202.45.165.243，子网掩码为 255.255.255.160，则该机所在的网络属于哪类网络？其网络是否进行了子网划分？若划分，则分为几个子网？该机的子网号和主机号分别是多少？

第6章　运输层

本章学习计算机网络层次结构中最重要的一层运输层，以TCP/IP模型的运输层作为运输层典型实例展开讨论，学习运输层的两个重要协议：TCP协议和UDP协议的功能和特性。在此基础上，讨论运输层向用户提供的网络编程接口。

6.1　运输层的基本概念

运输层是OSI层模型中负责数据通信的最高层，它弥补了高层所要求的服务和网络层所提供的服务之间的差距，并向高层用户屏蔽通信子网的细节，使高层用户看到的只是在两个传输实体间的一条端到端的、可由用户控制和设定的、可靠的数据通路。

6.1.1　运输层的地位

就网络通信而言，单有网络层提供的主机通信功能是不够的。想象一个场景，一个用户正在上网，他打开了多个浏览器窗口，一个在浏览时事新闻，一个下载文件，还有一个在进行电子商务购物。他同时还在使用邮件客户端接收邮件，并且使用QQ和不同的朋友聊天。可以思考这样一个问题：用户所使用的主机收到的分组都以该主机的IP地址作为目标地址，那么，主机在接收到这些分组的时候，是如何区分这些IP分组，并把它们正确有序地分给上述不同的应用进程呢？如果主机对收到的分组不能加以区分，并将它们对应到正确的应用进程，即不能提供端到端的进程通信功能，那么网络通信就失去应有的价值和意义。提供端到端的进程通信功能是设置运输层的重要原因之一。

在计算机中，进程(process)是操作系统的最基本、最重要的概念之一。进程是程序的一次执行，是动态的程序，而程序是一个在时间上按照严格次序进行的操作系列，是静态的。举例来说，当你安装了 QQ 软件，相当于在硬盘里安装了一段用于聊天的代码。但是，一旦用户打开 QQ 软件进行聊天，则它变成了一个进程，会参与包括 CPU、内存和带宽等资源的分配。目前的计算机操作系统都支持多进程，即同一台计算机上并发运行多个进程，它们之间对于 CPU、内存和带宽等计算资源的竞争由操作系统来进行调度与协调。

在 OSI 模型中，运输层起着承上启下的作用，它的存在不仅是必要的，而且是 OSI 模型中非常重要的一层。运输层在端到端的进程间提供可靠的数据流传输，是整个分层体系的核心。要指出的是，运输层只存在于资源子网的主机设备中，而通信子网中的设备一般只具有下面三层的通信功能。因此，通常又将 OSI 模型下三层统称面向通信子网的层，而将运输层及其以上的层称为面向主机或资源子网的层。另一种划分是将运输层及其以下的层统称为面向通信的层，而之上的层统称面向应用的层，如图 6 - 1 所示。

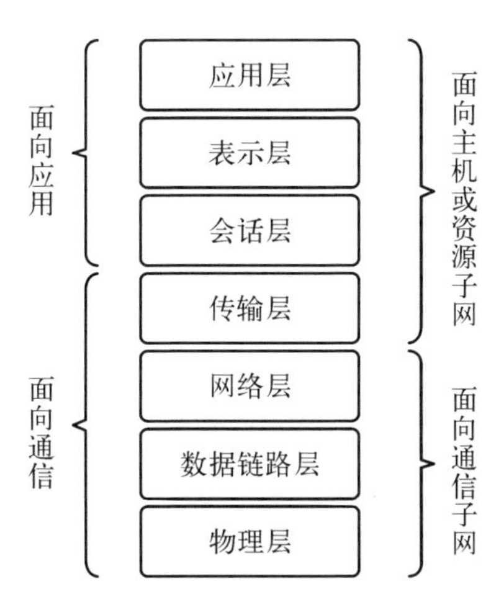

图 6 - 1　运输层在 OSI 模型中的地位

6.1.2　运输层的功能

运输层在网络层次结构中起到了重要的作用。首先，网络层协议只提供了点到点的连接，而运输层协议提供一种端到端的服务，即应用进程之间的通信。其次，网络层协议提供不可靠、无连接和尽力投递的服务，因此，如果对于可靠性要求很高的上层协议，就需要在运输层实现可靠性的保障。

运输层协议主要有协议（Transmission Control Protocol，TCP）协议和（User Datagram Protocol，UDP）。TCP 即传输控制协议，是一个可靠的、面向连接的协议。它允许网络间两台主机之间无差错的信息传输。TCP 协议还进行流量控制，以避免发送过快而发生拥塞。不过这一切对用户都是透明的。

UDP 即用户数据报协议，它采用无连接的方式传送数据，也就是说发送端不关心发送的数据是否到达目标主机，数据是否出错等。收到数据的主机也不会告诉发送方是否收到了数据，它的可靠性由上层协议来保障。

这两个协议针对不同网络环境实现数据传输，各有优缺点。面向连接的 TCP 协议效率较低，但可靠性高，适合于网络链路不好或可靠性要求高的环境；UDP 面向非连接，不可靠，但因为不用传送许多与数据本身无关的信息，所以效率较高，常用于一些实时业务，也用于一些对差错不敏感的应用。这样就可以在不同的场合和要求下选用不同的协议，达到预期通信目标。

为实现端到端进程之间的可靠传输，运输层提供包括网络进程间通信、可靠数据传输、复用和分用等方面。

1. 网络进程通信

为了实现网络进程的可靠通信，首先要实现两个进程之间的连接的建立，通常把连接的定义和建立过程称为握手。为了区分不同的进程，采用进程标识或进程号（Process ID）来唯一标识进程。为了唯一标识网络进程，需要在进程标识之外加入进程所在主机的 IP 地址，形成一个的二元组：主机地址，进程标识；对于一对相互通信的网络进程，需要使用一个的四元组：本地主机地址，本地进程标识，远程主机地址，远程进程标识；而对于一个基于某个网络层协议的网络进程之间的通信，则可以采用一个五元组来表示：如本地主机地址，本地进程标识，远程主机地址，远程进程标识，IP 协议，这也称为一个连接。

可靠的端到端的数据传输开始时，发送方和接收方都要通知各自的操作系统初始化一个连接，一台主机发起的连接必须被另一台主机接收才行。当所有的同步操作完成后，连接就建立成功，开始进行数据传输。在传输过程中，两台主机通过协议软件来通信以验证数据是否被正确接收。数据传输完成后，发送端发送一个标识数据传输结束的指示，接收端在数据传输完成后确认数据传输结束，连接终止。

就一对相互通信的进程而言，主动发起连接请求的进程称为客户

(client),而被动提供响应的进程称为服务器(server),图6-2给出了客户/服务器模式的简单示意。

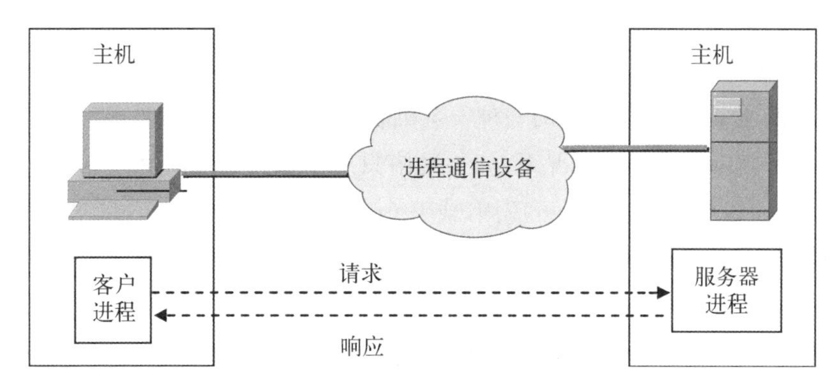

图6-2　客户/服务器进程间通信

2. 可靠的数据传输

为实现端到端可靠的数据传输,运输层需要提供与面向连接服务、流量控制、差错控制等相关的一系列机制。面向连接的服务包括能够为高层建立、维护和拆除端到端连接;端到端的差错检测和恢复机制能够对网络出现的丢包、乱序或重复等问题做出反应或弥补;端到端的流量控制就是以网络普遍接受的速度发送数据,从而防止网络拥塞造成数据报的丢失。

3. 复用和分用

运输层的一个很重要的功能是复用和分用。不同的应用层进程通过不同的端口将数据向下交到运输层,然后再向下共用网络层提供的服务。当这些报文到达目的主机后,目的主机就使用分用功能,通过不同的端口将报文交付到相应的应用进程。

总之,运输层扩展了网络层的服务功能,并通过运输层与高层之间的服务接口向高层提供了端到端进程之间的可靠数据传输。

6.1.3　运输层的服务质量

服务描述了计算机网络层次结构中相邻层之间的关系,在计算机网络层次结构中,第N层利用了N－1层提供的服务,并向N＋1层提供更完善和更高质量的服务。N层是服务的提供者,N＋1层是服务的使用者。例如,数据链路层利用了物理层所提供的原始比特流服务,向网络层提供了相邻节点之间的可靠数据传输服务；网络层利用了数据链路层提供的相邻节点之间的可靠传输服务，向运输层提供了源节点到目标节点的分组传输服务。

作为服务，必然涉及服务质量的问题，在计算机网络中（Quality of Service，QoS），QoS 指一个网络能够利用各种基础技术，为指定的网络通信提供更好的服务能力，是网络的一种安全机制，是用来解决网络延迟和阻塞等问题的一种技术。在正常情况下，如果网络只用于特定的无时间限制的应用系统，并不需要 QoS，比如 Web 应用，或 E-mail 设置等。但是对关键应用和多媒体应用就十分有必要。当网络过载或拥塞时，QoS 能确保重要业务量不受延迟或丢弃，同时保证网络的高效运行。

为适应不同的高层应用，运输层提供的服务也有面向连接和无连接之分。对应于两个重要的协议即传输控制协议 TCP 和用户数据报协议 UDP。其中，UDP 提供无连接的、不可靠的报文传输，而 TCP 则提供面向连接的、可靠的、基于字节流的运输层通信协议。一般情况下，高可靠性的 TCP 用于一次传输要交换大量报文的情形，如文件传输、远程登录等；而高效率的 UDP 用于一次传输交换少量报文的情形，如数据库查询等，其可靠性由应用程序提供，因为交换次数不多，即便发生传输错误，必须重传，应用程序也不会为此付出太大的代价。

6.1.4 TCP/IP 模型的运输层

TCP/IP 模型的运输层提供了两个协议：传输控制协议 TCP 和用户数据包协议 UDP，如图 6－3 所示。

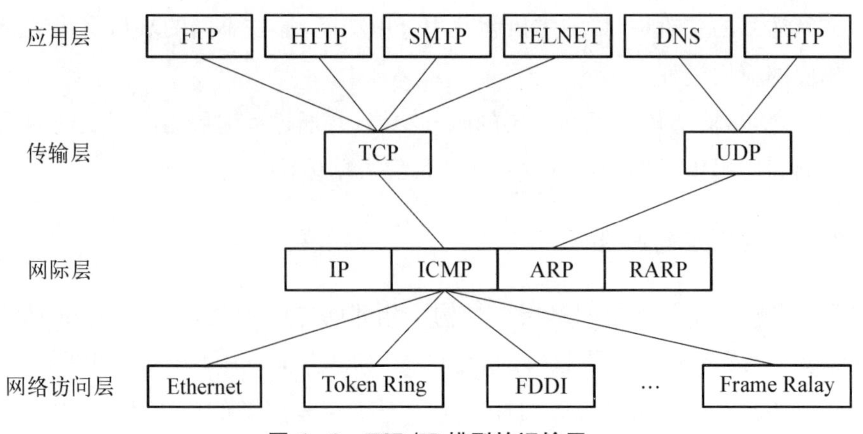

图 6－3 TCP/IP 模型的运输层

在功能方面，运输层与网络层的最大区别是前者提供进程通信能力，后者不提供进程通信能力。在进程通信的意义上，网络通信的最终地址就不仅仅是主机地址了，还包括可以描述进程的某种标识符。为此，UDP 和 TCP 提出端口(Port)的概念，用于标识通信的进程。端口号被定义为一个 16 比特长度的整数，取值是 0 到 $2^{16}-1$，用于区分不同端口。由于 TCP 和 UDP 是完全独立的两个软件模块，因此各自的端口号也相互独立。例如，UDP 有个 266 号端口，TCP 也有一个 266 端口，但这两个端口并不冲突。

对于 UDP 端口号，Internet 符号管理局 IANA 定义了三个类别：著名端口号、注册端口号和临时端口号。著名端口号又称公认端口号，范围为：0～1023，被统一分配使用；注册端口号范围为：1024～49151；临时端口号范围为：49152～65535，它们可被任意选用。表 6-1 所示是常见一些著名的 UDP 端口。

表 6-1　常见 UDP 端口号

端口号	应用层服务	描　　述
53	DNS	域名解析服务
69	TFTP	简单文件传输协议
111	RPC	远程过程调用
161	SNMP	简单网络管理协议

和 UDP 相似，TCP 也采用相关的服务端口来标识服务。TCP 约定 0～1023 为著名端口号，作为标准应用服务使用；1024 以上是自由端口号，由用户应用服务使用。TCP 的一些常用保留端口号如表 6-2 所示。

表 6-2　常见 TCP 端口号

端口号	应用层服务	描　　述
20	FTP	文件传输协议(数据)
21	FTP	文件传输协议(控制)
80	HTTP	超文本传输协议
110	POP3	邮局协议 3
23	Telnet	远程登陆协议

6.2 用户数据报协议 UDP

6.2.1 UDP 协议概述

用户数据报协议 UDP 是在 IP 的数据报服务上增加了端口和简单的差错检测的功能来实现进程到进程的数据传输，它具有以下几个特点：

(1) 发送数据前不需要建立连接(当然发送数据结束时也就没有连接需要释放)，可减少开销和发送数据前的时延。

(2) 没有拥塞控制和流量控制，不保证数据的可靠交付，主机不需要维持具有许多参数的、复杂的连接状态表。

(3) 只有 8 个字节的首部开销，比 TCP 的 20 个字节首部要短得多。

(4) 由于 UDP 没有拥塞控制，所以当网络出现拥塞时不会使原主机的发送速率降低。

UDP 适用简单的请求—响应通信进程，要求快捷简单，而不必考虑流量控制和差错控制，适用于具有流量控制和差错控制机制的进程，例如，UDP 是流式音频、视频流和 IP 语音(VoIP)等应用程序的首选。确认机制将降低传输速度，且在这些情况下没有必要重传。一种使用 UDP 的应用程序是 Internet 广播，它使用流式音频技术。如果消息在网络传输过程中丢失，将不会重传它。丢失少量分组时，听众将听到轻微的声音中断。

6.2.2 UDP 数据报格式

UDP 用户数据报由 UDP 头部和数据区组成。UDP 头部包括源端口号、目标端口号、UDP 总长度和校验和。数据区是数据的存放区域，UDP 的结构如图 6-4 所示。

0 16	31
UDP源端口	UDP目的端口
UDP数据报长度	UDP检验和
数据	
…	

图 6-4 UDP 数据报格式

下面对各个选项说明：

源 IP 地址：数据发送端的 IP 地址，长度为 32 位。

目的 IP 地址：收据接收端的 IP 地址，长度为 32 位。

协议版本：标识协议的版本信息。

源端口号：长度为 16 位，源端口是可选字段。当使用时，它表示发送程序的端口，同时它还被认为是没有其他信息的情况下需要被寻址的答复端口。如果不使用，设置值为 0。

目标端口号：长度为 16 位，标识目标主机对应的端口。

UDP 总长度：长度为 16 位，包括协议头和数据，长度最小值为 8。

校验和：长度为 16 位，采用校验码实现对信息的校验过程。

数据区：有效数据信息的存放区域，要注意的问题是，必须进行数据填充，保证数据容量为 16 的倍数。

由 UDP 数据报格式可知，UDP 数据报没有标识数据分段的字段，因而接收端无从知道所接收的数据报是否发生混序，或是否是重复发送的数据报。为了避免这种情况发生，UDP 协议常用于一次性传输数据量较小的网络应用，这样 UDP 实体就不用对数据进行分段，而这种数据传送方式就是前面讨论的报文交换方式。许多 UDP 应用程序的设计中，其应用程序数据被限制成 512 字节或更小。

6.3　传输控制协议 TCP

6.3.1　TCP 协议概述

TCP 协议是一种面向连接的协议，保证数据分组可靠的、顺序地提交。TCP 协议的面向连接要求通信的 TCP 双方在交换数据之间必须建立连接，可靠、顺序地提交要求 TCP 协议具有流量控制、差错控制等功能。显然，与 UDP 协议相比，这一系列与面向连接的可靠传输有关的功能，会增加 TCP 协议的复杂性和实现开销。正因为这个原因，TCP 主要被用于哪些有大量交互报文需要传输的应用，如文件传输 FTP、远程登录 Telnet、电子邮件 E-mail 和 Web 服务等。这种基于连接的通信方式类似于日常生活中人和人之间的交流，图 6-5 展示了一个日常生活中人与人之间的通信和主机利用 TCP 协议进行文件传输的比较示意。

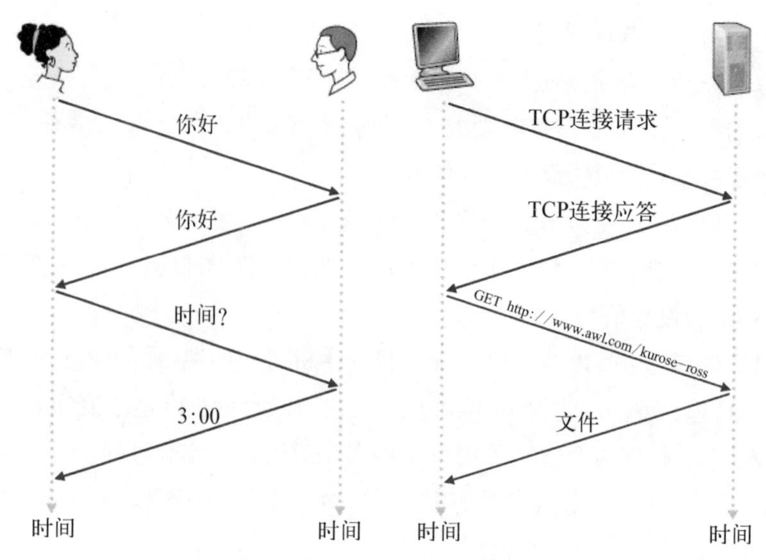

图 6-5　人与人通信和主机通信的比较

6.3.2　TCP 报文格式

应用层的数据在发送的时候要被封装在 TCP 报文中，这个封装过程实际上是给应用层数据加上 TCP 的头部，TCP 的头部说明了该报文的接收进程、传送方式、流量控制和连接管理等内容，图 6-6 给出了 TCP 报文的格式，其中有关字段的说明如下：

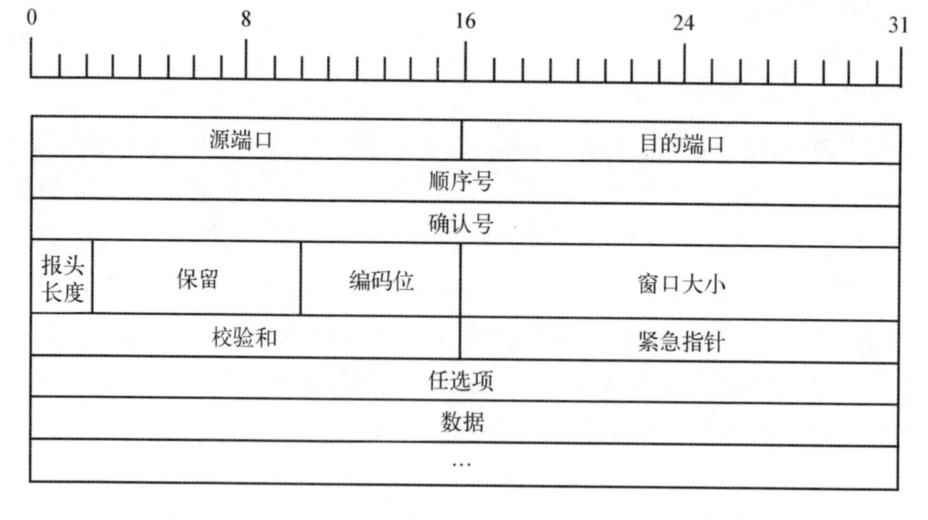

图 6-6　TCP 报文格式

源、目标端口号字段：占16比特。TCP协议通过使用“端口”来标识源端和目标端的应用进程。端口号可以使用0到65 535之间的任何数字。在收到服务请求时，操作系统动态地为客户端的应用程序分配端口号。在服务器端，每种服务在“著名的端口”为用户提供服务。

顺序号字段：占32比特。用来标识从TCP源端向TCP目标端发送的数据字节流，它表示在这个报文段中的第一个数据字节。

确认号字段：占32比特。只有ACK标志为1时，确认号字段才有效。它包含目标端所期望收到源端的下一个数据字节。

头部长度字段：占4比特。给出头部占32比特的数目。没有任何选项字段的TCP头部长度为20字节；最多可以有60字节的TCP头部。

标志位字段(U、A、P、R、S、F)：占6比特。各比特的含义如下：

- URG：紧急指针有效。
- ACK：确认序号有效。
- PSH：接收方应该尽快将这个报文段交给应用层。
- RST：重建连接。
- SYN：发起一个连接。
- FIN：释放一个连接。

窗口大小字段：占16比特。此字段用来进行流量控制。单位为字节数，这个值是本机期望一次接收的字节数。

TCP校验和字段：占16比特。对整个TCP报文段，即TCP头部和TCP数据进行校验和计算，并由目标端进行验证。

紧急指针字段：占16比特。它是一个偏移量，和序号字段中的值相加表示紧急数据最后一个字节的序号。

选项字段：占32比特。可能包括“窗口扩大因子”、“时间戳”等选项。

6.3.3 TCP建立连接过程

TCP使用三次握手协议来建立连接。连接可以由任何一方发起，也可以由双方同时发起。一旦一台主机上的TCP软件主动发起连接请求，运行在另一台主机上的TCP软件就被动地等待握手。

图6-7给出了三次握手建立TCP连接的简单示意。

主机1首先发起TCP连接请求(第一次握手)，并在所发送的序号为x的

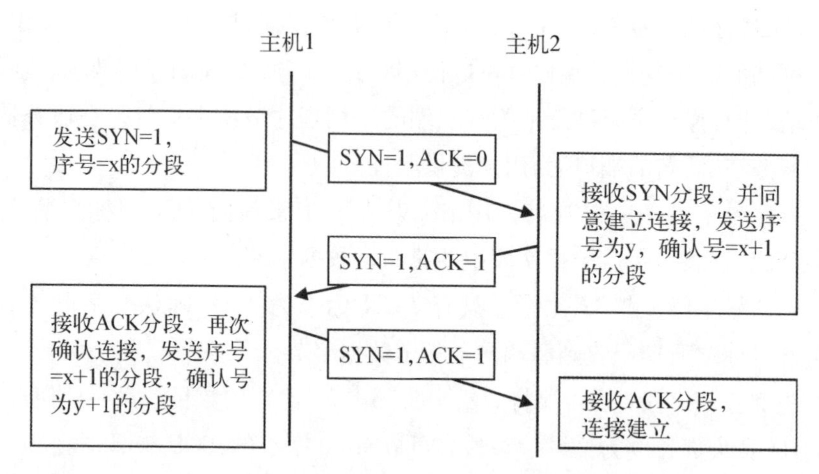

图 6-7 三次握手建立 TCP 连接

连接请求分段中，将编码位字段中的 SYN 位置“1”，ACK 位置“0”。主机 2 收到该分段，若同意建立连接，则发送一个序号为 y 的连接接受应答分段(第二次握手)，其中编码位字段的 SYN 和 ACK 位均被置“1”，指示对第一个 SYN 报文段的确认，以继续握手操作；否则，主机 2 要发送一个将 RST 位置“1”的应答分段，表示拒绝建立连接。主机 1 收到主机 2 发来的同意建立连接分段后，还有再次选择的机会，若确实要建立这个连接，则向主机 2 再次发送一个编码位 SYN=1，ACK=1，确认号为 y+1 的确认分段(第三次握手)。只有在完成上述三次分段交互之后，主机 1 和主机 2 的运输层才会通知各自的应用层传输连接成功建立。若主机 1 在收到主机 2 的确认后，不想建立该连接，则可以发送一个将 RST 位置“1”的应答分段来告知主机 2 拒绝建立连接。

不管是哪一方先发起连接请求，一旦连接建立，就可以实现全双向的数据传输。TCP 将数据流看做字节的序列，将从用户进程接收的任意长的数据，分成不超过 64KB(包括 TCP 头在内)的分段，以适合 IP 数据报的载荷能力。所以对于一次传输要交换大量报文的应用，往往需要以多个分段进行传输。

6.3.4 TCP 释放连接过程

数据传输完成后，进行 TCP 连接的释放过程。TCP 协议使用修改的三次握手协议来关闭连接，以结束会话。TCP 连接是全双工的，可以看作两个不同方向的单工数据流传输。一个完整连接的拆除涉及两个单向连接的拆除。连接的关闭过程如图 6-8 所示。

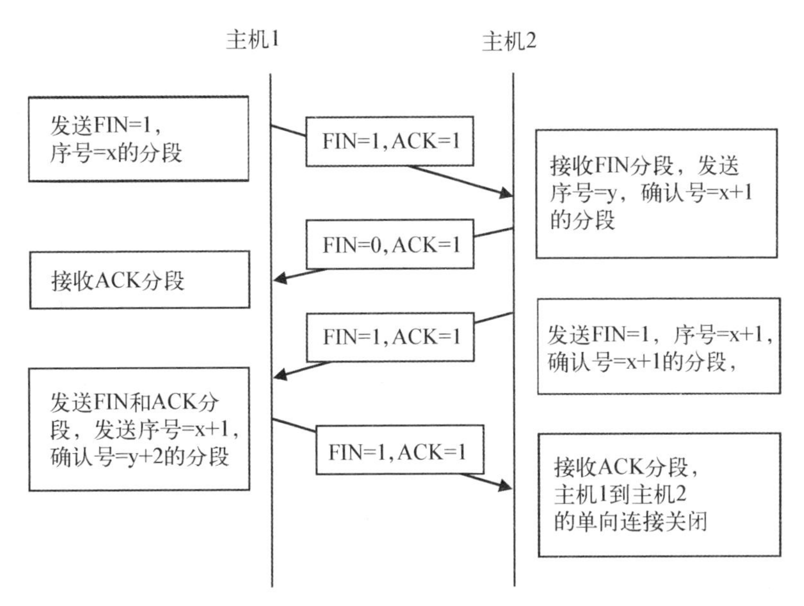

图 6-8　关闭连接的三次握手过程

当主机 1 的 TCP 数据已发送完毕时，在等待确认的同时可发送一个将编码位字段的 FIN 位置"1"的分段给主机 2，若主机 2 已正确接收主机 1 的所有分段，则会发送一个数据确认分段，同时通知本地相应的应用程序，对方要求关闭连接。主机 2 接着再发送一个对主机 1 所发送的 FIN 分段进行确认的分段，否则，主机 1 就要重传那些主机 2 未能正确接收的分段。收到主机 2 关于 FIN 确认后的主机 1 需要再次发送一个确认拆除连接的分段，主机 2 收到该确认分段意味着从主机 1 到主机 2 的单向连接已经结束。但是，此时在相反的方向上，主机 2 仍然可以向主 1 发送数据，直到主机 2 数据发送完毕并要求关闭连接。一旦当两个单向连接都被关闭，则两个端节点上的 TCP 软件就要删除与这个连接的相关记录，于是原来所建立的 TCP 连接被完全释放。

6.3.5　TCP 流量控制

TCP 采用可变长度的滑动窗口协议进行流量控制，接收方在返回给发送方的段中报告发送窗口的大小。当窗口为 0 时发送方停止发送。但有两种情况例外，一是可以发送紧急数据，例如终止在远端计算机上的运行进程；第二种情况可以发送一个 1 字节的数据段，要求接收方重申窗口大小及下一个准备接收的字节序号，这是为了避免因窗口声明丢失造成死锁的问题。

早期的 TCP 设计中，没有解决不同速率的数据填充问题。当收发两端的应用程序以不同速率工作时，TCP 的发送方将接收方的缓冲区填满，当接收方应用程序从饱和的缓冲区中读取一个字节后，接收方的缓冲区具有可用空间，TCP 软件就会生成一个确认，通告一个字节的窗口；发送方得知空间可用后，会发送一个包含 1 字节的段，又把空间填满。这个过程会不断重复，导致大量的带宽浪费，这个问题称为糊涂窗口综合征。

现行的 TCP 标准使用启发式方法来防止糊涂窗口综合征，发送方使用启发式技术避免传输包含少量数据段，而接收方使用启发式技术防止送出可能会引发小数据分组的、具有微小增量值的窗口通告。

启发式技术的思路是，仅当窗口大小增加到缓冲区空间的一半或者一个最大的 TCP 段中包含的数据字节数时才发送增加窗口的通告。当窗口大小没有达到指定的限度时，推迟发送确认。

推迟确认能够降低通信量并提高吞吐率。如果在确认推迟期间到达新的数据，那么对收到的所有数据只需使用一个确认；如果应用程序在数据到达之后立即产生响应，那么短暂的延迟正好把确认捎带在一个数据段中发送回来；另外，在推迟确认的时间内，如果应用程序从缓冲区中读取了数据，还可以在返回的段中捎带窗口加大通告。

推迟确认的缺点是，当确认延迟太大时，会导致不必要的重传，也会给 TCP 估计往返时间带来混乱。为此 TCP 标准规定了推迟确认的时间限度(最多 500 ms)，而且推荐接收方至少每隔一个报文段使用正常方式对报文段进行确认，以便估计往返时间。

6.3.6 TCP 拥塞控制

TCP 协议根据数据包的超时来判断网络中是否出现了拥塞，并自动降低传输速率。TCP 拥塞控制的最根本的办法是降低数据传输速率。超时产生有两个原因：一是数据包传输出错被丢弃；二是拥塞的路由器把数据包丢弃。

由于发送速率受制于接收端的缓冲区大小和网络的处理能力，所以 TCP 要维护两个窗口，即接收窗口和拥塞窗口。接收窗口是接收端能够接收的数据流量最大值，拥塞窗口用于在发生拥塞时将数据流量限制到小于接收缓冲区大小，由此可知，发送窗口等于接收窗口和拥塞窗口的最小值。

目前 TCP 使用慢启动和加速递减两种技术来实现拥塞控制。加速递减策略指的是，一旦发现超时，立即将拥塞窗口的大小减半（最后减到最小值 1），对于保留在发送窗口中的段，将重传定时器的时限加倍（按指数规律对重传定时器进行补偿）。拥塞窗口在持续出现超时的时候按指数规律递减通信量和重传速率，从而迅速减少通信量，以便路由器获得足够的时间来清除其发送队列中已有的数据报。

拥塞结束后，TCP 恢复传输采用慢启动策略。慢启动策略指的是，在启动新连接的传输或在拥塞之后增加通信量时，仅以一个报文段作为拥塞窗口的初始值，每当收到一个确认之后，将拥塞窗口大小增加 1。

为了避免窗口增加过快，TCP 还附加了一个限制。当拥塞窗口达到拥塞最大窗口大小的一半时，TCP 进入拥塞避免状态，降低窗口增加的速度，仅当窗口中所有的报文段都被确认后，窗口大小增 1。因此 TCP 还必须维护第三个参数，这是一个门限值，指示拥塞窗口大小从指数增加转为线性增加的临界点。

起始时门限值设为 64KB（最大的接收窗口值），拥塞窗口为 1，使用慢启动算法发送数据。当发生超时时，将门限值设为当前拥塞窗口的一半（加速递减），并取拥塞窗口为 1，又使用慢启动算法发送数据。当拥塞窗口达到门限值时进入拥塞避免状态，直至又超时或到达接收窗口。当拥塞窗口达到接收窗口时就不再增加。

6.4　客户/服务器模式

6.4.1　客户/服务器模式的概念

客户/服务器（client/server）模式在分布式计算中极其普遍，客户（client）和服务器（server）的术语是指一个通信中所涉及的两个应用。主动启动通信的应用称为客户，而被动等待通信的应用称为服务器。即：网络应用使用称为客户/服务器模式的通信方式。服务器应用被动地等待通信，而客户应用主动地启动通信（见图 6-9）。

一套足够强大的计算机系统能够同时运行多个客户与服务器，这样就需要在两方面具有足够的能力。首先，这台计算机必须具有足够的硬件资源（例如一个快速的处理器和足够的存储器）；其次，这台计算机必须具有允许多个

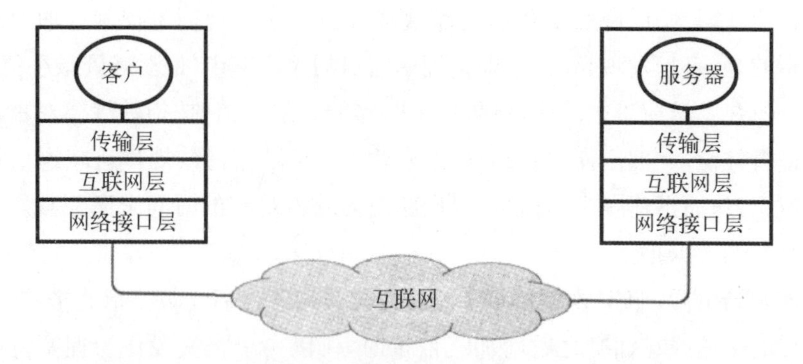

图 6-9 一对客户和服务器使用 TCP/IP 在互联网上通信

应用程序并发执行的操作系统(例如 UNIX 或 Windows)。在这样的系统上,对应每种提供的服务有一个服务器程序在运行。例如,一台计算机可能同时运行文件服务器和 WWW 服务器。图 6-10 说明了一种可能的安排。

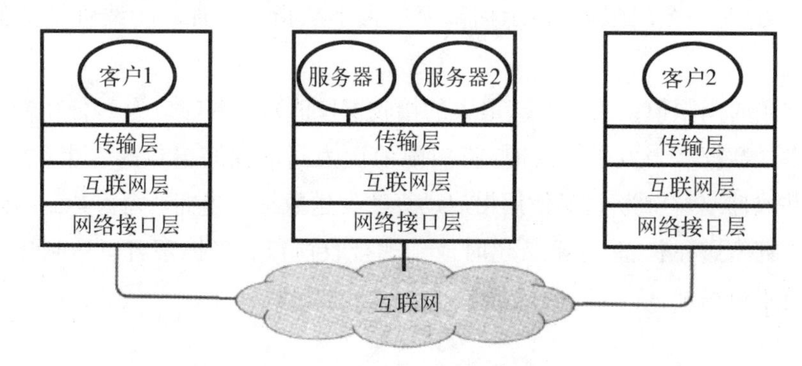

图 6-10 一台计算机上的两个服务器被另两台客户访问

举例来说,电子邮件交换、Web 访问和数据库访问功能都是建立在客户服务器模式之上的。用户访问银行服务,从他们的个人计算机上通过登录 Web 浏览器将客户端发送请求发送到银行的 Web 服务器。另一家银行的计算机则可能发送一个请求到数据库服务器检索帐户信息。该余额返回到银行的数据库客户端,并将结果返回给用户的浏览器显示。客户机服务器模式已成为网络计算的核心思想之一,目前许多常用的 FTP 服务器、应用服务器、数据库服务器、域名服务器、邮件服务器、文件服务器等打印服务器都属于客户/服务器模式。

传统的网络应用主要集中在文件及数据的共享方面,其特征是应用程序由服务器调入工作站内运行,数据库操作也是将整个库调入工作站进行的。

而在客户/服务器计算环境中,应用程序被分为两部分：一部分在工作站上运行,提出对数据库操作的请求。另一部分则在服务器上运行,应工作站的请求如对数据库进行处理,从而在客户与服务器之间协调完成同一计算任务。具体来说,客户/服务器具有如下优点。

(1) 在大多数情况下,客户机服务器体系结构提高了服务器维护的简便性。例如,它可以更换、维修、升级,甚至迁移服务器,同时它的客户都不知情,并保持该更改的影响。

(2) 所有数据都存储在服务器上,通常比大多数客户更大的安全控制。服务器可以更好地控制访问和资源,以保证只有那些具有适当权限的用户可以访问和更改数据。

(3) 由于数据的集中存储,对数据的更新是更容易管理。而P2P模式中,数据更新可能需要分发和应用到每个网络中的对等,既费时又容易出错,因为可以有成千上万甚至数百万的同龄人。

(4) 许多成熟的客户端服务器技术已经可以方便安全地使用,用户界面友好。

6.4.2　客户/服务器模式的组成

一个完整的客户/服务器系统一般包括服务器软件、客户机软件和连接软件三部分。

服务器软件根据客户的请求提供各种相应的服务,典型的服务有文件服务、应用服务(如打印服务、邮件服务、科学计算服务、图形处理服务)、数据库服务等。

为了共享服务器上的资源(设备、软件或信息),客户机上必须具备重定向程序、运输层程序和应用程序,这些程序称为客户机软件。

1) 重定向程序

重定向程序使客户机上应用程序发的访问网络的请求通过网络接口卡送到网络服务器上,而不是送到本地I/O设备接口上。

网络工作站在运行应用程序时,有时访问客户机本身的资源,有时又要访问网络上的资源。当需要使用网络上的资源时,就要启动重定向程序。重定向程序可使网络上的资源就像本地设备一样使用。如网络服务器上的共享磁盘就好像是网络工作站的本地磁盘。同样,使用网络上的共享打印机就像使用本地打印机一样。

2）运输层程序

它负责把重定向程序送来的客户机网络服务请求送上网络，传给相应的服务器。它由三个部分组成：应用程序接口(API)、网络通信软件和网络接口卡驱动程序。

网络通信软件要遵守标准的通信协议，如 NetBIOS、TCP/IP 或 IPX/SPX 等。网络接口卡驱动程序一般由网络接口卡厂家提供。应用程序接口是给重定向程序(以及直接调用运输层程序的应用程序)提供一个发送和接收网络请求的手段。

3）应用程序

由于重定向程序将网络服务请求从本地重定向到网络设备上，所以客户机上的应用程序并不一定需要有“网络版本”。但当应用程序共享网络服务器上数据时，为了保证数据一致性，通常要封锁其他工作站对该数据的访问。

连接软件通常建立在网络协议之上，驻留在服务器与客户机两端，提供透明的网络连接与服务，让应用与开发人员更直观地使用网络。

客户/服务器模式可以通过合理地分配任务进程，减少共享程序及数据在网络中的传输量，从而提高网络通信效率，更有效地使用网络资源。

客户/服务器模式的主要特点可归纳为：

(1) 客户/服务器模式是一种分布式处理模式，应用程序的任务分别由客户机和服务器分担。这样，一方面发挥了客户机的处理能力，另一方面减轻了服务器的负担。它使得数据处理尽可能地向正在被处理的数据靠拢，从而大大降低网络数据流量及响应时间，重负载网络的有效负荷和运载量都大大提高，而对网络带宽的要求也就降低了。

(2) 支持多用户数据库，实施数据访问安全控制，保证数据完整性。

(3) 系统的可塑性好，能够根据需要方便地在网络中增加客户机或服务器。当环境发生改变时，系统也有较大的灵活性对网络资源进行重新配置。

(4) 由于充当客户机的 PC 机能够具有良好的图形用户界面和丰富的应用软件，使得客户/服务器模式的表现能力增强，访问数据更加容易。

(5) 允许采用开放式系统，不同厂商的计算机产品能够通过网络连接在一起进行协同工作，允许最终用户摆脱对专门系统的依赖，便于应用程序的移植。

6.5 套接字编程基础

6.5.1 套接字的概念

套接字接口(sockets)是一种网络应用程序编程接口(Application Programming Interface, API),可以使用它开发网络程序。套接字接口提供一种进程间通信的方法,使得在相同或不同的主机上的进程能以相同的规范进行双向信息传输。进程通过调用套接字接口来实现相互之间的通信,而套接字接口又利用下层的网络通信协议功能和系统调用实现实际的通信工作。

进程之间要进行通信,首先要调用 API,由套接字负责将进程接收和发送的请求信息通过下层的网络通信协议服务接口向上或向下交付,所以套接字接口是应用层到运输层的接口。

1. 套接字的类型

套接字类型是指创建套接字的应用程序要使用的通信服务的类型,常用的 TCP/IP 协议的 3 种套接字类型如下所示。

(1) 流套接字(SOCK_STREAM)。流套接字用于提供面向连接、可靠的数据传输服务。该服务将保证数据能够实现无差错、无重复发送,并按顺序接收。流套接字之所以能够实现可靠的数据服务,原因在于其使用了传输控制协议 TCP 协议。

(2) 数据报套接字(SOCK_DGRAM)。数据报套接字提供了一种无连接的服务。该服务并不能保证数据传输的可靠性,数据有可能在传输过程中丢失或出现数据重复,且无法保证顺序地接收到数据。数据报套接字使用 UDP 协议进行数据的传输。由于数据报套接字不能保证数据传输的可靠性,对于有可能出现的数据丢失情况,需要在程序中做相应的处理。

(3) 原始套接字(SOCK_RAW)。原始套接字允许低于运输层的协议或物理网络直接访问,例如可以接收和发送 ICMP 报。原始套接字常用于监测新的协议。

2. 套接字的地址结构

在使用套接字函数编写网络程序时,大多数函数都需要一个指向地址结构的套接字指针,每个协议族都定义了自己的套接字地址结构。以 Linux 操作系统为例,这些结构的名字均以 sockaddr_开始。例如 IPv4 的套接字地址结构为 socketaddr_in，而 IPv6 的套接字地址结构为 sockaddr_in6。

IPv4 套接字地址结构：IPv4 套接字地址结构通常也称为“网际套接字地址结构”，它的结构名为 sockaddr_in，定义在头文件<netinet/in.h>中，其结构定义如下：

```
struct sockaddr_in {
short int sin_family; /* Address family */
unsigned short int sin_port; /* Port number */
struct in_addr sin_addr; /* Internet address */
unsigned char sin_zero[8]; /* Same size as struct sockaddr */
};
```

其中，sin_family 指代协议族，在 socket 编程中只能是 AF_INET；sin_port 为存储端口号；sin_addr 存储 IP 地址，使用 in_addr 数据结构；sin_zero 是为了让 sockaddr 与 sockaddr_in 两个数据结构保持大小相同而保留的空字节。而其中 in_addr 结构的定义如下：

```
typedef struct in_addr {
union {
struct{ unsigned char s_b1,s_b2,s_b3,s_b4;} S_un_b;
struct{ unsigned short s_w1,s_w2;} S_un_w;
unsigned long S_addr;
} S_un;
} IN_ADDR;
```

很显然，in_addr 是一个存储 IP 地址的联合体，它有三种表达方式：第一种用四个字节来表示 IP 地址的四个数字；第二种用两个双字节来表示 IP 地址；第三种用一个长整型来表示 IP 地址。如图 6－11 所示用图形的方式画出了 IPv4 的地址结构构成。

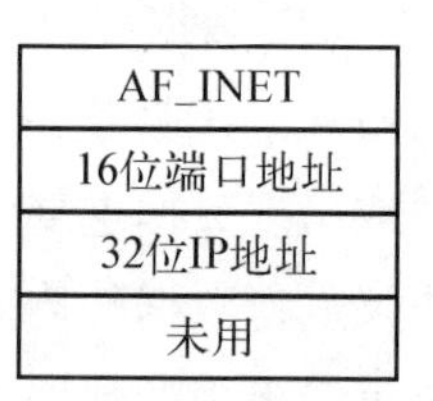

图 6－11　IPv4 套接字地址结构

6.5.2　TCP 套接字编程简介

使用 TCP 套接字编程可以实现基于 TCP/IP 协议的面向连接的通信，它分为服务器和客户端两部分，其主要实现过程如图 6－12 所示。

TCP 套接字编程中，服务器端实现的步骤如下：

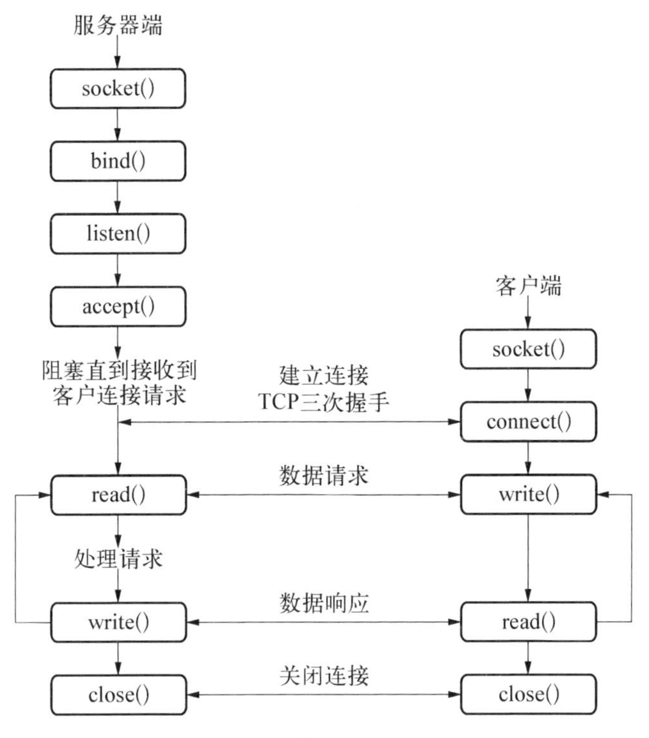

图 6-12　TCP 套接字编程实现过程

- 使用 socket()函数创建套接字。
- 将创建的套接字绑定到指定的地址结构。
- 调用 listen()函数设置套接字为监听模式，使服务器进入被动打开的状态。
- 接受客户端的连接请求，建立连接。
- 接收、应答客户端的数据请求。
- 终止连接。

客户端实现的步骤相比比较简单，主要步骤如下：

- 使用 socket()函数创建套接字。
- 将创建的套接字绑定到指定的地址结构。
- 调用 listen()函数设置套接字为监听模式，使服务器进入被动打开的状态。
- 接受客户端的连接请求，建立连接。

可以看出，虽然整个 TCP 套接字编程实现的过程较为复杂，但是它的模式相对固定。关于具体的基本的套接字编程函数可参考相关书籍。

6.5.3 UDP套接字编程简介

使用UDP套接字编程可以实现基于TCP/IP协议的面向无连接的通信，它分为服务器和客户端两部分，其主要实现过程如图6-13所示。

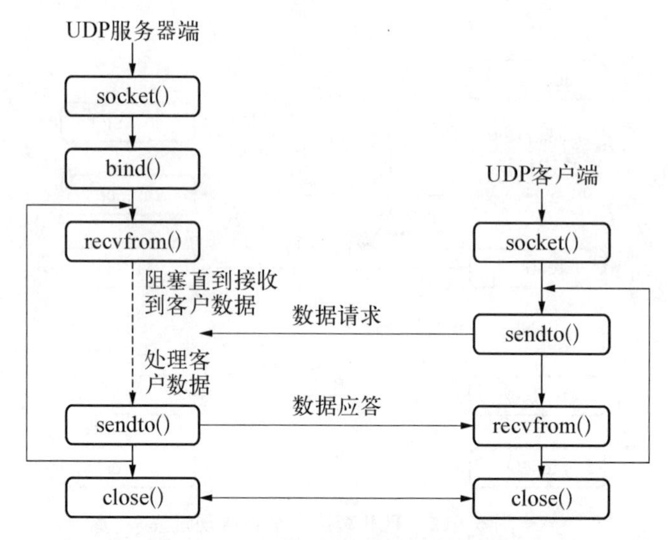

图6-13 UDP套接字编程实现过程

在UDP套接字编程中，服务器端实现的步骤如下：

- 使用socket()函数创建套接字。
- 将创建的套接字绑定到指定的地址结构。
- 等待接收客户端的数据请求。
- 处理客户端请求。
- 向客户端发送应答数据。
- 关闭套接字。

客户端实现的步骤很简单，步骤如下：

- 使用socket()函数创建套接字。
- 发送数据请求给服务器。
- 等待接收服务器的数据应答。
- 关闭套接字。

UDP使用的套接字函数具体可参考相关书籍。

本 章 习 题

一、选择题

1. 设计运输层的目的是为了弥补通信子网服务质量的不足，提高数据传输服务的可靠性，确保网络________。

A. 安全　B. 服务质量　C. 连通　D. 带宽

2. 端口号可以分为三类，分别是著名端口号、自由端口号和________。

A. 注册端口号　B. 临时端口号　C. 永久端口号　D. 全局端口号

3. TCP 中，提供 FTP 数据传输的服务端口号是________。

A. 21　B. 20　C. 80　D. 25

4. 使用 UDP 的网络应用，其数据传输的可靠性由________负责。

A. 运输层　B. 数据链路层　C. 应用层　D. 网络层

5. TCP 的连接采用________方式建立。

A. 滑动窗口协议　B. 三次握手

C. 积极确认　D. 端口

6. 对于下列说法中，错误的是________。

A. TCP 协议可以提供可靠的数据流传输服务

B. TCP 协议可以提供面向连接的数据流传输服务

C. TCP 协议可以提供全双工的数据流传输服务

D. TCP 协议可以提供面向非连接的数据流传输服务

7. 三次握手方法用于________。

A. 传输层连接的建立　B. 数据链路层的流量控制

C. 传输层的重复检测　D. 传输层的流量控制

二、填空题

1. 运输层协议主要有________和________。

2. TCP 协议是一种________的协议，提供数据分组________、________的提交。

3. 客户/服务器模式在分布式计算中极其普遍，主动启动通信的应用称为________，而被动等待通信的应用称为________。

4. ________是一种网络应用程序编程接口 API(Application Programming

Interface),可以使用它开发网络程序。

5. 套接字的主要类型包括________、________和________三类。

三、问答题

1. 什么是端口？端口可以分为哪几类？
2. TCP 采用了什么机制来保证端到端的可靠传输。
3. 三次握手的主要过程是什么？
4. TCP 协议和 UPD 协议的主要区别有哪些？

第 7 章　应用层

在前面各章中，我们对 OSI 参考模型的下面各层功能进行了讨论，并介绍了相关的技术。OSI 模型的下面各层所实现的最终目的就是为应用层服务。应用层为网络用户提供了多种多样的网络应用服务，是用户使用网络应用的接口。如果没有应用层，那下面的各层就失去了意义。本章我们先简单讨论应用层的功能，然后介绍应用层提供的各类服务，在此基础上介绍应用层的各种协议，最后介绍应用层设备工作站和服务器。

7.1　应用层的基本概念与服务

应用层位于 TCP/IP 参考模型的最高层，其通过使用下面各层所提供的服务，直接向用户提供服务，是计算机网络与用户之间的界面或接口。应用层由若干面向用户提供服务的应用程序和支持应用程序的相关协议组成。

7.1.1　应用层的基本概念

网络应用层是网络体系结构的最高层，在这一层中可以找到所有的面向普通用户的网络应用。应用层的下面各层提供了面向通信子网的传输服务，但是它们并不是直接为处于资源子网的用户工作，必须由网络的应用层来为资源子网的用户提供这些服务，最常见的也就是基于全球互联网 Internet 所提供的服务。随着 Internet 的高速发展，目前 Internet 上的各种服务已达 65 535 种，其中多数服务是免费提供的。而且随着 Internet 商业化的发展趋势，它所能提供的服务将会进一步增多。目前 Internet 的基本服务功能主要有以下几种：万维网服务、电子邮件服务、文件传输服务、域名服务和即时通服务等。

7.1.2　万维网

1. 超文本与超媒体

万维网(Word Wide Web，WWW)的含义是“环球网”,俗称“万维网”或3W、Web。我们现在常说的基于Web的服务实际上就是指基于万维网的服务。它是由欧洲粒子物理实验室研制的基于Internet的信息服务系统,目前已经成为很多人在网上查找、浏览信息的主要手段。WWW是一种交互式图形界面的Internet服务,具有强大的信息连接功能。它使得成千上万的用户通过简单的图形界面就可以访问各个大学、科研组织、公司等的最新信息和各种服务。

要想了解WWW,首先要了解超文本(hypertext)与超媒体(hypermedia)的基本概念,因为它们正是WWW的信息组织形式。超文本是美国学者纳尔逊1965年自造的英语新词。超文本是计算机出现后的产物,它以计算机所储存的大量数据为基础,使得原先的线性文本变成可以通向四面八方的非线性文本,读者可以在任何一个关节点上停下来,进入另一重文本,然后再点击、进入又一重文本,理论上,这个过程是无穷无尽的。

长期以来,人们一直在研究如何对信息进行组织,其中最常见的方式就是人们所读的各种书籍。书籍是采用一种有序的方式来组织信息。读者一般是从书的第一页翻到最后一页顺序地学习他所需要了解的知识。随着计算机技术的发展,人们不断推出新的信息组织方式,以方便人们对各种信息的访问。人们常说的计算机用户界面设计,实际上也是在解决信息的组织方式问题。例如,在各类软件系统中,菜单是早期人们常见的一种软件用户界面。用户在看到最终信息之前,总是浏览于菜单之间。当用户选择了代表信息的菜单项后,菜单消失,取而代之的是信息内容,用户看完内容后,重新回到菜单之中。

超文本方式对普遍的菜单方式作了重大的改进,它将菜单集成于文本信息之中,因此它可以看作是一种集成化的菜单系统。用户直接看到的是文本信息本身,在浏览文本信息的同时,随时可以选中其中的“热链”。“热链”往往是上下文关联的单词,通过选择热链可以跳转到其他的文本信息。超文本正是在文本中包含了与其他文本的链接,这就形成了它的最大特点：无序性。

超媒体进一步扩展了超文本所键接的信息类型。用户不仅能从一个文本跳转到另一个文本,而且可以激活一段声音、显示一个图形,甚至可以播放一段动画。在目前市场上，流行的多媒体电子书籍大都采用这种方式来组织信息。例如在一本多媒体儿童读物中，当读者选中屏幕上显示的景点图片、文字时，也能看到一段关于景点动画的介绍，同时可以播放一段音乐。超媒体可以通过这种集成化的方式，将多种媒体的信息联系在一起。

超文本与超媒体通过将菜单集成于信息之中，使用户的注意力可以集中于信息本身。这样做不仅可以避免用户对菜单理解的二义性，而且能将多媒体信息有机地结合起来。因此，超文本与超媒体得到了各方面的广泛应用。目前，超文本与超媒体的界限已经比较模糊了，我们通常所指的超文本一般也包括超媒体的概念。

2. 万维网 WWW

WWW 同样也是建立在客户机/服务器模型之上的。WWW 是以超文本标记语言（Hyper Text Markup Language，HTML）与超文本传输协议（Hyper Text Transfer Protocol，HTTP）为基础，能够提供面向 Internet 服务的、一致的用户界面的信息浏览系统。其中 WWW 服务器采用超文本链路来链接信息页，这些信息页既可放置在同一主机上，也可放置在不同地理位置的主机上；文本链路由统一资源定位器（URL）维持，WWW 客户端软件（即 WWW 浏览器）负责信息显示与向服务器发送请求。

Internet 采用超文本和超媒体的信息组织方式，将信息的链接扩展到整个 Internet 上。目前，用户利用 WWW 不仅能访问到 Web 服务器的信息，而且可以访问到 Gopher、WAIS、FTP、Archie 等网络服务。因此，它已经成为 Internet 上应用最广和最有前途的访问工具，并在商业范围内日益发挥着越来越重要的作用。

在 WWW 出现之前，最常用的 Internet 信息检索方式是菜单方式，菜单驱动的应用程序可以看成是一种树型结构。使用菜单方式操作时，用户总是从主菜单（根）开始搜索，一步一步通过子菜单（枝），最后延伸到被检索的信息内容（叶）。这种检索方式有很大的缺点，那就是用户在“叶”上找不到预期的信息时，必须返回到根，然后重新搜索，因此搜索的效率较低，用户使用不便。

如同 Web 的含意一样，WWW 的信息结构是网状的，它是一种纵横交错的网状系统。WWW 最初是由设立在瑞士的欧洲粒子物理实验室的科研人员于 1989 年开发出来的。原先设计的实际上是超文本标注语言 HTML，其目的是为分布在世界各地的物理学研究组织提供信息服务，使组内成员可以方便地交换信息或想法。WWW 问世之初并没有引起太多的重视，直到第一个设计新颖、使用方便的 WWW 浏览器 Mosaic 的问世，它才开始被广泛地使用。目前，已经有很多 Web Server 分布在世界各地，大到一个国际组织或政府结构的 Web Server，小到一个用户个人的 Web Server，并且它的数量正在以惊人的速度增长。

WWW 服务的特点是它高度的集成性。它能将各种类型的信息如文本、图像、声音、动画、影像等与服务如 News、FTP、Telnet、E-mail 等紧密连接在一起，提供生动的图形用户界面。WWW 为人们提供了查找和共享信息的简便方法，同时也是人们进行动态多媒体交互的最佳手段。

WWW 服务的特点主要有以下几点：

- 以超文本方式组织网络多媒体信息。
- 用户可以在世界范围内任意查找、检索、浏览及添加信息。
- 提供生动直观、易于使用、统一的图形用户界面。
- 网点间可以互相链接，以提供信息查找和漫游的透明访问。
- 可访问图像、声音、影像和文本信息。

正是由于 WWW 具有以上的特点，所以引起了人们越来越高的重视，同时也促进了 Internet 应用的发展。

3. 超文本传输协议 HTTP

超文本传输协议 HTTP 是 WWW 客户机与 WWW 服务器之间的应用层传输协议。HTTP 是用于分布式协作超文本信息系统的、通用的、面向对象的协议，它可以用于域名服务或分布式面向对象系统。HTTP 协议是基于 TCP/IP 之上的协议。HTTP 会话过程包括四个步骤：连接（connection）、请求（request）、应答（response）和关闭（close），具体将在后面的章节进行讲解。

4. 超文本标注语言 HTML

超文本标注语言 HTML 是一种用来定义信息表现方式的格式，它告诉 WWW 浏览器如何显示信息，如何进行链接。因此，一份文件如果想通过 WWW 主机来显示的话，就必须要求它符合 HTML 的标准。由于 HTML 编写制作的简易性，它对促进 WWW 的迅速发展起到了重要的作用，并且作为 WWW 的核心技术在 Internet 中得到了广泛地应用。

HTML 是 WWW 上用于创建超文本链接的基本语言，可以定义格式化的文本、色彩、图像与超文本链接等，主要被用于 WWW 主页的创建与制作。通过标准化的 HTML 规范，不同厂商开发的 WWW 浏览器、WWW 编辑器与 WWW 转换器等各类软件可以按照同一标准对主页进行处理，这样用户就可以自由地在 Internet 上漫游了。

(Virtual Reality Modeling Language, VRML)称为虚拟现实模型语言，也就是虚拟现实的 HTML 格式，用于描述 3D 画面。用户可以通过支持 VRML 的 WWW 浏览器看到许多动态的主页，如旋转的三维物体等，并能自己随意控制物体的运动，给人一种身临其境的感觉，这样可以大大提高主页的吸引力。

用 HTML 语言写的文件就是人们常说的 homepage，又叫网页。也可以说 Web 服务器是由许多的网页组成的。当然，在 Web 上还有一些嵌入网页的语言工具，例如：JavaScript、VBScript、ActiveX、各种专用的 Plug-in 及图形、图像文件。HTML 语言由许多的标签(Tag)组成，用这些标签可以标识信息的不同显示方式。标签均由“<”和“>”符号以及一个字符串组成，浏览器的功能是对这些标签进行解释，显示出文字、图像、动画，播放出声音，下面是一个典型的 HTML 文件的结构：

< HTML >
< HEAD >
< TITLE >网页标题< /TITLE >
< /HEAD >
< BODY BGCOLOR=“#FFFFFF” >
< P >HTML 文件的正文< /P >
< /BODY >
< /HTML >

用来浏览 HTML 的软件称为浏览器(browser)，它可以理解为网页的阅读器。在 Web 服务器上的信息资源主要是由 HTML 文件组成的。浏览器的内部的翻译器负责将 HTML 信息解释成浏览者能够读懂的形式。浏览器的作用是阅读 Web 服务器上的 HTML 信息。最流行的浏览器有 Netscape 和 Internet Explorer。这些浏览器都内嵌了各种中文字体转换器，能读取简体与繁体的汉字。

Netscape 是由美国 Netscape 公司开发的创浏览器软件的名称。在 Netscape 公司的 Web 站点 http://www.netscape.com/的首页用鼠标单击 Download 就可以免费下载 Netscape 浏览器。

Internet Explorer 简称 IE。它是由美国 Microsoft 公司开发的 Web 浏览

器软件。访问美国 Microsoft 公司的 Web 站点 http：//www. microsoft. com/即可免费下载。

5. URL 与信息定位

HTML 的超链接使用统一资源定位器（Uniform Resource Locators，URL）来定位信息资源所在位置。URL 描述了浏览器（Browser）检索资源所用的协议、资源所在计算机的主机名，以及资源的路径与文件名。

标准的 URL 如图 7－1 所示：

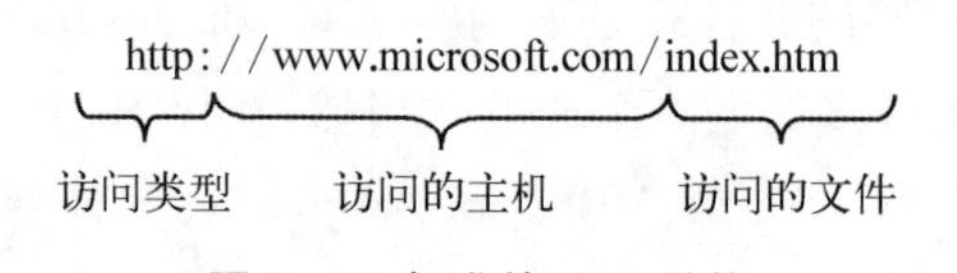

图 7－1 标准的 URL 结构

这个例子表示的是：用户要连接到名为 WWW. microsoft. com 的主机上，采用 HTTP 方式读取名为 index. html 的超文本文件。

URL 通过访问类型来表示访问方式或使用的协议，例如：

ftp：//ftp. pku. edu. cn/pub/dos/readme. txt 表示要通过 FTP 连接来获得一个名为 readme. txt 的文本文件；

file：//linux001. nankai. edu. cn/pub/gif/wu. gif 表示要在所连接的主机上获得并显示一个名为 wu. gif 的图形文件；

telnet：//cs. nankai. edu. cn：10 表示远程登录到名为 cs. nankai. edu. cn 的主机的 10 号端口。

7.1.3 电子邮件

1. 电子邮件的概念

电子邮件（Electronic Mail）简称为 E-mail，它是一种通过 Internet 与其他用户进行联系的快速、简便、价廉的现代化通信手段，也是目前 Internet 用户使用最频繁的一种服务功能。据统计，现在每天大约有 2 500 万人次在世界各地发送电子邮件。多数用户对 Internet 的了解，都是从收发电子邮件开始的。

电子邮件之所以受到广大用户的喜爱，是因为与传统通信方式相比，它具有以下明显的优点：

主要是通过各类互联网服务提供商（ISP）接入互联网的，一般来说，这是一项付费的业务。因此，需要有一个上网账号，以便ISP能够据此收费。

常见的有以下几种上网账号：

- 电子邮件比人工邮件传递迅速，可达到的范围更广，比较可靠；
- 电子邮件与电话系统相比，它不要求通信双方都在场，而且不需要知道通信对象在网络中的具体位置；
- 电子邮件可以实现一对多的邮件传送，这样可以使得一位用户向多人发出通知的过程变得很容易；
- 电子邮件可以将文字、图像、语音等多种类型的信息集成在一个邮件中传送，因此它将成为多媒体信息传送的重要手段。

2. 电子邮箱与电子邮件地址

Internet的电子邮件服务起源于ARPANET，并且逐渐成为Internet最基本的服务类型之一。使用电子邮件的首要条件是要拥有一个电子邮箱(Mail Box)。电子邮箱是由通过电子邮件服务的机构或ISP为用户建立的。当用户向ISP申请Internet账号时，ISP就会在它的E-mail服务器上建立该用户的E-mail账号。建立电子邮箱，实际上是在ISP的E-mail服务器磁盘上为用户开辟一块专用的存储空间，用来存放该用户的电子邮件。这样用户就拥有了自己的电子邮箱。用户的E-mail账号包括用户名(User Name)与用户密码(Password)。通过用户E-mail账号，用户就可以发送和接收电子邮件。属于某用户的电子邮箱，任何人可以将电子邮件发送到这个电子邮箱中，但只有电子邮箱的主人使用正确的用户名与用户密码时，才可以查看电子邮箱的信件内容，或对其中的电子邮件作必要的处理。

每个电子邮箱都有一个邮箱地址，称为电子邮件地址(E-mail Address)。电子邮件地址可以是某个用户的通信地址，也可以是一组用户的地址。E-mail地址的格式是固定的，并且在全球范围内是唯一的。用户的E-mail地址格式为：用户名@主机名，其中“@”符号表示“at”。主机名指的是拥有独立IP地址的计算机的名字，用户名是指在该计算机上为用户建立的E-mail账号名。例如，在mail. sdju. edu. cn主机上，有一个名为zhaolei的用户，那么该用户的E-mail地址为：zhaolei@sdju. edu. cn。

3. 电子邮箱的功能

目前的电子邮件系统几乎可以运行在任何硬件与软件平台上。各种电子邮件系统所提供的服务功能基本上是相同的。

使用 Internet 的电子邮件程序，用户可以完成以下操作：编写与发送电子邮件、检查电子邮件、阅读电子邮件、回复电子邮件、转发电子邮件、打印电子邮件、删除电子邮件。

电子邮件系统采用了简单邮件传输协议（Simple Mail Transfer Protocol，SMTP），它可以保证不同类型的计算机之间电子邮件的传送。简单邮件传输协议 SMTP 采用客户机/服务器结构，通过建立 SMTP 客户机与远程主机上 SMTP 服务器间的连接来传送电子邮件，关于 SMTP 的详细内容我们还会在后面讲到。

4. 发送与阅读电子邮件

同普通的邮政信件类似，电子邮件也有自己固定的格式。电子邮件包括邮件头（mail header）与邮件体（mail body）两部分。邮件头由收信人电子邮件地址（to：）、发信人电子邮件地址（from：）、邮件主题（subject：）三个部分组成。邮件体就是实际要传送的信函内容。发送电子邮件时，用户要输入收信人地址、邮件主题与邮件体，系统会自动生成发信人地址，并构造邮件头。

目前，大多数的公司和企业都有本单位的电子邮箱服务器。例如，Windows 系统中，在 IE 中输入“mail. sdju. edu. cn”，就可以进入上海电机学院电子邮件服务系统登录界面，如图 7－2 所示。用户输入用户名和账号就可以进入个人的上海电机学院的个人电子邮箱系统，其界面如图 7－3 所示。在“收件人”后的文本框内输入收件人的电子邮件地址，在“主题”文本框中输入邮件主题，在下面的正文区内输入邮件正文。一切就绪后按“发送”按钮，就可

图 7－2 上海电机学院电子邮件系统登录界面

图 7-3　上海电机学院个人电子邮件系统界面

将电子邮件发送到收信人的电子邮箱。“抄送”功能是将邮件副本同时发送给多个收信人。同时可以接受来自其他用户的邮件。

用户所发送的电子邮件首先传送到 ISP 的 E-mail 服务器的邮箱中。E-mail服务器将根据电子邮件的目的地址，通过存储转发的方式，通过 Internet 将电子邮件传送到收信人所在的 E-mail 服务器。当收信人的计算机开机时，E-mail 服务器将自动地将新邮件传送到收信人的计算机的电子邮箱中。

5. 电子邮件客户端软件 Foxmail

Foxmail 是一款优秀和强大的国产电子邮件客户端软件，可用于用户更加方便地发送和接收电子邮件，Foxmail 电子邮件客户端软件支持全部 Internet 电子邮件功能，设计优秀、使用方便，提供全面而强大的邮件处理功能，运行效率高，赢得了广大用户的青睐。它使用多种技术对邮件进行判别，能够准确识别垃圾邮件与非垃圾邮件。垃圾邮件会被自动分捡到垃圾邮件箱中，有效地降低垃圾邮件对用 Foxmail 户干扰，最大限度地减少用户因为处理垃圾邮件而浪费的时间。数字签名和加密功能在 Foxmail 5.0 中得到支持，可以确保电子邮件的真实性和保密性。通过安全套接层(Secure Sockets Layer, SSL)协议收发邮件,传输的数据都经过严格的加密,能够有效防止黑客窃听,保证数据安全。其他改进包括:支持 Unicode 编码以及阅读和发送国际邮件、地址簿同步、通过 SSL 协议收发邮件、收取 yahoo 邮箱邮件;提高收发 Hotmail、MSN 电子邮件速度、支持名片、以嵌入方式显示附件图片、增强本地邮箱邮件搜索功能等等。

7.1.4 文件传输

1. 文件传输的概念

文件传输服务提供了任意两台 Internet 计算机之间相互传输文件的机制,它是广大用户获得丰富的 Internet 资源的重要方法之一。人们常见的 Windows 操作系统中的 FTP、仿真终端程序,以及 Netscape Navigator 浏览器程序、Microsoft Internet Explorer 浏览器程序都可以实现 FTP 文件传输功能。

在 UNIX 系统中,最基本的应用层服务之一就是文件传输服务,它是由 TCP/IP 的文件传输协议(File Transfer Protocol, FTP)支持的。文件传输协议负责将文件从一台计算机传输到另一台计算机上,并且保证其传输的可靠性。因此,人们通常将这一类服务称为 FTP 服务。通常,人们也把 FTP 看作是用户执行文件传输协议所使用的应用程序。

Internet 由于采用了 TCP/IP 协议作为它的基本协议,所以无论两台与 Internet 连接的计算机在地理位置上相距多远,只要它们都支持 FTP 协议,它们之间就可以随时随地相互传送文件。这样做不仅可以节省实时联机的通信费用,而且可以方便地阅读与处理传输来的文件。更加重要的是,Internet 上许多公司、大学的主机上含有数量众多的公开发行的各种程序与文件,这是 Internet 上的巨大和宝贵的信息资源。利用 FTP 服务,用户就可以方便地访问这些信息资源。

同时,采用 FTP 传输文件时,不需要对文件进行复杂的转换,因此具有较高的效率。Internet 与 FTP 的结合,等于使每个联网的计算机都拥有了一个容量巨大的备份文件库。这是单个计算机无法比拟的优势。但是,这也造成了 FTP 的一个缺点,那就是用户在文件下载(download)到本地之前,无法了解文件的内容。所谓下载就是把远程主机上软件、文字、图片、图像与声音信息转存到本地硬盘上。

2. FTP传输的文件格式

文件传输服务是一种实时的联机服务。在进行文件传送服务时，首先要登录到对方的计算机上，登录后只可以进行与文件查询、文件传输相关的操作。使用FTP可以传输多种类型的文件，如文本文件、二进制可执行程序、声音文件、图像文件与数据压缩文件等。

尽管计算机厂商采用了多种形式存储文件，但FTP只能识别以下两种基本的文件格式：文本文件、二进制文件。尽管大多数计算机使用的是ASCII编码表示的字符，但是也有些计算机使用的仍是EBCDIC之类的编码。为了能正确地在这些采用不同编码的计算机之间进行文件传输，FTP中包含了可以用于在ASCII码与其他字将编码之间的转换命令。

在进行文件传输之前.用户必须明确要传输的文件是什么样的格式。例如，输入“binary”命令则通知FTP传输非文本文件，而输入“ascii”命令则通知FTP准备传输文本文件。默认情况下，FTP执行ASCII文件传输。

为了减少存贮与传输的代价，通常大型文件都是按压缩格式保存的。由于压缩文件也是按二进制模式来传送的，因此接收方需要根据文件的后缀来判断它是用哪一种压缩程序进行压缩的，那么解压缩文件时就应选择相应的解压缩程序进行解压缩。

3. FTP提供的服务

使用FTP的条件是用户计算机和向用户提供Internet服务的计算机能够支持FTP命令。UNIX系统与其他的支持TCP/IP协议的软件都包含有FTP实用程序。FTP服务的使用方法很简单，启动FTP客户端程序，与远程主机建立链接，然后向远程主机发出传输命令，远程主机在接收到命令后，就会立即返回响应，并完成文件的传输。FTP提供的命令十分丰富，涉及文件传输、文件管理、目录管理与连接管理等方面。根据所使用的用户帐户不同，我们可将FTP服务分为以下两类：普通FTP服务、匿名FTP服务。

用户在使用普通FTP服务时，他首先要在远程主机上建立一个帐户。在进行FTP操作时，首先应在FTP命令中给出远程计算机的主机名或IP地址，然后根据对方系统的询问，正确填入自己的用户名与用户密码。通过上述操作就可议建立与远程计算机之间的链接，然后可以将远程计算机上需要的文件传输到本地计算机上。

Internet上的许多公司和大学研究所的主机都有大量有价值的文件，它是

Internet上的巨大信息资源。普通FTP服务要求用户在登录时提供相应的用户名与用户密码,也就是说用户必须在远程主机上拥有自己的账户,否则将无法使用FTP服务。这对于大量没有账户的用户来说是不方便的。为了便于用户获取Internet上公开发布的各种信息,许多机构提供了一种匿名(anonymous)FTP服务。

匿名FTP服务的实质是:提供服务的机构在它的FTP服务器上建立一个公开账户(一般为Anonymous),并赋予该账户访问公共目录的权限。用户想要登录到这些FTP服务器时,无须事先申请用户账户,那么在执行FTP服务器的用户信息记录中自然就没有该用户的合法用户名与用户密码。如果用户要登录到匿名FTP服务器时,可以用"anonymous"作为用户名,用自己的E-mail地址作为用户密码,匿名FTP服务器便可以允许这些用户登录到这台匿名FTP服务器中,提供文件传输服务。

采用匿名FTP服务的优点是:

(1) 用户可以不需要账户就可以方便地获得Internet上许多公司和大学、研究所主机的大量有价值的文件。

(2) FTP服务器的系统管理员可以掌握用户的情况,以便必要时同用户进行联系。

为了保证FTP服务器的安全,匿名FTP对公开账户anonymous做了许多的目录限制,其中主要有以下两点:首先,该账户只能在一个公共目录中查找文件,大多数公共目录起名为/pub。当用户试图转到其他目录时,系统会出现"Permission Denied"的错误警告。其次,使用匿名FTP服务的用户仅可以获得在公共目录中拥有读权限的文件,但在服务器上没有写权限,任何写操作都是不允许的。

目前世界上有很多文件服务系统为用户提供公用软件、技术通报、论文研究报告,这就使Internet成为目前世界上最大的软件与信息流通渠道。Internet是一个资源宝库,保存有很多的共享软件、免费程序、学术文献、影像资料、图片、文字与动画,他们都允许用户使用FTP下载下来。由于仅仅使用FTP服务时,用户在文件下载到本地之前无法了解文件的内容,为了克服这个缺点,人们越来越倾向于直接使用WWW浏览器去搜索所需要的文件,然后利用WWW浏览器所支持的FTP功能下载文件。

7.1.5 域名服务

1. 域名服务的概念

用IP地址来表示一台计算机的地址，其点分十进制数不易记忆。由于没有任何可以联想的东西，即使记住后也很容易遗忘。Internet上开发了一套计算机命名方案称为域名服务(Domain Name Service, DNS)，可以为每台计算机起一个域名，用一串字符、数字和点号组成，DNS用来将这个域名翻译成相应的IP地址。例如上海电机学院WWW服务器的域名www.sdju.edu.cn(sdju是上海电机学院的英文缩写)，通过DNS解析出这台服务器的IP地址是200.68.32.35。有了域名，计算机的地址就很容易记住和被人访问。

网络寻址是依靠IP地址、物理地址和端口地址完成的。所以，为了把数据传送到目标主机，域名需要被翻译成为IP地址供发送主机封装在数据报的报头中。负责将域名翻译成为IP地址的是域名服务器。为此我们需要在类似图7-4的计算机界面上设置为自己服务的DNS服务器的IP地址。

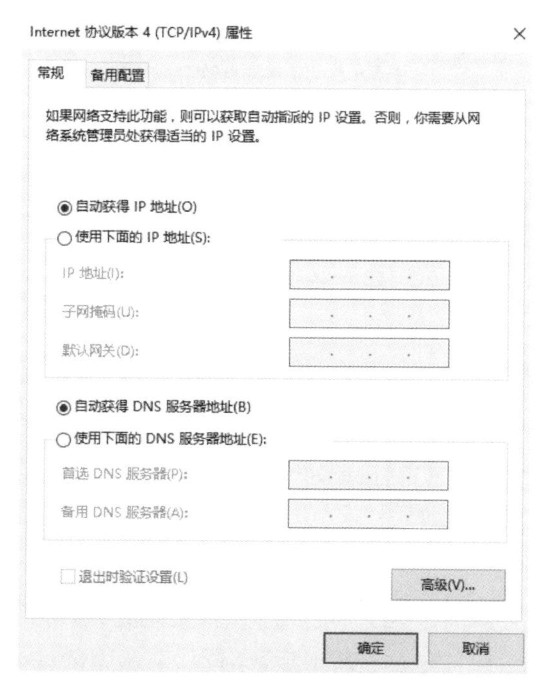

图7-4 DNS服务器地址可以自动获得和手动配置

需要注意的是，域名是某台主机的名称。我们知道 www. sdju. edu. cn 是上海电机学院的域名，也应理解它只是上海电机学院中被用来作为 Web 服务器的某台主机的名称。

2. 域名的结构

国际上，域名规定是一个有层次的主机地址名，层次由“.”来划分。越在后面的部分，所在的层次越高，如图 7-5 所示。www. sdju. edu. cn 这个域名中的 cn 代表中国，edu 表示教育机构，sdju 则表示上海电机学院，www 表示上海电机学院 sdju. edu. cn 主机中的 WWW 服务器。

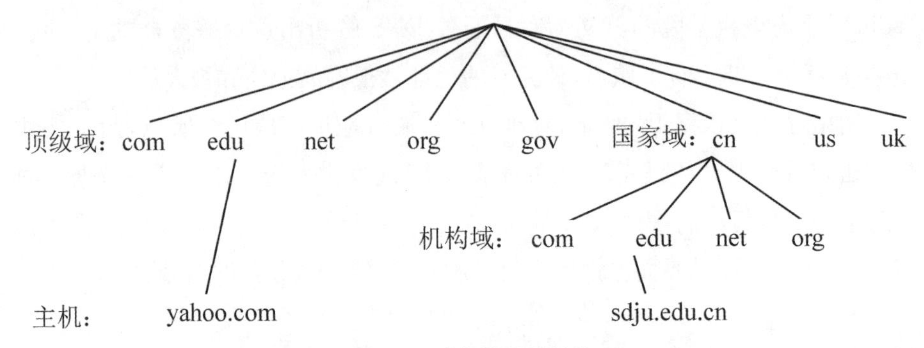

图 7-5 域名的层次结构

域名的层次化不仅能使域名表现出更多的信息，而且是为了 DNS 域名解析带来方便。域名解析是依靠一种庞大的数据库完成的。数据库中存放了大量域名与 IP 地址的对应记录。DNS 域名解析本来就是网络为了方便使用而增加的负担，需要高速完成。层次化可以为数据库在大规模的数据检索中加快检索速度。

在域名的层次结构中，每一个层次被称为一个域，cn 是国家和地区域，edu 是机构域。两个域是遵循一种通用的命名的。

常见的国家和地区域名有：cn：中国；us：美国；uk：英国；jp：日本；hk：香港特区；tw：中国台湾。

常见的机构域名有：

com：商业实体域名。这个域下的一般都是企业、公司类型的机构。这个域的域名数量最多，而且还在不断增加，导致这个域中的域名缺乏层次，造成 DNS 服务器在这个域技术上的大负荷，以及对这个域管理上的困难。现有考虑把 com 域进一步划分出子域，使以后新的商业域名注册在这些子域中。

edu：教育机构域名。这个域名是给大学、学院、中小学校、教育服务机构、教育协会的域。最近，这个域只给 4 年制以上的大学、学院，2 年制的学院、中小学校不再注册新的 edu 域下了。

net：网络服务域名。这个域名提供给网络提供商的机器、网络管理计算机和网络上的节点计算机。

org：非营利机构域名。

mil：军事用户。

gov：政府机构域名。不带国家域名的 gov 域被美国把持，只提供美国联邦政府的机构和办事处。

不带国家域名层的域名被称为顶级域名。顶级域名需要在美国注册。

3. DNS 工作原理

主机中的应用程序在通信时，把数据交给 TCP 程序。同时还需要把目标端口地址、源端口地址和目标主机的 IP 地址交给 TCP。目标端口地址和源端口地址供 TCP 程序封装 TCP 报头使用，目标主机的 IP 地址由 TCP 程序转交给 IP，供 IP 程序封装 IP 报头使用。

如果应用程序拿到的是目标主机的域名而不是它的 IP 地址，就需要调用 TCP/IP 协议中应用层的 DNS 程序将目标主机的域名解析为它的 IP 地址。

一台主机为了支持域名解析，就需要在配置中指明为自己服务的 DNS 服务器。如图 7－6 所示，主机 A 为了解析一个域名，把待解析的域名发送给自

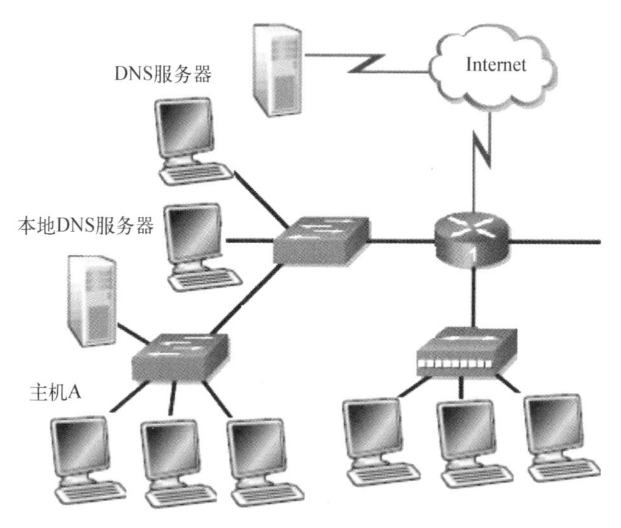

图 7－6　DNS 的工作原理

己机器配置指明的 DNS 服务器。一般都是配置指向一个本地的 DNS 服务器。本地 DNS 服务器收到待解析的域名后，便查询自己的 DNS 解析数据库，将该域名对应的 IP 地址查到后，发还给 A 主机。

如果本地 DNS 服务器的数据库中无法找到待解析域名的 IP 地址，则将此解析交给上级 DNS 服务器，直到查到需要寻找的 IP 地址。

本地 DNS 服务器中的域名数据库可以从上级 DNS 提供处下载，并得到上级 DNS 服务器的一种称为“区域传输”的维护。本地 DNS 服务器可以添加上本地化的域名解析。

4. DNS 解析过程

DNS 服务器解析的过程如下所示：

(1) 客户机提出域名解析请求，并将该请求发送给本地的域名服务器。

(2) 当本地的域名服务器收到请求后，就先查询本地的缓存，如果有该纪录项，则本地的域名服务器就直接把查询的结果返回。

(3) 如果本地的缓存中没有该纪录，则本地域名服务器就直接把请求发给根域名服务器，然后根域名服务器再返回给本地域名服务器一个所查询域(根的子域)的主域名服务器的地址。

(4) 本地服务器再向上一步返回的域名服务器发送请求，然后接受请求的服务器查询自己的缓存，如果没有该纪录，则返回相关的下级的域名服务器的地址。

(5) 重复第(4)步，直到找到正确的纪录。

(6) 本地域名服务器把返回的结果保存到缓存，以备下一次使用，同时还将结果返回给客户机。

让我们举一个例子来详细说明解析域名的过程。假设我们的客户机如果想要访问站点：www. linejet. com，此客户本地的域名服务器是 dns. company. com，一个根域名服务器是 NS. INTER. NET，所要访问的网站的域名服务器是 dns. linejet. com，域名解析的过程如下所示：

(1) 客户机发出请求解析域名 www. linejet. com 的报文。

(2) 本地的域名服务器收到请求后，查询本地缓存，假设没有该纪录，则本地域名服务器 dns. company. com 则向根域名服务器 NS. INTER. NET 发出请求解析域名 www. linejet. com。

(3) 根域名服务器 NS. INTER. NET 收到请求后查询本地记录得到如下结果：linejet. com NS dns. linejet. com (表示 linejet. com 域中的域名服务器

为：dns. linejet. com)，同时给出 dns. linejet. com 的地址，并将结果返回给域名服务器 dns. company. com。

(4) 域名服务器 dns. company. com 收到回应后，再发出请求解析域名 www. linejet. com 的报文。

(5) 域名服务器 dns. linejet. com 收到请求后，开始查询本地的记录，找到如下一条记录：www. linejet. com A 211. 120. 3. 12(表示 linejet. com 域中域名服务器 dns. linejet. com 的 IP 地址为：211. 120. 3. 12)，并将结果返回给客户本地域名服务器 dns. company. com。

(6) 客户本地域名服务器将返回的结果保存到本地缓存，同时将结果返回给客户机。

这样就完成了一次域名解析过程。

7.1.6　即时通

即时通信(Instant Messenger，IM)，是一种基于互联网的即时交流消息的业务，代表有：QQ、微信、易信等。1998 年即时通信的功能日益丰富，逐渐集成了电子邮件、博客、音乐、电视、游戏和搜索等多种功能。它的功能有：是一款功能强大的 Web 即时通信平台；具有安全可靠，技术稳定等特性，同时具有无须下载即可使用，操作简便灵活；强大的语音，视频，文件传输，离线短消息通知，手机登录客户端管理等功能。

目前，即时通信不再是一个单纯的聊天工具，它已经发展成集交流、资讯、娱乐、搜索、电子商务、办公协作和企业客户服务等为一体的综合化信息平台。随着移动互联网的发展，互联网即时通信也在向移动化扩张。目前，腾讯、微软、Yahoo 等重要即时通信提供商都提供通过手机接入互联网即时通信的业务，用户可以通过手机与其他已经安装了相应客户端软件的手机或计算机收发消息。

现在国内的即时通信工具按照使用对象分为两类：一类是个人 IM，如：QQ、微信，Skype、淘宝旺旺等。QQ 的前身 OICQ 在 1999 年 2 月第一次推出，目前几乎接近垄断中国在线即时通信软件市场。另一类是企业用 IM，简称 EIM，如：EC 企业即时通信软件、商务通等。下面对两款主要的即时通软件 QQ 和 Skype 做简单介绍。

1. 即时通信系统腾讯 QQ

QQ 是深圳市腾讯计算机系统有限公司开发的一款基于 Internet 的即时

通信软件。腾讯 QQ 支持在线聊天、视频电话、点对点断点续传文件、共享文件、网络硬盘、自定义面板、QQ 邮箱等多种功能。并可与移动通讯终端等多种通信方式相连。1999 年 2 月，腾讯正式推出第一个即时通信软件“腾讯 QQ”，QQ 在线用户由 1999 年的 2 人到现在已经发展到上亿用户了，在线人数超过一亿，是目前使用最广泛的聊天软件之一。QQ 的优点是使用率较高，几乎人人都可用；比较大众化，适合上网休闲聊天。

2. 即时语音聊天系统 Skype

Skype 是一家全球性互联网电话公司，它通过在全世界范围内向客户提供免费的高质量通话服务，正在逐渐改变电信业。Skype 是网络即时语音沟通工具。具备 IM 所需的其他功能，比如视频聊天、多人语音会议、多人聊天、传送文件、文字聊天等功能。它可以免费高清晰与其他用户语音对话，也可以拨打国内国际电话，无论固定电话、手机、小灵通均可直接拨打，并且可以实现呼叫转移、短信发送等功能。图 7 - 7 是 Skype 软件的运行界面图。

图 7 - 7　即时语音聊天系统 Skype 的界面

7.2　应用层协议

应用层包括与应用层相关的支撑协议和应用协议两大部分。与应用相关的协议包括超文本传输协议 HTTP、文件传输协议 FTP、远程登录协议 Telnet 和简单邮件传输协议 SNMP 等。下面介绍一些典型的应用层协议的功能和作用。

(1) SNMP：简单网络管理协议。由于互联网结构复杂，拥有众多的操作者，因此需要好的工具进行网络管理，而 SNMP 提供了一种监控和管理计算机网络的有效方法，成为计算机网络管理的事实标准。

(2) HTTP：超文本传输协议。用来在浏览器和 WWW 服务器之间传送超文本的协议。

(3) SMTP：简单邮件传输协议。用来实现电子邮件传输的协议。

(4) FTP：文件传输协议。建立在 TCP 协议之上，用于实现文件的传输的协议。通过 FTP 用户可以方便地连接到远程服务器上，可以进行查看、删除、移动、复制、更名远程服务器上的文件内容的操作，并能进行上传和下载文件操作等。

(5) Telnet：远程登录协议。实现虚拟或仿真终端的服务，允许用户把自己的计算机当作远程主机上的一个终端，使用基于文本界面的命令连接并控制远程计算机。通过该协议用户可以登录到远程主机上并在远程主机上执行操作命令，来控制和管理远程主机上的文件及其他资源。

下面我们将选择上面这些协议中的一些重要或典型的例子进行详细的讨论。

7.2.1　超文本传输协议

超文本传输协议 HTTP 是一个属于应用层的面向对象的协议，由于其简捷和快速的方式，适用于分布式超媒体信息系统。它于 1990 年提出，经过几年的使用与发展，得到不断地完善和扩展。HTTP 协议是一种请求/应答协议。客户发将一个请求发送给 HTTP 服务器，通常在 TCP 的 80 号端口，HTTP 服务器接收该请求，并给客户返回合适的应答。HTTP 协议的主要特点可概括如下：

(1) 支持客户/服务器模式。

(2) 简单快速：客户向服务器请求服务时，只需传送请求方法和路径。请求方法常用的有 GET、HEAD、POST。每种方法规定了客户与服务器联系的类型不同。由于 HTTP 协议简单，使得 HTTP 服务器的程序规模小，因而通信速度很快。

(3) 灵活：HTTP 允许传输任意类型的数据对象。

(4) 无连接：无连接的含义是限制每次连接只处理一个请求。服务器处理完客户的请求，并收到客户的应答后，即断开连接。采用这种方式可以节省传输时间。

(5) 无状态：HTTP 协议是无状态协议。无状态是指协议对于事务处理没有记忆能力。

缺少状态意味着如果后续处理需要前面的信息，则它必须重传，这样可能导致每次连接传送的数据量增大。另一方面，在服务器不需要先前信息时它的应答就较快。

1. HTTP 工作原理

当我们打开浏览器，在地址栏中输入 URL，然后我们就看到了网页。其原理是怎样的呢？实际上我们输入 URL 后，我们的浏览器给 Web 服务器发送了一个请求(request)，Web 服务器接到请求后进行处理，生成相应的响应(response)，然后发送给浏览器，浏览器解析中的 HTML，这样我们就看到了网页，过程如图 7-8 所示：

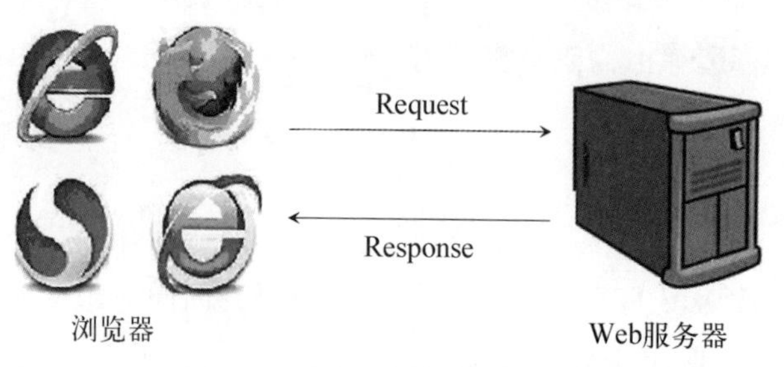

图 7-8 浏览器解析网页的过程

第二类情况是，我们的 Request 有可能是经过了代理服务器，最后才到达 Web 服务器的。过程如图 7-9 所示：

代理服务器就是网络信息的中转站，它的优势在于：首先，利用代理服务

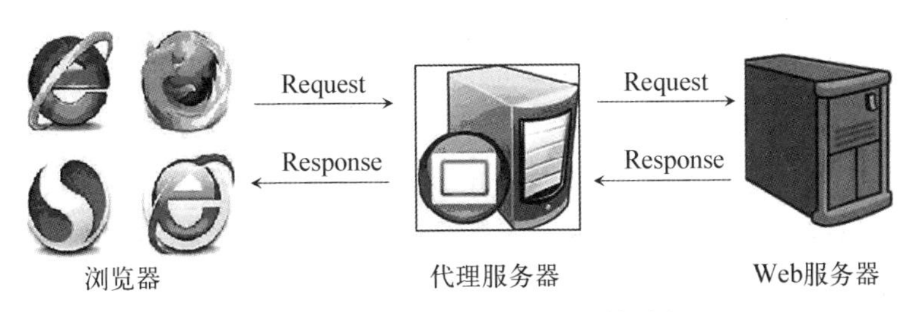

图 7－9　代理服务器解析网页的过程

器提高了访问速度；其次，大多数的代理服务器都有缓存功能，因此可以减少内存消耗；再次，利用代理服务器能够突破网络的一些限制，也就是我们常说的翻墙。

2. HTTP 请求报文

在 HTTP 报文中，大多数请求报文没有实体数据，如图 7－10 所示。

方法	空格	URL	空格	HTTP版本
信息首部				
空行				
信息体				

图 7－10　HTTP 请求报文格式

标准 HTTP 协议支持六种请求方法，即：GET、HEAD、PUT、DELETE、POST 和 OPTIONS。

但其实我们大部分情况下只用到了 GET 和 POST。下面依次说明这六种方法。

（1）GET：GET 可以说是最常见的了，它本质就是发送一个请求来取得服务器上的某一资源。资源通过一组 HTTP 头和呈现数据（如 HTML 文本，或者图片或者视频等）返回给客户端。GET 请求中，永远不会包含呈现数据。

（2）HEAD：HEAD 和 GET 本质是一样的，区别在于 HEAD 不含有呈现数据，而仅仅是 HTTP 头信息。有的人可能觉得这个方法没什么用，其实不是这样的。想象一个业务情景：欲判断某个资源是否存在，我们通常使用 GET，但这里用 HEAD 则意义更加明确。

(3) PUT：这个方法比较少见。HTML 表单也不支持这个。本质上来讲，PUT 和 POST 极为相似，都是向服务器发送数据，但它们之间有一个重要区别，PUT 通常指定了资源的存放位置，而 POST 则没有，POST 的数据存放位置由服务器自己决定。举个例子：如一个用于提交博文的 URL 是/addBlog。如果用 PUT，则提交的 URL 会是像这样的"/addBlog/abc123"，其中 abc123 就是这个博文的地址。而如果用 POST，则这个地址会在提交后由服务器告知客户端。目前大部分博客都是这样的。显然，PUT 和 POST 用途是不一样的。具体用哪个还取决于当前的业务场景。

(4) DELETE：删除某一个资源。基本上这个也很少见，不过还是有一些地方比如 amazon 的 S3 云服务里面就用的这个方法来删除资源。

(5) POST：向服务器提交数据。这个方法用途广泛，几乎目前所有的提交操作都是靠这个完成。

(6) OPTIONS：这个方法很有趣，但极少使用。它用于获取当前 URL 所支持的方法。若请求成功，则它会在 HTTP 头中包含一个名为"Allow"的头，值是所支持的方法，如"GET，POST"。

3. HTTP 响应报文

HTTP 响应报文一般都带有实体数据，如图 7-11 所示。

HTTP版本	空格	状态码	空格	状态短语
信息首部				
空行				
信息体				

图 7-11　HTTP 响应报文格式

响应报文中的状态行由协议版本号、数字式的状态码(status code)以及状态码对应的状态短语组成。

状态代码由三位数字组成，第一个数字定义了响应的类别，且有五种可能取值。

1xx：指示信息——表示请求已接收，继续处理。

2xx：成功——表示请求已被成功接收、理解、接受。

3xx：重定向——要完成请求必须进行更进一步的操作。

4xx：客户端错误——请求有语法错误或请求无法实现。

5xx：服务器端错误——服务器未能实现合法的请求。

常见状态代码、状态描述的说明如下。

200 OK：客户端请求成功。

400 Bad Request：客户端请求有语法错误，不能被服务器所理解。

401 Unauthorized：请求未经授权，这个状态代码必须和 WWW-Authenticate 报头域一起使用。

403 Forbidden：服务器收到请求，但是拒绝提供服务。

404 Not Found：请求资源不存在，举个例子：输入了错误的 URL。

500 Internal Server Error：服务器发生不可预期的错误。

503 Server Unavailable：服务器当前不能处理客户端的请求，一段时间后可能恢复正常。

7.2.2 文件传输协议

文件传输协议(File Transfer Protocol，FTP)是 Internet 上使用最广泛的文件传输协议之一。FTP 提供交互式的访问，允许服务器指明文件的类型与格式，并允许文件具有存取权限。例如访问文件的用户必须经过授权，并输入有效的口令。FTP 屏蔽了各个计算机系统的细节，因而适合在异构网络中任意计算机之间传输文件。

起初，FTP 并不是应用于 IP 网络上的协议，而是 ARPANET 网络中计算机间的文件传输协议，主要功能是在主机间高速可靠地传输文件。目前 FTP 仍然保持其可靠性，并允许文件远程存取。这使得用户可以在某个系统上工作，而将文件存储在别的系统。例如，如果某用户运行 Web 服务器需要从远程主机上取得 HTML 文件在本机上工作，他需要从远程存储站点获取文件。当用户完成工作后，可使用 FTP 将文件传回到 Web 服务器。采用这种方法，用户无须使用 Telnet 登录到远程主机进行工作，这样就使 Web 服务器的更新工作变得如此的轻松。

FTP 是 TCP/IP 的一种具体应用，使用 TCP 传输而不是 UDP。客户在和服务器建立连接前就要经过一个被广为熟知的三次握手的过程，它带来的意义在于客户与服务器之间的连接是可靠的，而且是面向连接，为数据的传输提供了可靠的保证。

1. FTP 工作原理

FTP 提供交互式的访问，允许服务器指明文件的类型与格式，并允许文件具有存取权限(如访问文件的用户必须经过授权，并输入有效的口令)。FTP 屏蔽了各个计算机系统的细节，因而适合在异构网络中任意计算机之间传送文件。

网络环境中，一台计算机如果复制文件到另外一台计算机，由于各计算机之间的存储数据的格式不同、文件命名规范不同或操作系统使用的命令不同和访问控制方法不同等因素，导致上述功能的实现往往很困难。文件传输协议 FTP 解决了上述问题，能够提供在异构系统间的文件传输，它使用 TCP 可靠的传输服务。FTP 的工作原理如图 7-12 所示。

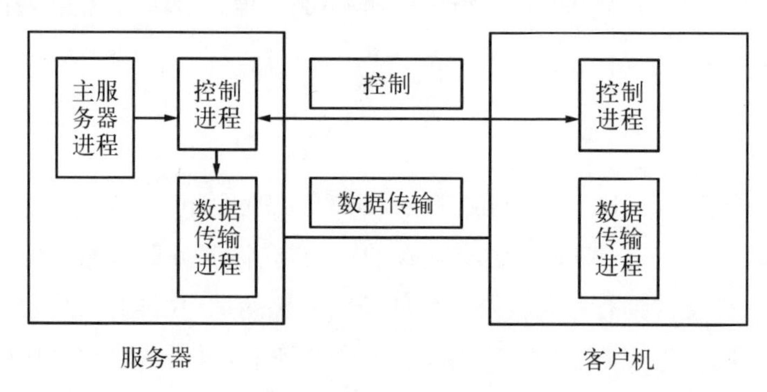

图 7-12　FTP 工作原理

FTP 使用客户机/服务器模式。一个 FTP 服务器进程可以同时为多个服务器进程提供服务。FTP 的服务器进程由两大部分组成：一个主进程，负责接受新的请求；另外有多个从属进程，负责处理单个请求。主进程的工作步骤如下：

(1) 打开应用端口 21，使服务器能够连接上。

(2) 等待服务器进程发出连接请求。

(3) 启动从属进程来处理客户进程发来的请求。从属进程对客户的请求处理完毕后即终止，但从属进程在运行期间根据需要可能创建一些其他子进程。

(4) 回到等待状态，继续接收其他客户进程发来的请求。主进程与从属进程的处理是并发进行的。

2. FTP 的两种工作模式

FTP 协议要使用两个 TCP 连接传送数据：一个是命令连接，用来在 FTP 客户端和服务器之间传递命令；另一个是数据连接，用来上传或下载数据。这就直接导致 FTP 需要两个端口：一个端口用于控制连接，即 21 端口，发送指令给服务器连同等待服务器响应；另一个端口是数据传输端口，端口号为 20，是用来建立数据传输通道。FTP 的连接模式有两种，主动模式 PORT 和被动模式 PASV。

(1) 主动模式。主动模式的连接过程是：客户端动态的选择一个端口(这个端口号一定是 1 024 以上的，因为 1 024 以前的端口都已预先被定义好)向服务器端的 FTP 端口(默认是 21)发送连接请求，服务器接受连接，建立一个命令连接。当需要传送数据时或列出服务器的文档列表时(通常使用 ls 或 dir 命令)，客户端通过命令连接告诉服务器(使用 PORT 命令)："我已打开了 XX 端口，请您过来连接。"于是服务器使用 20 端口向客户端的 XX 端口发送连接请求，建立一条数据连接来传送数据。

(2) 被动模式：客户端首先使用和主动连接模式相同的方法和服务器建立命令连接。当需要传送数据时，客户端通过命令连接告诉服务器(使用 PASV 命令)"我要连接您的 XX 端口，请问是否空闲。"假如恰好该端口空闲，服务器会告诉客户端："您请求的端口空闲，能够建立连接(ACK 确认信息)。"否则服务器会说"该端口已占用，请换个端口(UNACK 信息)。"假如客户端得到的是空闲的提示，就会利用该端口建立连接，否则就换个端口重新尝试，这也就是所谓的连接建立的协商过程。PORT 模式建立数据传输通道是由服务器端发起的，服务器使用 20 端口连接客户端的某一个大于 1 024 的端口；在 PASV 模式中，数据传输的通道的建立是由 FTP 客户端发起的，使用一个大于 1 024 的端口连接服务器的 1 024 以上的某一个端口。

7.2.3　远程登录协议

Telnet 是位于应用层上的一种协议，是一个通过创建虚拟终端提供连接到远程主机终端仿真的 TCP/IP 协议。这一协议需要通过用户名和口令进行认证，是 Internet 远程登录服务的标准协议。应用 Telnet 协议能够把本地用户所使用的计算机变成远程主机系统的一个终端。它提供了三种基本服务：

(1) Telnet 定义一个网络虚拟终端为远程系统提供一个标准接口。客户机程序不必详细了解远程系统，他们只需构造使用标准接口的程序。

(2) Telnet 包括一个允许客户机和服务器协商选项的机制并提供一组标准选项。

(3) Telnet 对称处理连接的两端，即 Telnet 不强迫客户机从键盘输入，也不强迫客户机在屏幕上显示输出。Telnet 的工作原理如图 7-13 所示。

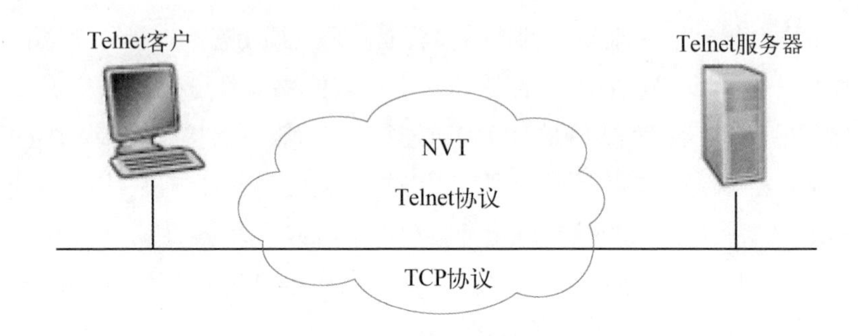

图 7-13　Telnet 工作原理

使用 Telnet 协议进行远程登录时需要满足以下条件：在本地计算机上必须装有包含 Telnet 协议的客户程序；必须知道远程主机的 IP 地址或域名；必须知道登录标识与口令。

Telnet 远程登录服务分为以下 4 个过程：

(1) 本地与远程主机建立连接。该过程实际上是建立一个 TCP 连接，用户必须知道远程主机的 IP 地址或域名；远程主机以后台进程的方式运行 Telnet 服务器进程，该进程也被称为“精灵(daemon)”，监听端口为 TCP 的 23 号端口。

(2) 将本地终端上输入的用户名和口令及以后输入的任何命令或字符以(Net Virtual Terminal, NVT)格式传送到远程主机。该过程实际上是从本地主机向远程主机发送一个 IP 数据包。

(3) 连接建立后，客户程序接收用户端的超文本与超媒体式送回本地终端，包括输入命令回显和命令执行结果。

(4) 最后，本地终端对远程主机进行撤消连接。该过程是撤销一个 TCP 连接。本地主机选择断开连接，又回到本地操作系统控制之下。

7.2.4　简单邮件传输协议

简单邮件传输协议(Simple Mail Transfer Protocol,SMTP)是一组用于由源地址到目的地址传送邮件的规则,由它来控制信件的中转方式。SMTP协议属于TCP/IP协议族的应用层,它帮助每台计算机在发送或中转信件时找到下一个目的地。通过SMTP协议所指定的服务器,就可以把E-mail寄到收信人的服务器上了,整个过程只要几分钟。SMTP服务器则是遵循SMTP协议的发送邮件服务器,用来发送或中转发出的电子邮件。

SMTP重要的特性之一是其能跨越网络传输邮件,使用SMTP,可以实现相同网络上主机之间的邮件传输,也可以通过中继器或网关实现某主机同其他网络之间的邮件传输。在这种方式下,邮件的发送可能经过从发送端到接收端上的大量中间继电器或网关。通过DNS的邮件交换服务器可以用来识别出传输邮件的下一条IP地址。SMTP在传输文件过程使用端口25,并使用由TCP提供的可靠的数据传输服务,把邮件消息从发信人的邮件服务器传送到收信人的邮件服务器。

与大多数协议一样,SMTP也存在两个端:在发信人的邮件服务器上执行的客户端和在收信人的邮件服务器上执行的服务器端,SMTP的客户端和服务器同时运行在每个邮件服务器上。当一个邮件服务器在向其他邮件服务器发送消息时,它是作为SMTP客户在运行。当一个邮件服务器从其他邮件服务器接收邮件消息时,它是作为SMTP服务器在运行。SMTP的在邮件收发过程中所起的作用见图7-14。

SMTP的具体工作步骤如下。首先运行在发送端邮件服务器上的SMTP客户,发起建立一个到运行在接收端邮件服务器主机上SMTP服务器端口25之间的TCP连接。如果邮件服务器当前不在工作,SMTP客户就等待一段时间后再尝试建立连接。这个连接建立之后,SMTP客户和服务器先执行一些应用层握手操作。就像人们在转手东西之前往往先自我介绍那样,SMTP客户和服务器也在传送信息之前先自我介绍一下。在这个SMTP握手阶段,SMTP客户向服务器分别指出发信人和收信人的电子邮件地址。彼此自我介绍完毕之后,客户发出邮件消息。SMTP可以指望由TCP提供的可靠数据传输服务把该消息正确无误地传送到服务器。如果客户还有其他邮件消息需发送到同一个服务器,它就在同一个TCP连接上重复上述过程。否则,它就指

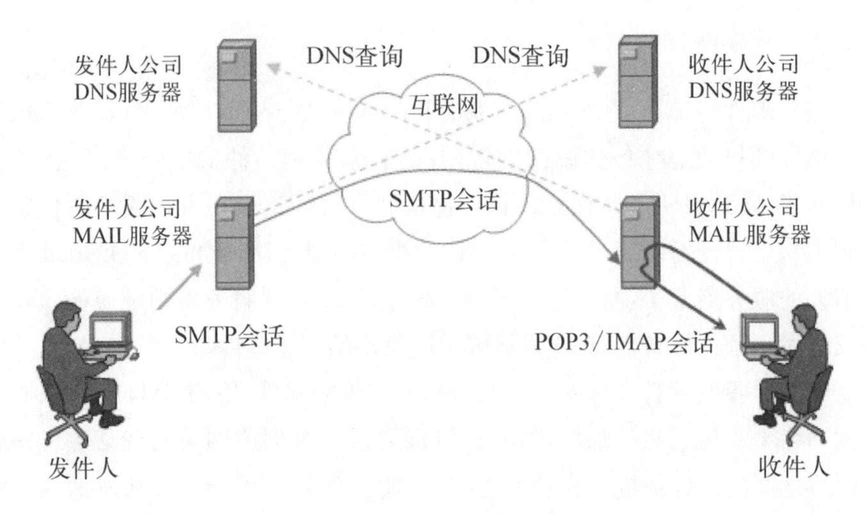

图 7-14 邮件收发流程

示 TCP 关闭该连接。要注意的是，收件人公司的 E-mail 服务器在接收邮件时通常使用的协议是邮件版本 3(Post Office Protocol 3)或交互式邮件存储协议(Internet Mail Access Protocol, IMAP)，而不能使用 SMTP 协议。

7.3 网络操作系统

7.3.1 网络操作系统的发展

网络操作系统的发展，可以用如下的历史事件来追踪觅迹。

1. 20 世纪 70 年代 Unix 一枝独秀

UNIX 操作系统，是美国 AT&T 公司贝尔实验室于 1969 年实现的操作系统。最早由肯·汤普逊(Ken Thompson)、丹尼斯·里奇(Dennis Ritchie)、道格拉斯·麦克罗伊(Douglas McIlroy)和 Joe Ossanna 于 1969 年在 AT&T 贝尔实验室开发。于 1971 年首次发布，最初是完全用汇编语言编写，这是当时的一种普遍的做法。后来，在 1973 年用一个重要的开拓性的方法，Unix 被丹尼斯·里奇用编程语言 C 重新编写。高级语言编写的操作系统具有更强的可用性，允许移植到不同的计算机平台更容易。Unix 是一个多用户分时操作系统，在整个 20 世纪 70 年代，Unix 未遇敌手，在工作站，小型机乃至微机与大中型机上逐步流行。实际上，Unix 系统一直就是现代工程工作站的主流操作系统。

20世纪70年代可以说是Unix的时代，它的普及与成功根本上得益于它的开放性。Unix可以方便地添加新的功能、实现互联与互操作，从而使系统越来越丰富，终于发展成为一个程序设计的支撑环境。

2. 20世纪80年代两强相遇

早在1981年8月，Microsoft公司推出了DOS系统第一版。虽然DOS是一个单用户操作系统，与Unix不在同一档次，但由于方便易学而深受人们的喜爱。经过不断地改版升级，到80年代末，DOS拥有了全世界最多的PC用户。

1984年美国专业网络公司Novell推出了以MS DOS为环境的Netware V1.0高性能局域网操作系统，这是Unix的第一个有实力的竞争对手。Netware V1.0专门设计了一个可在服务器裸机上直接运行的多任务内核，尽管该内核是在DOS环境下安装的，但摆脱了DOS的束缚和限制。这种独特设计不仅大大提高了网络效能和网络的扩展能力，而且保证了工作站用户接口与DOS命令完全一致，从而使Netware大受欢迎，在局域网中迅速推广开来。

从1987年起，其销量位居全球第一，1989年成为世界网络工业界的新标准。

而Unix在20世纪80年代中、后期，却成为四分五裂的发展格局。各大公司纷纷开发并形成了自己的Unix版本。众多的Unix版本使本来开放的Unix系统在面对Netware等挑战时节节败退，但是也在一定程度上促进了各大厂商的Unix统一进程。

3. 20世纪90年代群雄并起

20世纪90年代以前，由于计算机价格昂贵，所以计算机网络只局限于大学、政府研究机构以及大公司使用。随着半导体技术及其制造工艺的日益成熟，计算机和计算机网络的价格逐渐降低，使计算机和网络进入了各行各业。

进入20世纪90年代，计算机和工作站的增长导致了对网络需求的增加，促进计算机网络飞速发展。计算机网络已无所不在，无所不能。从办公自动化网络到大型联机售票系统，到处都是网络的身影。对网络操作系统和网络应用软件的需求显得日益膨大，对其功能要求也逐渐提高，网络操作系统迎来了快速发展的最佳时机。

1）Unix 老当益壮

面对越来越小的市场份额，Unix 痛定思痛，在 20 世纪 90 年代加强了网络方面的深入研究，不断推出功能更强大的新版本，并以此进一步拓展全球网络市场。1994 年，客户/服务器计算模式和 Internet 大行其道，要求不同操作系统之间能够互联。UNIX 作为一种成熟、可靠、功能强大的操作系统平台，特别是对 TCP/IP 的支持以及大量的应用系统，使得它继续拥有相当规模的市场，并保持了连续数年的两位数字增长。今天，Unix 已成为工作站的标准操作系统，在服务器一级也占了相当部分的市场份额。

但由于 Unix 历来是一个群雄割据的格局，各供应商往往自家独揽了全部硬件软件解决方案，缺乏 PC 工业中的开放性和标准化，使 Unix 系统的价格居高不下。其不菲的价格和较高的管理水平要求，多少让中小企业用户望而却步。

2）Netware 风华正茂

由于 Netware 于 1989 年被国际组织选定为局域网工业标准，使 20 世纪 90 年代开发的 Netware 386 得到了更广泛的应用，拥有庞大的用户群。1993 年 4 月 Novell 公司推出的 Netware 4.0，是一个几乎适合所有网络规模的操作系统，不仅增强了以前版本的全部功能，而且具有更高的系统安全可靠性和更强的网络处理能力，支持多服务器，提供先进的客户/服务器模式网络结构，使 Netware 发展成为大型网络操作系统。

3）Windows NT 后起之秀

继 PC 操作系统 DOS 和 Windows 取得巨大成功之后，Microsoft 公司于 1993 年推出具有当时最新技术的 32 位网络操作系统：Windows NT 3.1，NT 是 New Technology 的缩写。1994 年 9 月经过许多改进的 Windows NT 3.5 上市，这是 NT 网络技术比较成熟的版本，由于系统技术完善而广受青睐。

Windows NT 功能强大而使用方便。它采用真正的多任务、多流程操作，支持多处理器系统。系统内置了多种流行的网络通信协议，可支持各种网络应用；可与微软的服务器软件如 SQL SERVER 数据库服务器、Exchange Server 电子邮件系统集成，同时提供了多种方案。提供了完善的安全机制。内置了远程访问服务，可直接支持网络远程用户以多种方式访问服务器。

1996 年，与 Windows 95 有相同用户界面的 Windows NT 4.0 推出后，强劲的网络性能加上 Microsoft 强大的市场营销能力，Windows NT 的发展势头更加迅猛，成为有史以来市场占有率增长最快的网络操作系统。

4) Linux 崭露头角

1991年底，芬兰赫尔辛基大学计算机系的学生 Linus Torvalds 在 Internet 上公布了他在 Intel 386 PC 上开发的 Linux 操作系统内核的源代码。由于 Linux 结构清晰、功能简捷，吸引了众多专业人员纷纷加入 Linux 内核的开发完善工作。其中，软件自由联盟 GNU、Berkeley 的 BSD 和 MIT 的 X-Windows 等都对 Linux 作出了重要的贡献。这样，Linux 集中了如此多的优点：真正多用户、多任务的分时操作系统，支持 TCP/IP、SLIP 和 PPP 协议，完全运行在保护模式下的 64 位系统，内核与源代码完全公开等。

如果说，早期的 Linux 只是大专院校的学生和科研机构的研究人员的学习和研究对象，那么到 20 世纪 90 年代中期以后，Linux 已经成为一个稳定可靠、功能完善的操作系统，被 IT 界众多主要厂商所接受和支持。特别是 1998 年下半年以来，国际上几乎所有知名的 IT 厂商，除了微软以外，都纷纷宣布支持 Linux，其发展速度是前所未有的，意义十分深远。

4. 21 世纪百花齐放

进入 21 世纪以来，为适应网络与应用程序越来越高的通信和应用要求，网络操作系统的功能还在不断增强。随着电脑硬件和软件系统的不断升级，微软的 windows 操作系统也在不断升级，从 16 位、32 位到 64 位操作系统。从最初的 windows1.0 到大家熟知的 windows95、NT、97、98、2000、2003、XP、Server、Vista，Windows 7，Windows 8 各种版本的持续更新，微软一直在尽力于 Windows 操作的开发和完善。Linux 则更加主要用于服务器的操作系统，但因它的廉价、灵活性及 Unix 背景使得它很合适作更广泛的应用。传统上有以 Linux 为基础的“LAMP(Linux，Apache，MySQL，Perl/PHP/Python 的组合)”经典技术组合，提供了包括操作系统、数据库、网站服务器、动态网页的一整套网站架设支持。而面向更大规模级别的领域中，如数据库中的 Oracle、DB2、PostgreSQL，以及用于 Apache 的 Tomcat JSP 等都已经在 Linux 上有了很好的应用样本。除了已在开发者群体中广泛流行，它亦是现时提供网站务供应商最常使用的平台。

网络热潮的掀起将为网络操作系统的发展提供更广阔的空间。随着网络技术的不断发展，新的网络操作系统还会不断出现。

7.3.2 网络操作系统的特点

我们都知道，操作系统(Operating System，OS)是计算机系统中的一个系统软件，它控制和管理计算机软硬件资源，合理地组织计算机工作流程，以便有效地利用这些资源为用户提供一个功能强大、使用方便的工作环境，从而在计算机与其用户之间起到接口的作用。用户正是通过调用操作系统的功能来使用计算机的。

同样，随着计算机网络应用的日益推广，网络用户要求进行数据交换和资源共享等网络最基本的功能，于是网络操作系统应运而生。对于计算机网络来说，其基础是网络硬件，但决定网络的使用方法和功能的关键还是网络操作系统。网络操作系统在网络中的作用如同DOS在PC中的作用，其功能直接影响整个网络系统所具有的性能，所以网络操作系统必须面面俱到地考虑到网络系统的各个方面，以保证整个网络在网络操作系统的控制下顺畅无误地运作。

网络操作系统除了具有通常操作系统所具有的功能外，还应该具有两大功能：一是管理与控制服务器的运作，提供高效、可靠的网络连接和多种网络服务；二是与工作站操作系统密切协调，让用户能方便地使用各种网络资源。

具体而言，网络操作系统应具备下列基本功能：

(1) 文件服务。文件的拷贝、归档、保护，文件及全部目录的锁定。

(2) 资源共享。在对等系统中，工作站可以使用网络上的任何共享资源。在专用系统中，硬盘和打印机安装在文件服务器上，甚至安装在一个专用打印服务器上，供各工作站共享。打印机也可安装在工作站上供其他工作站共享。

(3) 系统容错当系统部分发生故障时，能提供网络生存能力。

(4) 磁盘缓冲。通过文件高速缓存和目录高速缓存，从而提高查找和读取速度。

(5) 事务跟踪系统(The Transaction Tracking System，TTS)。TTS是网络的一个容错特性，用来防止在数据库应用过程中发生传输故障或其他事故而造成数据库的损坏。事务是指对数据库进行变更操作的整个过程。事务必须整个地完成或整个地退回，否则任何操作都不进行。

(6) 安全保密性。网络管理员负责向用户赋予访问权限和口令，建立安全保密机制，未被授权者不能访问服务器及其文件，保证文件的安全保密性。

(7) 远程访问。提供用户远程访问服务器资源的能力，并保证远程访问的安全性。

(8) 管理工具。提供丰富的实用管理工具箱，使系统管理员和有权用户能更好地管理和使用系统。这些管理工具一般包括：失效管理、配置管理、性能管理、计费管理、安全管理等工具。

(9) 用户通信。在网络上，各用户可以互相通信，发送文件。

(10) 特殊服务器。允许应用程序在服务器上运行，而不是在工作站上运行。

(11) 打印服务器。这是一种专门执行网络打印服务任务的专用计算机。打印服务器上可以连接多台打印机，也可以用专门软件管理网络打印任务。

(12) 远程脱机打印。用户把文件送给打印机后，立即返回，并继续做其他工作。

7.4　网络服务器

网络的主要目的是为了在不同的计算机之间实现资源共享，计算机网络中的计算机根据其功能和作用不同分为两大类：一类计算机主要是为其他计算机提供服务，称为服务器。而另一个类计算机则是使用服务器所提供的服务，将它称为工作站(workstation)或客户机。因为工作站和服务器都属于计算机，而服务器无论在性能和配置上都更为高端，因此本节主要讨论服务器的相关知识。

1. 服务器的分类

服务器如何按照其在不同方面的应用有多种分类方法：

(1) 按 CPU 类型分。可以分为使用 RISC 芯片且主要采用 UNIX 操作系统的服务器。Sun 公司的 SPARC、HP 公司的 PA - RISC 等和使用 CISC 芯片的 PC 服务器如采用 x86 芯片，并且主要采用 Windows NT/ Linux 等操作系统的服务器。

(2) 按规模来分。按规模划分为大型服务器(计算中心级或企业级)、中型服务器(部门级)。

(3) 按按用途来分。有文件服务器、打印服务器、通信服务器和数据库服务器等。其中文件服务器在网络操作系统的控制下，管理存储设备(硬盘、磁带、光盘等)中的文件,并提供给网络上的各个客户机共享。它是网络中最普遍、最基本的应用。打印服务器主要作用是将网络上的多个打印机提供给客户机共享。打印服务的开销一般不大,因此通常与文件服务器合在一起。通信服务器完成各个小型网络之间的连接和管理。数据库服务器管理多用户对数据库的访问、修改等操作,维护数据库系统的完整与安全。

2. 服务器的特点

服务器由于是网络的服务中心,因此为满足众多大量服务请求,通常由高档计算机承当,并应具备以下的特性:

(1) 响应多用户的请求。网络服务器必须同时对多个用户提供服务。

(2) 处理速度快。服务器要求有很强的数据处理和计算能力。

(3) 存储容量大。网络服务器要求有大的硬盘来存放共享资源。

(4) 安全性好。服务器应该能够对用户身份合法性进行验证,并保证服务器上资源的完整性和一致性。

(5) 可靠性好。服务器要提供一定的冗余措施和容错性。

3. 服务器和工作站的区别

服务器和工作站都是高性能的计算机,只是相对而言服务器专注于数据吞吐能力,所以支持的外设更多;而工作站则专注于图形处理能力,所以外设则相对少一些,但采用特别为图形处理设计的架构,采用高档显示卡,支持3D图像处理。工作站主要应用在各种设计、多媒体制作领域。

4. 服务器的RAS性能

服务器厂商将提高服务器的RAS作为宣传的重点,所谓RAS,翻译为可靠性(reliability)、可用性(availability)和可扩展性(scalability),它们构成了服务器的关键性能。

服务器的可靠性是指服务器可提供的持续非故障时间,故障时间越少,服务器的可靠性越高。如果客户应用服务器来实现文件共享和打印功能,只要求服务器在用户工作时间段内不出现停机故障PC服务器中的低端产品就完全可以胜任。但在网页服务和数据库服务等访问频繁的领域,则通常要求服务器全年365天和每天24小时无故障运转。

服务器的可用性追求零故障时间,关键的企业应用都追求高可用性服务器,希望系统全年365天和每天24小时不停机、无故障运行。有些服务器厂商采用服务器全年停机时间占整个年度时间的百分比来描述服务器的可用性。例如康柏公司提供的资料介绍，可用性为99%的系统，全年停机时间为3.5天；99.9%的系统，全年停机时间为8.5小时；99.99%的系统全年停机时间为53分钟；99.999%的系统全年停机时间仅为1分钟。这项描述指标中9的位数越多，服务器的可用性就越好。但厂商一直不断地采用各种技术减少故障时间，这就推进了容错系统技术的发展。容错一词是指系统能排除某些类型的故障，继续正常工作。

服务器的可扩展性指对于要处理的数据量非常巨大，而又要求实时、动态和效率时，其承载平台要有非常出色且易于扩展的高性能处理能力。比如内存的扩充和硬盘的扩充等。

本章习题

一、选择题

1. 用户提出服务请求，网络将用户请求传送到服务器；服务器执行用户请求，完成所要求的操作并将结果送回用户，这种工作模式称为________。

   A. 客户/服务器模式　　B. 点到点模式
   C. CSMA/CD模式　　D. 令牌环模式

2. 域名是与以下哪个地址一一对应的？________。

   A. IP地址　　B. MAC地址　　C. 主机名称　　D. 以上都不是

3. FTP客户发起对FTP服务器的连接建立的第一阶段建立________。

   A. 控制传输连接　　B. 数据连接
   C. 会话连接　　D. 控制连接

4. FTP在使用时建立了两条连接：控制连接和数据连接，它们所使用的端口号分别是________。

   A. 20,21　　B. 20,80　　C. 80,20　　D. 21,20

5. 在互联网中能够提供任意两台计算机之间传输文件的协议是________。

   A. WWW　　B. FTP　　C. TELNET　　D. SMTP

6. 在电子邮件应用程序向邮件服务器发送邮件时，最常使用的协议是________。

   A. IMAP　　B. SMTP　　C. POP3　　D. NTP

7. 下列网络拓扑建立之后，增加新站点较难的是________。

   A. 星型网络　　B. 总线型网络　　C. 树型网络　　D. 环型网络

8. 在互联网电子邮件系统中,电子邮件应用程序________。
   A. 发送邮件和接收邮件都采用 SMTP 协议
   B. 发送邮件通常使用 SMTP 协议,而接收邮件通常使用 POP3 协议
   C. 发送邮件通常使用 POP3 协议,而接收邮件通常使用 SMTP 协议
   D. 发送邮件和接收邮件都采用 POP3 协议
9. 在 internet 浏览信息时,WWW 浏览器和 WWW 服务器间传输网页使用的协议是________。
   A. IMAP　　B. SMTP　　C. POP3　　D. NTP
10. WWW 浏览器所支持的基本文件类型是________。
   A. TXT　　B. HTML　　C. PDF　　D. XML
11. Internet 地址中的 http 是指________。
   A. 该台计算机的主机名称
   B. 该台计算机使用超文本传输通信协议
   C. 该台计算机使用 TCP/IP
   D. 该台计算机使用电子邮件系统
12. Internet 地址中的 http 是指________。
   A. 该台计算机的主机名称
   B. 该台计算机使用超文本传输通信协议
   C. 该台计算机使用 TCP/IP
   D. 该台计算机使用电子邮件系统

二、填空题

1. HTTP 协议是基于 TCP/IP 之上的协议。HTTP 会话过程包括四个步骤:________、________、________和________。
2. 发送邮件时通常使用的协议是________,而接收邮件时通常使用的协议则是________和________。
3. FTP 的连接模式有两种,________和________。
4. PUT 和 POST 命令极为相似,都是向服务器发送数据,但它们之间有一个重要区别,PUT 通常指定了________,而 POST 则没有。
5. DNS 的作用是将________翻译成________。

三、简答题

1. 为什么要引入域名的概念?

2. FTP 有哪两种工作模式？
3. 为什么 FTP 协议要使用两个独立的连接，即控制连接和数据连接？
4. HTTP 协议的工作原理是什么？什么是代理服务器？
5. SMTP 和 POP3 协议的区别是什么？
6. 客服/服务器的工作原理是什么？
7. 简述 TELET 协议的工作原理。
8. 什么是套接字？套接字结构如何定义？
9. 基于 TCP 的套接字编程和基于 UDP 的套接字编程有什么基本区别？
10. 网络操作系统的基本功能有哪些？

第 8 章　网络管理和网络安全

网络管理需要完成的主要任务是监视网络设备的运转、判断网络运行的质量、进行故障诊断与排除和重新配置网络设备。一个高效率工作的网络离不开有效的网络管理，网络管理是重要的网络技术之一。在进行网络管理的同时，还需要使用专门的技术来保护网络安全，以防止对网络的恶意攻击，保障数据信息泄露。本章将针对上述任务介绍较常用的网络管理技术和网络安全技术。

8.1　简单网络管理协议

最早的简单网络管理协议（Simple Network Management Protocol, SNMP）发布于 1988 年。SNMP 协议提出了对网络实施监控管理的技术方案。几乎所有大型网络厂商（如 CISCO、3COM、HP、IBM、Sun、Prime、联想等公司）都在自己的网络设备中安装 SNMP 部件，支持 SNMP 协议。

SNMP 协议在功能上规定要从一个或多个管理工作站上远程监控网络的运行参数和设备，这包括：网络拓扑结构、设备端口流量、错包和错包数量情况、丢包和丢包数量情况、设备和端口的连接状态、VLAN 划分情况、帧中继和 ATM 网络情况、服务器 CPU、内存、磁盘、IPC、进程、网络使用情况，服务器日志情况、应用响应情况、SAN 网络情况等。

SNMP 协议还规定实现设备和端口的关闭、划分 VLAN 等远程设置功能。

图 8－1 是 SNMP 的体系结构。SNMP 的管理模型包括四个关键元素：管理工作站、SNMP 代理、管理信息库 MIB、和 SNMP 通信协议。

SNMP 协议规定整个系统必须有一个管理工作站，通过网络设备中的

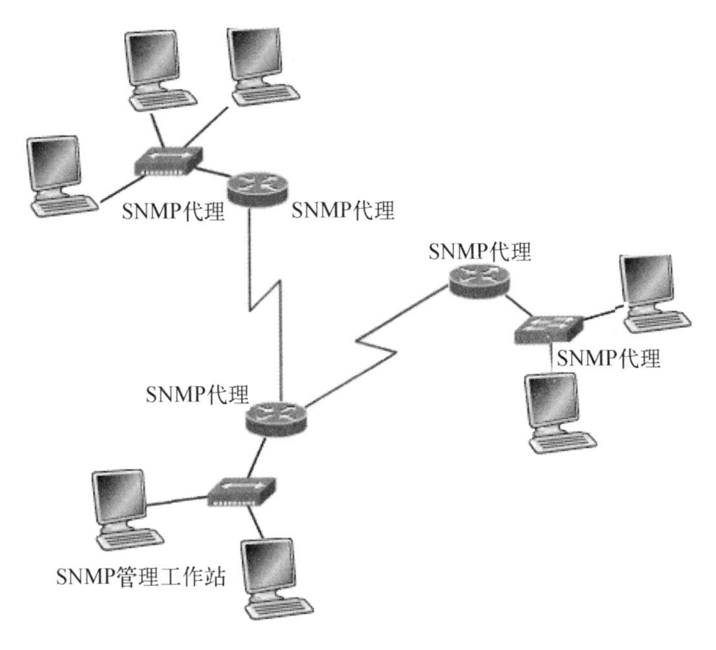

图 8-1　SNMP 的体系结构

SNMP 代理程序，网络设备中的设备类型、端口配置、通信状况等信息定时传送给管理工作站，再由管理工作站以图形和报表的方式描绘出来。

1) SNMP 管理工作站

SNMP 管理工作站是网络管理员与网络管理系统的接口，它实际上是一台运行特殊管理软件（如 HP NetView、CiscoWorks 等）的计算机。SNMP 管理工作站运行一个或多个管理进程，它通过 SNMP 协议在网络上与网络设备中的 SNMP 代理程序通信，发送命令并接收代理的应答。管理工作站通过获取网络设备中需要监控的参数值来实现网络资源监视，也可以通过修改设备配置的值来使 SNMP 代理修改网络设备上的配置。许多 SNMP 管理工作站的应用进程都具有图形用户界面，提供数据分析、故障发现的功能，网络管理者能方便地检查网络状态并在需要时采取行动。

2) SNMP 代理

网络中的主机、路由器、网桥和交换机等都可配置 SNMP 代理程序，以便 SNMP 管理工作站对它进行监控或管理。每个设备中的代理程序负责搜集本地的参数（如：设备端口流量、错包和错包数量情况、丢包和丢包数量情况等）。SNMP 管理工作站通过轮询广播，向各个设备中的 SNMP 代理程序索取这些被监控的参数。SNMP 代理程序对来自 SNMP 管理工作站的信息查询和修改设备配置的请求作出响应。

SNMP 代理程序同时还可以异步地向 SNMP 管理工作站主动提供一些重要的非请求信息,而不等轮询的到来。这种被称为 Trap 的方式,能够及时地将诸如网络端口失效、丢包数量超过警戒阀值等紧急信息报告给 SNMP 管理工作站。

SNMP 管理工作站可以访问多个设备的 SNMP 代理,接收来自多个代理的 Trap。因此,从操作和控制的角度看,管理工作站"管理"着许多代理。同时,SNMP 代理程序也能对多个管理工作站的轮询请求作出响应,形成一种一对多的关系。

3) 管理信息库 MIB

MIB 是一个信息存储库,安装在管理工作站上。它存储了从各个网络设备的代理程序那里搜集的有关配置、性能和运行参数等数据,是网络监控与管理的基础。MIB 数据库中存储哪些参数以及数据库结构的定义在 RFC1212、RFC1213 这样的文件中都有详细的说明。

4) SNMP 通信协议

SNMP 通信协议规定了管理工作站与设备中的 SNMP 代理程序之间的通信格式,管理工作站与设备中的 SNMP 代理程序之间通过 SNMP 报文的形式来交换信息。

SNMP 协议的通信分为:读操作 Get、写操作 Set 和报告操作 Trap 三种功能共五种报文,如表 8-1 所示。

表 8-1 SNMP 的五种报文

SNMP 报文类型编号	SNMP 报文名称	用途
0	Get-request	管理工作站发出的论询请求
1	Get-next-request	管理工作站发出的论询请求
2	Get-response	SNMP 代理程序向管理工作站传送的配置参数和运行参数
3	Set-request	管理工作站向设备发出的设置命令
4	Trap	设备中的 SNMP 代理程序向管理工作站报告紧急事件

管理工作站在轮询时，使用 Get-request 和 Get-next-request 报文请求 SNMP 代理程序报告设备的配置参数和运行参数，SNMP 代理程序使用 Get-response 包向管理工作站传送这些参数。当出现紧急情况时，设备中的 SNMP 代理程序使用 Trap 包向管理工作站报告紧急事件。

SNMP 协议使用周期性(如每 10 分钟)的轮询以维持对网络的实时监控，同时也使用 Trap 包来报告紧急事件，使 SNMP 协议成为一种有效的网络管理协议。图 8-2 是 SNMP 的 5 种通信包。

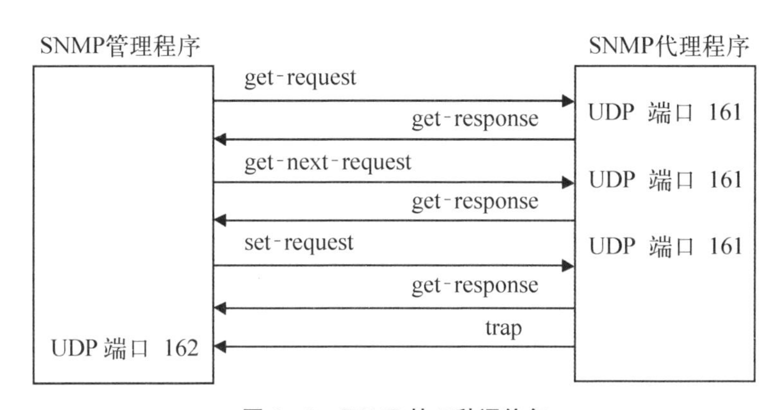

图 8-2　SNMP 的 5 种通信包

网络设备中的代理程序为了识别真实的管理工作站，避免伪装的或未授权的数据索取，使用了“共同体”的概念。从真实管理工作站发往代理的报文都必须包含共同体名，它起着口令的作用。只要 SNMP 请求报文的发送方知道口令，该报文就被认为是可信的。不过，这也并不是很安全的方式。所以，很多网络管理员仅仅提供网络监视的功能(get 和 trap 操作)，屏蔽掉了网络控制功能(set 操作)。

8.2　网络病毒及其防范

计算机病毒是由生物医学上的“病毒”概念引申出来的。计算机病毒与医学上的“病毒”不同，它不是天然存在的，是某些人利用计算机软、硬件所固有的脆弱性，编制具有特殊功能的程序。

一般来说，凡是能够引起计算机故障，破坏计算机数据的程序统称为计算机病毒。计算机病毒本身已是令人头痛的问题。但随着 Internet 开拓性的发展，网络病毒出现了，网络病毒是在网络上传播的病毒，常常给网络带来灾难性后果。

8.2.1 网络病毒的特点

1. 网络病毒的传播方式

（1）邮件附件的传播方式。病毒经常会附在邮件的附件里，然后起一个吸引人的名字，诱惑人们去打开附件，一旦人们执行之后，机器就会染上附件中所附的病毒。

（2）Email 的传播方式。有些蠕虫病毒会利用系统的安全漏洞将自身藏在邮件中，并向其他用户发送一个病毒副本来进行传播。该漏洞存在于 IE 浏览器之中，但是可以通过发送 E-mail 的方式来利用。有时都不需要您打开邮件附件，只需简单地打开邮件就会使机器感染上病毒。

（3）Web 服务器的传播方式。有些网络病毒攻击 IIS 等 Web 服务器。如："尼姆达病毒"，它主要就是通过两种手段来进行攻击：第一，它检查计算机是否已经被红色代码Ⅱ病毒所破坏，因为红色代码Ⅱ病毒会创建一个"后门"，任何恶意用户都可以利用这个"后门"获得对系统的控制权。如果"尼姆达病毒"病毒发现了这样的计算机，它会简单地使用红色代码Ⅱ病毒留下的后门来感染计算机。第二，病毒会试图利用"Web Server Folder Traversal"漏洞来感染计算机。如果它成功地找到了这个漏洞，病毒会使用它来感染系统。

（4）文件共享的传播方式。病毒传播的最后一种手段是通过文件共享来进行传播。Windows 系统可以被配置成允许其他用户读写系统中的文件。允许所有人访问您的文件会导致很糟糕的安全性，而且默认情况下，Windows 系统仅仅允许授权用户访问系统中的文件。然而，如果病毒发现系统被配置为其他用户可以在系统中创建文件，它会在其中添加文件来传播病毒。

2. 网络病毒的传播特点

（1）感染速度快。在单机环境下，病毒只能通过软盘从一台计算机带到另一台，而在网络中则可以通过网络通信机制迅速扩散。根据测定，针对一台典型的 PC 网络在正常使用情况，只要有一台工作站有病毒，就可在几十分钟内将网上的数百台计算机全部感染。

（2）扩散面广。由于病毒在网络中扩散非常快，扩散范围很大，不但能迅速传染局域网内所有计算机，还能通过远程工作站将病毒在一瞬间传播到千里之外。

(3) 传播的形式复杂多样。计算机病毒在网络上一般是通过“工作站—服务器—工作站”的途径进行传播的，但传播的形式复杂多样。

(4) 难以彻底清除。单机上的计算机病毒有时可通过删除带毒文件或低级格式化硬盘等措施将病毒彻底清除，而网络中只要有一台工作站未能消毒干净就可使整个网络重新被病毒感染，甚至刚刚完成清除工作的一台工作站就有可能被网上另一台带毒工作站所感染。因此，仅对工作站进行病毒杀除，并不能解决病毒对网络的危害。

(5) 破坏性大。网络上病毒将直接影响网络的工作，轻则降低速度，影响工作效率，重则使网络崩溃，破坏服务器信息，使多年工作毁于一旦。

8.2.2　网络病毒的分类

网络病毒从类型上分主要有：木马病毒和蠕虫病毒。

木马病毒实际上是一种后门程序，他常常潜伏在操作系统中监视用户的各种操作，窃取用户 QQ、游戏和网上银行的账号和密码。

蠕虫病毒是一种更先进的病毒，他可以通过多种方式进行传播，甚至是利用操作系统和应用程序的漏洞主动进行攻击，每种蠕虫都包含一个扫描功能模块负责探测存在漏洞的主机，在网络中扫描到存在该漏洞的计算机后就马上传播出去。这点也使得蠕虫病毒危害性非常大，可以说网络中一台计算机感染了蠕虫病毒可以在一分钟内将网络中所有存在该漏洞的计算机进行感染。由于蠕虫发送大量传播数据包，所以被蠕虫感染了的网络速度非常缓慢，被蠕虫感染了的计算机也会因为 CPU 和内存占用过高而接近死机状态。

网络病毒从传播途径上分主要有：邮件型病毒和漏洞性病毒。邮件型病毒是通过电子邮件进行传播的，病毒将自身隐藏在邮件的附件中并伪造虚假信息欺骗用户打开该附件从而感染病毒，当然有的邮件性病毒利用的是浏览器的漏洞来实现。这时用户即使没有打开邮件中的病毒附件而仅仅浏览了邮件内容，由于浏览器存在漏洞也会让病毒乘虚而入。

漏洞型病毒则更加可怕，大家都知道目前应用最广泛的是 WINDOWS 操作系统，而 WINDOWS 系统漏洞非常多，每隔一段时间微软都会发布安全补丁弥补漏洞。因此即使你没有运行非法软件没有打开邮件浏览只要你连接到网络中，漏洞型病毒就会利用操作系统的漏洞进入你的计算机，冲击波和震荡波病毒就是漏洞型病毒的一种,他们造成全世界网络计算机的瘫痪,造成了巨大的经济损失。

8.2.3 单机网络病毒的防范

尽管现代流行的操作系统平台具备了某些抵御计算机病毒的功能特性,但还是未能摆脱计算机病毒的威胁。单机环境下(一般是指个人)计算机病毒,也已是一个严重问题。因为现代个人电脑大部分都离不开网络,或都使用了携带病毒的工具软件,所以单机电脑病毒的感染率也是非常高的。

单机环境下的网络病毒防范技术主要有如下几点:

1) 不要打开不明来源的邮件

对于邮件附件尽可能小心,安装一套杀毒软件,在你打开邮件之前对附件进行预扫描。因为有的病毒邮件恶毒之极,只要你将鼠标移至邮件上,哪怕并不打开附件,它也会自动执行。更不要打开陌生人来信中的附件文件,当你收到陌生人寄来的一些特别的邮件时,千万不要不假思索地贸然打开它,尤其对于一些“.exe”之类的可执行程序文件,更要慎之又慎。

2) 注意文件扩展名

因为Windows允许用户在文件命名时使用多个扩展名,而许多电子邮件程序只显示第一个扩展名,有时会造成一些假象。所以我们可以在“文件夹选项”中,设置显示文件名的扩展名,这样一些有害文件,如VBS文件就会原形毕露。注意千万别打开扩展名为VBS、SHS和PIF的邮件附件,因为一般情况下,这些扩展名的文件几乎不会在正常附件中使用,但它们经常被病毒和蠕虫使用。

3) 不要轻易运行陌生的程序

对于一般人寄来的程序,都不要运行,就算是比较熟悉、了解的朋友们寄来的信件,如果其信中夹带了程序附件,但是他却没有在信中提及或是说明,也不要轻易运行。因为有些病毒是偷偷地附着上去的——也许他的电脑已经染毒,可他自己却不知道。比如“happy 99”就是这样的病毒,它会自我复制,跟着你的邮件走。当你收到邮件广告或者主动提供的电子邮件时,尽量也不要打开附件以及它提供的链接。

4) 不要盲目转发信件

收到自认为有趣的邮件时,不要盲目转发,因为这样会帮助病毒的传播;给别人发送程序文件甚至包括电子贺卡时,一定要先在自己的电脑中试试,确认没有问题后再发,以免好心办了坏事。另外,应该切忌盲目转发:有的朋友当收到某些自认为有趣的邮件时,还来不及细看就打开通讯簿给自己的每一位朋友都转发一份,这极有可能使病毒的制造者恶行得逞,而你的朋友对你发来的信无疑是不会产生怀疑的,结果你无意中成为病毒传播者。

5) 定期下载安全更新补丁

现在很多网络病毒都是利用了微软的IE和Outlook的漏洞进行传播的,因此大家需要特别注意微软网站提供的补丁,很多网络病毒可以通过下载和安装补丁文件或安装升级版本来消除阻止它们。同时,及时给系统打补丁也是一个良好的习惯,可以让你的电脑系统时时保持最新、最安全。

6) 备份电脑重要数据

要养成定期备份电脑重要数据的习惯,这样即使重要的数据被网络病毒破坏了,还会有其他的备份。

7) 共享权限要注意

一般情况下不要将磁盘上的目录设为共享,如果确有必要,请将权限设置为只读,读操作须指定口令,也不要用共享的软盘安装软件,或者是复制共享的软盘,这是导致病毒从一台机器传播到另一台机器的方式。

8) 不要随便接受文件

尽量不要从在线聊天系统的陌生人那里接受文件,比如从QQ或MSN中传来的东西。有些人通过在QQ聊天中取得对你的信任之后,给你发一些附有病毒的文件,所以对附件中的文件不要打开,先保存在特定目录中,然后用杀毒软件进行检查,确认无病毒后再打开。

9) 要从正规网站下载软件

不要从任何不可靠的渠道下载任何软件,因为通常我们无法判断什么是不可靠的渠道,所以比较保险的办法是对安全下载的软件在安装前先做病毒扫描。

10) 多做自动病毒检查

确保你的计算机对插入的U盘、光盘、移动硬盘和其他的可插拔介质,以及对电子邮件和互联网文件都会做自动的病毒检查。

11) 使用最新杀毒软件

我们要养成用最新杀毒软件和及时查毒的好习惯。但是千万不要以为安装了杀毒软件就可以高枕无忧了,一定要及时更新病毒库,否则杀毒软件就会形同虚设;另外要正确设置杀毒软件的各项功能,充分发挥它的功效。

8.2.4 企业网络病毒的防范

企业网络中计算机病毒一旦感染了其中的一台计算机，将会很快地蔓延到整个网络，而且不容易一下子将网络中传播的计算机病毒彻底清除。所以对于企业网络的计算机病毒防治必须要全面，预防计算机病毒在网络中的传播、扩散和破坏，客户端和服务器端必须要同时考虑。

1. 现代企业的网络结构

现代企业计算机网络是在一定的硬件设备系统构架下对各种信息数据进行收集、处理加工和汇总的综合应用体系。目前大多数的企业网络都具有大致相似的体系结构，这种体系结构的相似性表现在网络的底层基本协议构架、操作系统、通信协议以及高层企业业务应用上，这就为通用的企业网络防病毒软件提供了某种程度上可以利用的共性。

对于大型网络的计算机病毒防护，除了要对各个内网严加防范外，更重要的是要建立多层次的网络防范架构，并同网络管理结合起来。主要的防范点有：Internet 接入口、外网上的服务器、各内网的中心服务器等。

从网络的应用模式上看，现代企业网络都是基于一种叫做服务器/客户端的计算模式，由服务器来处理关键性的业务逻辑和企业核心业务数据，客户端机器处理用户界面以及与用户的直接交互。服务器是网络的中枢和信息化核心，具有高性能、高可靠性、高可用性、I/O 吞吐能力强、存储容量大、联网和网络管理能力强等特点。客户端机从硬件上没有特殊的要求，一般普通 PC 就可以胜任。企业网络往往有一台或多台主要的业务服务器，在此之下分布着众多客户机或工作站，以及不同的应用服务器。根据不同的任务和功能服务，典型的服务器应用类型有：文件服务器、邮件服务器、Web 服务器、数据库服务器和应用服务器等。

从操作系统上看，企业网络的客户端基本上都是 Windows 平台，中小企业服务器一般采用 Windows NT/2000 系统，部分行业用户或大型企业的关键业务应用服务器采用 UNIX 操作系统。Windows 平台的特点是价格比较便宜，具有良好的图形用户界面；而 UNIX 系统的稳定性和大数据量可靠处理能力使得它更适合于关键性业务应用。

2. 企业网络病毒防范规则

(1) 贯彻“层层设防，集中控管，以防为主，防治结合”的企业防毒策略。

在全企业网络中所有可能遭受病毒攻击的点或通道中设置对应的防病毒软件，通过全方位、多层次的防毒系统配置，使企业网络免遭所有病毒的入侵和危害。

(2) 应用先进的“实时监控”技术，在“以防为主”的基础上，不给病毒入侵留下任何可乘之机。

(3) 对新病毒的反应能力是考察一个防病毒软件好坏的重要方面。供应商对用户发现的新病毒的反应周期不仅体现了厂商对新病毒的反应速度，实际上也反映了厂商对新病毒查杀的技术实力。

(4) 智能安装、远程识别。由于企业网络中服务器、客户端承担的任务不同，在防病毒方面的要求也不大一样。因此在安装时如果能够自动区分服务器与客户端，并安装相应的软件，这对管理员来说将是一件十分方便的事。远程安装、远程设置，这也是网络防毒区分单机防毒的一点。这样做可以大大减轻管理员“奔波”于每台机器进行安装、设置的繁重工作，既可以对全网的机器进行统一安装，又可以有针对性地设置。

(5) 对现有资源的占用情况。防病毒程序进行实时监控都或多或少地要占用部分系统资源，这就不可避免地要带来系统性能的降低。尤其是对邮件、网页和 FTP 文件的监控扫描，由于工作量相当大，因此对系统资源的占用较大。如一些单位上网速度感觉太慢，有一部分原因是防病毒程序对文件“过滤”带来的影响。另一部分原因是升级信息的交换，下载和分发升级信息都将或多或少地占用网络带宽。

8.3　网络防火墙

当一个机构将其内部网络与 Internet 连接之后，所关心的一个主要问题就是安全。内部网络上不断增加的用户需要访问 Internet 服务，如 WWW、电子邮件、Telnet 和 FTP 服务器。

当机构的内部数据和网络设施暴露在 Internet 上的时候，网络管理员越来越关心网络的安全。事实上，对一个内部网络已经连接到 Internet 上的机构来说，重要的问题并不是网络是否会受到攻击，而是何时会受到攻击。为了提供所需级别的保护，机构需要有安全策略来防止非法用户访问内部网络上的资源和非法向外传递内部信息。即使一个机构没有连接到 Internet 上，它也需要建立内部的安全策略来管理用户对部分网络的访问并对敏感或秘密数据提供保护。

8.3.1 什么是防火墙

防火墙是这样的系统,它能用来屏蔽、阻拦数据报,只允许授权的数据报通过,以保护网络的安全性。

网络在防火墙上可以很方便地监视网络的安全性,并产生报警。防火墙负责管理外部网络和机构内部网络之间的访问。在没有防火墙时,内部网络上的每个节点都暴露给 Internet 上的其他主机,极易受到攻击。这就意味着内部网络的安全性要由每一个主机的坚固程度来决定,并且安全性等同于其中最弱的系统。

防火墙允许网络管理员定义一个中心"遏制点"来防止非法用户,如黑客、网络破坏者等进入内部网络。禁止存在安全脆弱性的服务进出网络,并抗击来自各种路线的攻击。防火墙的安装能够简化安全管理,网络安全性是在防火墙系统上得到加固,而不是分布在内部网络的所有主机上。

网络管理员必须审计并记录所有通过防火墙的重要信息。如果网络管理员不能及时响应报警并审查常规记录,防火墙就形同虚设。在这种情况下,网络管理员永远不会知道防火墙是否受到攻击。要使一个防火墙有效,所有来自和去往 Internet 的信息都必须经过防火墙,接受防火墙的检查。防火墙必须只允许授权的数据通过,并且防火墙本身也必须能够免于渗透。

8.3.2 防火墙的类型

通常,防火墙可以分为以下几种类型:

1) 包过滤防火墙

这种防火墙是在路由器中建立一种称为访问控制列表的方法,让路由器识别哪些数据报是允许穿越路由器的、哪些是需要阻截的。图 8-3 是包过滤防火墙的示意图。

2) 代理服务器

这种防火墙方案要求所有内网的主机需要使用代理服务器与外网的主机通信。代理服务器会像真墙一样挡在内部用户和外部主机之间,从外部只能

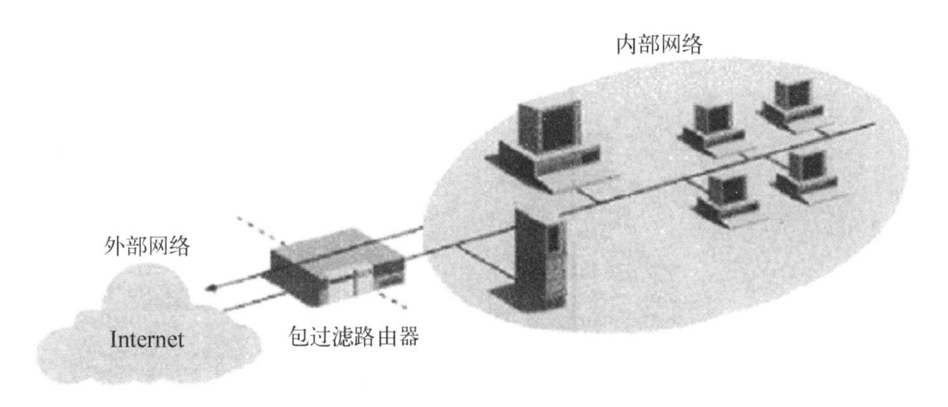

图 8－3　包过滤防火墙

看见代理服务器，而看不到内部主机。外界的渗透，要从代理服务器开始，因此增加了攻击内网主机的难度。

3）攻击探测防火墙

这种防火墙通过分析进入内网数据报中报头和报文中的攻击特征来识别需要拦截的数据报，以对付 SYN Flood、IP spoofing 这样的已知的网络攻击手段。攻击探测防火墙可以安装在代理服务器上，也可以做成独立的设备，串接在与外网连接的链路，装在边界路由器的后面。

8.3.3　包过滤防火墙

包过滤防火墙的核心是称作“访问控制列表”的配置文件，由网络管理员在路由器中建立。包过滤路由器根据“访问控制列表”审查每个数据包的报头，来决定该数据包是否要被拒绝还是被转发。报头信息中包括 IP 源地址、IP 目标地址、协议类型(如 TCP、UDP、ICMP 等)、TCP 端口号等。

下面我们利用实例来介绍如何建立一个包过滤防火墙。

在图 8－4 的网络中，我们如果需要实现：只允许 172.16.3.0 网络访问 172.16.4.0 网络，但是 172.16.4.13 服务器只允许 172.16.4.0 内网中的主机访问，不允许 172.16.3.0 网络访问。我们可以用下面的命令来建立一个访问控制列表：

(config)# access-list 101 deny ip any 172.16.4.13 0.0.0.0

(config)# access-list 101 permit ip 172.16.3.0 0.0.0.255 172.16.4.0

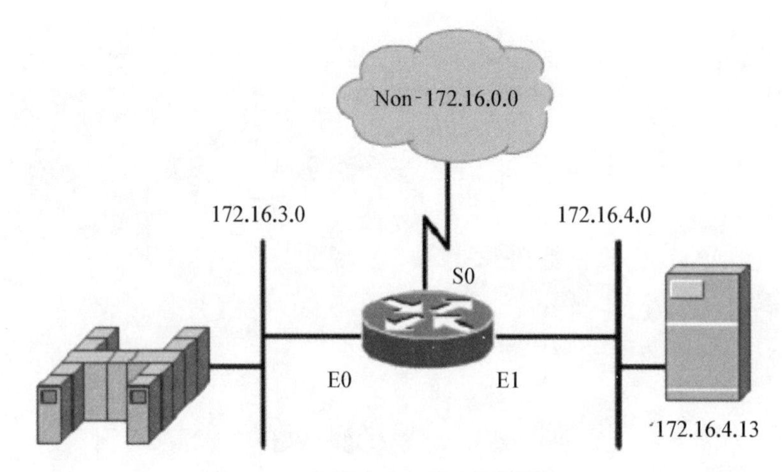

图 8-4 包过滤路由器防火墙的建立

0.0.0.255

(config)# access-list 101 deny ip any any

(config)# interface e1

(config-if)# ip access-group 101

(config-if)# exit

(config)#

上面六个命令,前三个命令建立了一个编号为 101 的访问控制列表。第四个命令进入到路由器的 e1 端口,并在第五个命令时把第 101 号访问控制列表捆绑到 e1 端口。

前三个命令所建立的访问控制列表中创建了三条语句。第一条命令拒绝所有主机发往 172.16.4.13 服务器的 IP 数据报。其语法格式为:

"access-list":创建访问控制列表语句的命令。

"deny":表示拒绝满足后面条件的数据报。

"IP":表示本语句针对 IP 数据报。

"any":源主机。Any 表示所有源主机。

"172.16.4.13":目标主机。

"0.0.0.0":4 个 0 表示数据报中的目标 IP 地址只有与 172.16.4.13 完全相同,条件才算成立。

第二条命令允许 172.16.3.0 网络的所有主机发往 172.16.4.0 网络的 IP

数据报通过。其语法格式为：

“access-list”：创建访问控制列表语句的命令。

“permit”：表示允许满足后面条件的数据报通过。

“IP”：表示本语句针对 IP 数据报。

“172.16.3.0”：源主机。

“0.0.0.255”：表示数据报中的源 IP 地址只要高三个字节与 172.16.3.0 相同，条件才算成立。最低的字节不需要考虑。

“172.16.4.0”：目标主机。

“0.0.0.255”：表示数据报中的源 IP 地址只要高三个字节与 172.16.3.0 相同，条件才算成立。“255”表示最低的字节不需要考虑。

通过上面的例子我们可以看出，包过滤路由器对所接收的每个数据包做允许拒绝的决定。路由器审查每个数据报以便确定其是否与某一条访问控制列表中的包过滤规则匹配。过滤规则基于可以提供给 IP 转发过程的包头信息。包头信息中包括 IP 源地址、IP 目标地址、TCP/UDP 目标端口、ICMP 消息类型。包的进入接口和出接口，如果有匹配并且规则允许该数据包，那么该数据包就会按照路由表中的信息被转发。如果匹配并且规则拒绝该数据包，那么该数据包就会被丢弃。如果没有找到与访问控制列表中某条语句的条件匹配，这个数据包也会被丢弃。

包过滤路由器的优点：已部署的防火墙系统多数只使用了包过滤器路由器。除了花费时间去规划过滤器和配置路由器之外，因为访问控制列表的功能在标准的路由器软件中已经免费，实现包过滤几乎不需要额外的费用。由于 Internet 访问一般都是在 WAN 接口上提供，因此在流量适中并定义较少过滤器时对路由器的速度性能几乎没有影响。另外，包过滤路由器对用户和应用来讲是透明的，所以不必对用户进行特殊的培训和在每台主机上安装特定的软件。

包过滤路由器的缺点：定义数据包过滤器会比较复杂，因为网络管理员需要对各种 Internet 服务、包头格式以及每个域的意义有非常深入的理解。如果必须支持非常复杂的过滤，过滤规则集合会非常大和复杂，因而难以管理和理解。另外，在路由器上进行规则配置之后，几乎没有什么工具可以用来审核过滤规则的正确性，因此会成为一个脆弱点。

任何直接经过路由器的数据包都有被用做数据驱动式攻击的潜在危险。

我们已经知道数据驱动式攻击从表面上来看是由路由器转发到内部主机上没有害处的数据。该数据包括了一些隐藏的指令，能够让主机修改访问控制和与安全有关的文件，使得入侵者能够获得对系统的访问权。

一般来说，随着过滤器数目的增加，路由器的吞吐量会下降。可以对路由器进行这样的优化抽取每个数据包的目的IP地址，进行简单的路由表查询，然后将数据包转发到正确的接口上去传输。如果打开过滤功能，路由器不仅必须对每个数据包作出转发决定，还必须将所有的过滤器规则施用给每个数据包。这样就消耗了CPU时间并影响系统的性能。

IP包过滤器可能无法对网络上流动的信息提供全面的控制。包过滤路由器能够允许或拒绝特定的服务，但是不能理解特定服务的上下文环境/数据。例如，网络管理员可能需要在应用层过滤信息以便将访问限制在可用的FTP或Telnet命令的子集之内，或者阻塞邮件的进入及特定话题的新闻进入。这种控制最好在高层由代理服务和应用层网关来完成。

8.4 网络地址转换技术

出于安全和节省地址空间的需要，位于内部网络的终端只分配私有IP地址，但公共网络一般无法路由以私有IP地址为目的地址的IP分组。因此，分配私有IP地址的终端无法和位于公共网络中的终端通信。为了实现内部网络终端与公共网络终端之间通信，需要给其分配两个不同的IP地址，即在内部网络使用的私有IP地址和在公共网络使用的全球IP地址，并由互联内部网络和公共网络的边界路由器实现这两个地址之间的转换，路由器实现这两个地址转换的技术称为网络地址转换(Network Address Transform)技术，简称NAT技术。

图8-5给出了网络地址转换工作原理的简单示意。提供网络地址转换功能的设备，一般运行在内部网络与外部网络的边界上，当内部网络的一台主机想要与外部网络中的主机进行数据传输时，它先将分组发到网络地址转换设备上，网络地址转换设备上的网络地址转换进程将首先查看IP分组首部中的相关内容，如果确定该分组是被允许通过的，那么就用自己所拥有的一个全球唯一的公有IP地址替换掉分组首部内源地址字段中的私有IP地址，然后将分组转发到外部网的目标主机上；当外部主机应答分组被发送回来时，网络

地址转换将接受它，并通过查看当前的网络地址转换表，用原来的内部主机私有 IP 地址替换掉应答分组目标地址字段中的公有 IP 地址，然后将该应答分组送到内部网的相应主机上。

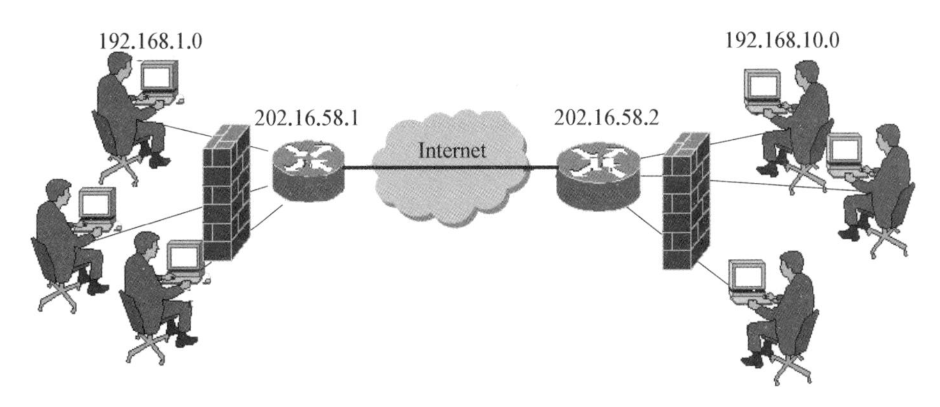

图 8-5　网络地址转换示例

通过让多个私有地址节点共享一个或若干个公有地址，网络地址转换不仅有效实现了内部私有网络节点与外部公有网络节点之间的相互通信，还大大降低了对公有地址的需求。然而，在大量的内部网主机共享少数几个外部公有地址，会出现网络响应时间过长或网络地址转换过载的情况。

实现 NAT 技术的前提是网络内部使用的私有地址空间和公共网络使用的全球地址空间之间不能重叠。为此，IETF 专门留出了三组 IP 地址作为内部网络使用的私有地址空间，公共网络使用的全球地址空间中不允许包含属于这三组 IP 地址的地址空间。这三组 IP 地址分别是 10.0.0.0/8，172.16.0.0/12 和 192.168.0.0/16。

多个内部网络允许使用相同的私有地址空间的原因是内部网络使用的私有地址空间，对所有尝试与该内部网络通信的其他网络是不可见的。因此，两个使用相同私有地址空间的内部网络相互通信时，看到的都是对方经过转换后的全球 IP 地址。

本 章 习 题

一、选择题

1. 在网络中位于被管理系统一方的是________。

A. 管理进程　　B. 代理进程　　C. 管理工作站　　D. 管理者

2. 网络的安全性不包括下面的________。

A. 保密性　　B. 易用性　　C. 可用性　　D. 完整性

3. 为了保证数据的真实性,可采用________。

A. 访问控制　　B. 加密机制　　C. 数字签名　　D. 路由控制

4. 对于网络防火墙,________是不能被阻止的。

A. 入侵行为　　B. 计算机木马　　C. 病毒　　D. 完整性

5. 下面关于防火墙的说法中,正确的是________。

A. 防火墙是一种墙

B. 防火墙位于内部受信任的网络和外部不受信任是网络之间

C. 防火墙是一种访问控制机制

D. 防火墙是一类实施安全防范的网络设备

二、填空题

1. SNMP 管理模型包括四个关键元素:________、________、________和________。

2. ________是这样的系统,它能用来屏蔽、阻拦数据报,只允许授权的数据报通过。

3. 实现私有地址和公有地址之间相互转换的技术称为________。

4. IETF 留出的三组私有 IP 地址分别是________、________和________。

5. 包过滤防火墙通过建立________让路由器识别哪些数据报允许通过。

三、问答题

1. 网络管理的主要功能有哪些?

2. 防火墙如何阻止网络上的入侵行为?

3. 网络地址转换的工作原理是什么?

4. 为什么说只采用防火墙或入侵检测系统对于网络安全来说是不够的?

参考文献

[1] 谢希仁.计算机网络(第六版)[M].北京:电子工业出版社,2013.
[2] 李昕.计算机网络工程技术[M].北京:电子工业出版社,2012.
[3] 施晓秋.计算机网络技术(第二版)[M].北京:科学出版社,2013.
[4] 坦尼保姆.计算机网络(第五版)[M].潘爱民,等,译.北京:机械工业出版社,2011.
[5] 吴英.计算机网络应用软件编程技术[M].北京:机械工业出版社,2003.
[6] 吴宜功,吴英.计算机网络高级教程[M].北京:清华大学出版社,2015.
[7] 严争.计算机网络基础教程[M].北京:电子工业出版社,2004.
[8] 廉飞宇.计算机网络与通信[M].北京:电子工业出版社,2006.